电力电子应用技术

DIANLI DIANZI YINGYONG JISHU

（第2版）

主　编　雷慧杰

副主编　卢春华　李正斌

重庆大学出版社

内容提要

本书介绍了典型电力电子器件和由这些器件组成的各种电力电子电路。全书共分7章。绪论部分主要介绍电力电子技术的基本概念和发展史、主要应用领域及本书的学习方法;第1章介绍作为电力电子变流开关的各种电力电子器件;第2~5章分别介绍整流电路、无源逆变电路、直流-直流变换电路以及交流-交流变换电路,并对各种变流电路的应用和仿真作了介绍;第6章介绍 PWM 原理与控制技术;第7章介绍电力电子器件的驱动技术和保护措施。

本书主要作为工程应用型高等院校自动化、电气工程及其自动化等电类专业教材,也可为广大科技工作者和工矿企业从事相关专业的工程技术人员提供参考和帮助。

图书在版编目(CIP)数据

电力电子应用技术 / 雷慧杰主编. -- 2 版. -- 重庆:
重庆大学出版社,2017.7(2018.12 重印)
高等学校电气工程及其自动化专业应用型本科系列规
划教材
ISBN 978-7-5689-0658-6

Ⅰ.①电… Ⅱ.①雷… Ⅲ.①电力电子技术—高等学
校—教材 Ⅳ.①TM1

中国版本图书馆 CIP 数据核字(2017)第 175675 号

电力电子应用技术
(第 2 版)

主　编　雷慧杰
副主编　卢春华　李正斌
策划编辑:彭　宁

责任编辑:彭　宁　版式设计:彭　宁
责任校对:贾　梅　责任印制:张　策

*

重庆大学出版社出版发行
出版人:易树平
社址:重庆市沙坪坝区大学城西路 21 号
邮编:401331
电话:(023)88617190　88617185(中小学)
传真:(023)88617186　88617166
网址:http://www.cqup.com.cn
邮箱:fxk@cqup.com.cn(营销中心)
全国新华书店经销
重庆市正前方彩色印刷有限公司印刷

*

开本:787mm×1092mm　1/16　印张:15.25　字数:352千
2017 年 7 月第 2 版　　2018 年 12 月第 3 次印刷
印数:2 501—4 000
ISBN 978-7-5689-0658-6　定价:35.00 元

前　言

本书是在习近平新时代中国特色社会主义思想指导下，落实"新工科"建设新要求的形势下编写的。电力电子技术是利用电力电子开关器件进行电能变换和控制的技术。作为自动化、电气工程及其自动化专业一门重要的专业基础必修课，电力电子技术课程的地位相当重要。本书定位于工程应用型高等院校，以培养工程应用型人才为主要目标，注重应用能力的培养。全书内容以电力电子器件为基础，以各种电力变换电路为重点，结合应用案例和仿真，重点分析各种电路的结构特点和工作原理，为后续课程的学习和实际工作奠定基础。

全书共分 7 章，包括电力电子器件、可控整流及有源逆变、无源逆变电路、直流-直流变换电路、交流-交流变换电路、PWM 原理与控制技术和电力电子器件的驱动与保护。本书建议讲授 48~56 学时，另加 12 学时实验，可根据具体情况适当调整教学内容。

本书的第 1 章、第 3 章、第 5 章、第 6 章、第 7 章主要由雷慧杰编写，第 2 章主要由卢春华编写，第 4 章主要由于江涛编写，绪论和第 5 章主要由李正斌编写。各章节的仿真由雷慧杰编写，安阳钢铁集团公司电气工程师张艳伟编写部分章节的应用部分即 2.8 节、3.4 节、4.3 节、6.3 节。全书由雷慧杰统稿、定稿。

本书在编写过程中得到了安阳工学院电子信息与电气工程学院赵建周教授、张继军教授和赵艳春高级实验师的大力支持，同时秦长海教授对本书的编写给予了指导，在此表示衷心的感谢。同时本书的编写参考了很多同类教材，一部分在参考文献中列出，但还有很多不能一一列出，在此一并表示感谢。

限于编者的学识水平，加之时间仓促，本书中难免存在不足和疏漏之处，恳请读者谅解并予以指正，我们将不胜感激。

编　者

2016 年 10 月

目 录

绪　论

在自动化领域工业生产中广泛应用的电力传动系统是由电动机、功率放大与变换装置、控制器及相应的传感器四部分组成,如图 0.1 所示。高性能的电源装置是由电力电子器件组成的电力电子变流电路。电路系统中,电能质量的提高、电力的传输及洁净能源的并网越来越多地依靠电力电子技术来完成,而各种控制装置及检测环节所使用的电源也是由电力电子电路变换而来的。生活和工业生产中广泛应用的各类电源(开关电源、UPS 电源、电池充电电源、工业电解电镀电源、直流电焊机电源、交流稳压电源、感应加热电源等)都是电力电子产品。因此,电力电子技术在日常生活和工业生产中,特别是在自动化领域和电力系统中占有越来越重要的地位。

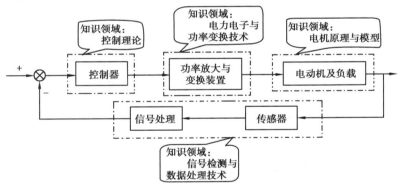

图 0.1　电力传动系统原理框图

0.1　电力电子技术的概念

0.1.1　电力电子技术的基本概念

根据国际电工委员会(IEC)给出的定义,电力电子技术是将电子技术和控制技术引入传统的电力技术领域,利用半导体电力开关器件组成各种电力变换电路实现电能的(高效能)变换和控制的一门完整的学科,也称为电力电子学(Power Electronics)。它一般是指以电力为控制对象,运用各种电力电子器件,对电能进行电压、电流、频率和波形等方面的控制和变换的技术,也可以简单地描述为应用于电力领域的电子技术。

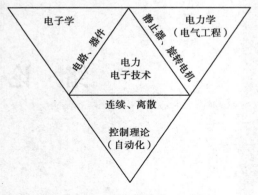

图 0.2　W.Newell 倒三角理论

电力电子学(Power Electronics)名称在 20 世纪 60 年代出现。1973 年,第四届国际电力电子会议首次引用美国学者 W.Newell 关于电力电子技术的倒三角形描述,如图 0.2 所示。W.Newell 认为电力电子技术是由电力学、电子学和控制理论三个学科交叉而形成的,这一观点被全世界普遍接受。直到 1980 年,国际上又出现了电力电子技术的新定义,如图 0.3 所示。新定义几乎覆盖了所有电工及电气学科,体现了电力电子技术是一门多学科相互渗透的综合性技术学科。两种定义的差别反映了电力电子技术的迅速发展,所涉猎以及应用领域的不断扩大,预示着电力电子技术无限的发展前景和未来。

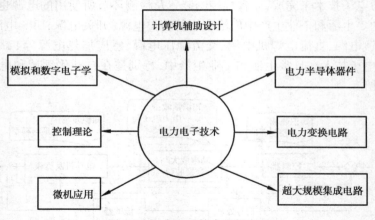

图 0.3　电力电子技术的新定义

0.1.2　电力电子技术与信息电子技术的区别

电子技术包括信息电子技术和电力电子技术两大类。

模拟电子技术和数字电子技术都属于信息电子技术,它主要用于信息处理,所使用的器件为半导体材料制成的电子器件。在信息电子电路中,电子器件大多工作于放大状态,也可处于开关状态。因工作于弱电场合,故其损耗发热较小。

电力电子技术主要用于电力变换和控制,所变换的电力功率从数 W 到数百 MW 甚至 GW。这是电力电子技术与信息电子技术在功能上的本质区别。它所使用的器件为电力电子器件,也是利用半导体材料,使用集成电路制造工艺或微电子制造技术制成的,这一点与信息电子技术同根同源。在电力电子电路中,为避免功率损耗过大,电力电子器件一般工作在开关状态。尽管如此,其自身功率损耗仍远大于信息电子器件,为了保证器件不至于因发热而损坏,一般需安装散热器。实际上,电力电子器件一般需要信息电子电路来控制和驱动。

0.1.3 电力变换

电力电子技术有两大分支:一个是电力电子器件制造技术;另一个是变流技术(电力电子器件的应用技术)。变流技术包括用电力电子器件构成电力变换电路和对其进行控制的技术,以及由这些电路构成电力电子装置和电力电子系统的技术。电力电子器件制造技术是电力电子技术的基础,其理论基础是半导体物理;变流技术是电力电子技术的核心,理论基础是电路理论。

电力通常有交流和直流两种,从公用电网直接得到的电力是交流,从蓄电池和干电池得到的电力是直流。为了满足人们生产生活需要,通常要求进行电力变换。

如表 0.1 所示,电力变换通常分为四大类,即交流变直流(AC/DC)、直流变交流(DC/AC)、直流变直流(DC/DC)、交流变交流(AC/AC)。交流变直流称为整流,它是发展最早、最成熟的电力变换类型,整流技术的出现甚至早于电力电子技术本身(1957 年)。直流变交流称为逆变。直流变直流是指一种电压(或电流)的直流变为另一种电压(或电流)的直流,可用直流斩波电路实现。交流变交流可以是电压或电力的变换,称为交流电力控制,也可以是频率或相数的变换。进行上述电力变换的技术就是变流技术。

表 0.1 电力变换种类

输出 \ 输入	交流(AC)	直流(DC)
直流(DC)	整流	直流斩波
交流(AC)	交流电力控制、变频、变相	逆变

0.2 电力电子技术的发展史

电力电子器件的发展对电力电子技术的发展起着决定性的作用,因此,电力电子技术的发展史是以电力电子器件的发展史为纲的。电力电子技术的发展史如图 0.4 所示。

电力电子技术的发展方向,是从以低频技术处理问题为主的传统电力电子学转变为以高频技术处理为主的电力电子学。一般认为,电力电子技术的诞生是以 1957 年美国通用电气公司研制出的第一个晶闸管为标志的。由于其功率处理能力的突破,于是以整流管和晶闸管为核心的、对电能处理的庞大分支从电子技术中分离出来,形成了电力电子技术。其发展先后经历了整流器时代(晶闸管时代)、全控型器件时代和电力电子集成电路时代(PIC),到了20 世纪 80 年代末 90 年代初,以电力 MOSFET 和 IGBT 为代表的集高频、高压和大电流于一身的功率半导体复合器件的兴起,表明传统电力电子技术已经进入了新的电力电子技术时代。

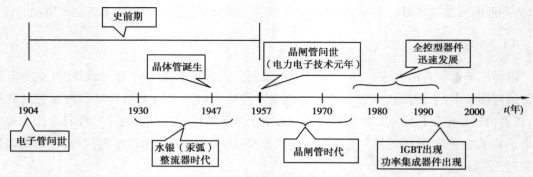

图 0.4　电力电子技术发展史

（1）整流器时代

大功率的工业用电由工频（50 Hz）交流发电机提供，但是大约 20% 的电能是以直流形式消耗的，其中最典型的是电解（有色金属和化工原料需要直流电解）、牵引（电气机车、电传动的内燃机车、地铁机车、城市无轨电车等）和直流传动（轧钢、造纸等）三大领域。因此，把大功率的交流电变成直流电就成为迫切的工业需求。

在晶闸管出现之前，用于整流的电子技术就已经存在了，比如 20 世纪 30 年代迅速发展的水银整流器。它把水银封于密闭罐内，利用对其蒸汽的电弧可对大电流进行控制，其原理与晶闸管非常相似。这一时期，水银整流器广泛应用于电化学工业、电气铁道直流变电所以及轧钢用直流电动机的传动。但是，由于水银本身对人体有害，且其电压降过大，性能不够理想，因此逐渐被电气性能和控制性能更优越的晶闸管所取代。所以电力电子技术的概念和基础就是由于晶闸管及晶闸管变流技术的发展而确立的。但是晶闸管属于半控型器件，对它的控制方式主要是相位控制方式，简称相控方式。晶闸管的关断通常依靠电网电压等外部条件来实现，这就使得它的应用受到了很大的限制。

（2）全控型器件时代

20 世纪 70 年代后期，以门极可关断晶闸管（GTO）、电力双极型晶体管（GTR）和电力场效应晶体管（Power-MOSFET）为代表的全控型器件迅速发展。它们的开关速度普遍高于晶闸管，可用于开关频率较高的电路。这些优越的性能使得电力电子技术的面貌焕然一新，把电力电子技术推到了一个新的发展阶段。

与晶闸管电路的相位控制方式相对应，采用全控型器件电路的主要控制方式为脉冲宽度调制（PWM）方式。PWM 控制技术在电力电子变流技术中占有十分重要的位置，它在逆变、直流斩波、整流、交流-交流控制等所有电力电子电路中均有应用。它使电路的控制性能大为改善，使以前难以实现的功能也得以实现，对电力电子技术的发展产生了深远的影响。

在这一阶段中，最具代表性的产品是交流电动机的变频调速装置，其调速性能、功率范围、价格都可与直流传动相媲美，交流调速大量应用并占据了主导地位。除此之外，不间断电源（UPS）、变频电源、开关电源、电磁灶等也是这一时期的热门产品。

在 20 世纪 80 年代后期，以绝缘栅极双极型晶体管（IGBT）为代表的复合型器件异军突起。它是 MOSFET 和 GTR 的复合，综合了两者的优点，性能十分优越，已成为现代电力电子技术的主导器件。

（3）电力电子集成电路时代（PIC）

为了使电力电子装置的结构紧凑、体积减小，常常把若干个电力电子器件及必要的辅助元件做成模块的形式。后来，又把驱动、控制、保护电路和电力电子器件集成在一起，就构成了电力电子集成电路(PIC)。目前 PIC 的功率都还较小，电压也较低。高度集成化将面临电压隔离(主电路为高压，而控制电路为低压)、热隔离(主电路发热严重)、电磁干扰(开关器件通断高压大电流，它和控制电路处于同一芯片上)等几大难题，但它代表了电力电子技术发展的一个重要方向。

目前，电力电子集成技术的发展十分迅速，除以 PIC 为代表的单片集成技术外，电力电子集成技术发展的焦点是混合集成技术，即把不同的单个芯片集成封装在一起。这样，虽然其功率密度不如单片集成，但却为解决上述三大难题提供了很大的方便。这里，封装技术就成了关键技术。除单片集成和混合集成外，系统集成也是电力电子集成技术的一个重要方面，特别是对于超大功率集成技术更是如此。

电力电子技术在 21 世纪的主要研究方向之一是实现电力电子装置的"无公害绿色化"，其含义是：装置功率因数接近 1，输入电流正弦无谐波；电压、电流均过零切换，以实现开关损耗为零；避免装置对电网与负载的电磁辐射和射频干扰。如前所述，电力电子技术的每一次飞跃都是以新器件的出现为契机的，那么，要实现"无公害绿色化"，电力电子器件的发展方向主要有以下六个方面：

①大容量化。应用微电子工艺，使单个器件的电压、电流容量进一步提高，以满足高压大电流需求。

②高频化。采用新材料、新工艺，在一定的开关损耗下尽量提高器件的开关速度，使装置运行在更高频率。

③易驱动。由电流驱动发展为电压驱动，大力发展 MOS 结构的复合器件。由于驱动功率小，因此可研制专用集成驱动模块，甚至把驱动与器件制作于一个芯片，以便更适合中小功率控制。

④降低导通管压降。研制出比肖特基二极管正向压降还低的器件以提高变流效率、节省电能，特别适用于便携式低压电器。

⑤模块化。采用制造新工艺如塑封化、表面贴装化和桥式化，将几个器件封装在一起以缩小体积与减小连线。如几个 IGBT 器件与续流管以及保护、检测器件、驱动等组成桥式模块，称为智能器件，缩写为 IPM(Intelligent Power Module)。

⑥功率集成化。充分应用集成电路工艺，将驱动、保护、检测、控制、自诊断等功能与电力电子器件集成于一块芯片上，实现集成电路功率化、功率器件集成化，使功率与信息集成在一起，成为机电一体化的接口，并逐步向智能化(Smart PIC)方向发展。

0.3　电力电子技术的应用领域

电力电子技术的应用范围十分广泛，按应用领域主要分为以下几个行业。

(1)一般工业

工业中大量应用各种交直流电机。直流电机有良好的调速性能，为其供电的可控整流电源或直流斩波电源都是电力电子装置。近年来，由于电力电子变频技术的迅速发展，使得交流电动机的调速性能可与直流电动机相媲美，交流调速技术大量应用并占据主导地位。大至数兆瓦(MW)的各种轧钢机,小到几百瓦的数控机床的伺服电机,以及矿山牵引等场合都广泛采用电力电子交直流调速技术。一些对调速性能要求不高的大型鼓风机等近年来也采用了变频装置,以达到节能的目的。还有些不调速的电机为了避免启动时的电流冲击而采用了软启动装置,这种软启动装置也是电力电子装置。

电化学工业大量使用直流电源,而电解铝、电解食盐水等也需要大容量整流电源,尤其是工业电镀装置更需要整流电源。

电力电子技术还大量用于冶金工业中的高频、中频感应加热电源、淬火电源及直流电弧炉电源等场合。

(2) 交通运输

电气化铁路中广泛采用电力电子技术。电气机床中的直流机车多采用整流装置,交流机车采用变频装置。直流斩波器也广泛用于铁道车辆。在磁悬浮列车中,电力电子技术更是一项关键技术。除牵引电机传动外,车辆中的各种辅助电源也都离不开电力电子技术。

电动汽车的电机靠电力电子装置进行电力变换和驱动控制,其蓄电池的充电也离不开电力电子装置。一台高级汽车中需要许多控制电机,它们也要靠变频器和斩波器驱动并控制。

飞机、轮船需要很多不同要求的电源,因此航空和航海也都离不开电力电子技术。

(3) 电力系统

电力电子技术在电力系统中有着非常广泛的应用。据估计,发达国家在用户最终使用的电能中,有60%以上的电能至少经过一次以上的电力电子装置的处理。在电力系统通向现代化的进程中,电力电子技术是关键技术。

直流输电在长距离、大容量输电时有很大的优势,其送电端的整流阀和受电端的逆变阀都采用晶闸管变流装置。近年来发展起来的柔性交流输电也是依靠电力电子装置才得以实现的。

无功补偿和谐波抑制对电力系统有重要意义。晶闸管控制电抗器(TCR)、晶闸管投切电容器(TSC)都是重要的无功补偿装置。近年来出现的采用全控型器件(如 IGBT)的静止无功发生器(SVG)、有源电力滤波器(APF)等新型电力电子装置具有更为优越的无功补偿和谐波补偿性能。在配电网系统中,电力电子装置还可用于防止电网瞬时停电、瞬时电压跌落、闪变等,以进行电能质量控制,改善供电质量。

在变电所中,给操作系统提供可靠的交直流操作电源,给蓄电池充电等都需要电力电子装置。

(4) 各种电源系统

在各种电源系统中,电力电子技术的应用十分重要,尤其在开关电源技术中更是处于核心地位。对于大型电解电镀电源,传统的电路非常庞大而笨重,而如果采用高频开关电源技术,则电路的体积和质量都会大幅下降,而且可极大地提高电源的利用效率,节省材料,降低成本。在电动汽车和变频传动中,更是离不开开关电源技术。通过开关电源改变用电频率,可达到接近于理想的负载匹配和驱动控制。高频开关电源技术已经成为各种大功率开关电源(如逆变焊机、通信电源、高频加热电源、激光器电源、电力操作电源等)的核心技术。随着开关电源高频化、模块化、数字化、绿色化等的实现和新技术的不断涌现,未来开关电源技术还会开拓更多新的应用领域。

（5）家用电器

照明在家用电器中占有十分突出的地位。由于电力电子照明电源体积小、发光效率高，通常被称为"节能灯"，它正在逐步取代传统的白炽灯和日光灯。

变频空调器是家用电器中应用电力电子技术的典型例子。电视机、音响设备、家用计算机等电子设备的电源部分也都需要电力电子技术。此外，洗衣机、电冰箱、微波炉等电器也应用了电力电子技术。

（6）其他

航天飞行器中的各种电子仪器需要电源，载人航天器也离不开各种电源，这些都必须采用电力电子技术。

传统的发电方式是火力发电、水力发电以及后来兴起的核能发电。如今，各种新能源、可再生能源及新型发电方式越来越受到重视。其中太阳能发电、风力发电的发展较快，燃料电池更是备受关注。太阳能发电和风力发电受环境的制约，发出的电力质量较差，常需要储能装置缓冲以改善电能质量，这就需要电力电子技术。当需要和电力系统联网时，也离不开电力电子技术。

为了合理地利用水力发电资源，近年来抽水储能发电站受到重视。其中，大型电动机的启动和调速都需要电力电子技术。

核聚变反应堆在产生强大磁场和注入能量时，需要大容量的脉冲电源，这种电源就是电力电子装置。科学实验或某些特殊场合，常常需要一些特种电源，这也是电力电子技术的用武之地。

电力电子技术对节省电能有重要意义。特别在大型风机、水泵采用变频调速方面，在使用量十分庞大的照明等方面，电力电子技术的节能效果十分显著，因此它也被称为节能技术。

总之，从人类对宇宙和大自然的探索，到国民经济的各个领域，再到人们的衣食住行，到处都能感受到电力电子技术的存在和巨大魅力。这也激发了一代又一代的学者和工程技术人员学习、研究电力电子技术并使其飞速发展。

0.4　电力电子电路的仿真

由于电力电子器件具有非线性特性，给电力电子电路讨论和分析带来了一定的困难，使电路计算的复杂程度增加。对于电力电子电路的分析，一般采用波形分析和分段线性化的处理方法。现代计算机仿真技术为电力电子电路和系统分析提供了崭新的方法，使复杂的电力电子电路分析和设计变得更加容易和简单。

所谓仿真，指的是在计算机平台上虚拟实际的物理系统，用数学模型代替实际的物理器件和电路，从而实现对实际电路工作过程的研究和讨论。随着数值算法的不断完善，已经出现了大量的通用数字仿真语言和软件。现代仿真软件已经模块化，更适合工程的应用，各种仿真软件已经成为科研、设计及学生学习的必备工具和好助手。

电力电子电路的仿真软件有很多，目前最常用的是 MATLAB 的 Simulink 平台。MATLAB 配备了电力系统仿真（SimPowerSystems）工具包，可与 Simulink 下的其他模块并列存在，使用起来比较方便。本书结合目前国内常用的仿真软件 MATLAB2014a,对电力电子电路仿真的基本理论、方法和思路进行简要介绍。

通过仿真软件的使用,电力电子电路设计人员可以在进行电路实验前先进行电路仿真分析,确定合理应用的主电路和控制方式,大大减小了电力电子装置开发和设计的工作量,缩短了开发和设计时间。所以,电力电子仿真软件的学习对于从事电力电子装置开发和应用的工程技术人员来说是非常重要的。

0.5　本教材的主要内容和学习方法

《电力电子技术》是自动化、电气工程及其自动化专业一门重要的专业基础必修课。是一门横跨电力、电子和控制的新兴学科。它主要研究利用电力电子器件对电能进行变换和控制的技术,包括对电压、电流、频率、波形等方面的调控、变换。电力电子技术由三部分内容组成,即电力电子器件、电力电子电路、电力电子系统及其控制。本课程着重学习电力变换电路的基本工作原理。通过本课程的学习,使学生:

①了解电力电子技术的发展概况、技术动向和新的应用领域。

②了解与熟悉常用的电力电子器件的工作原理、电气特性和主要参数,具有对电力电子器件基本应用的能力。

③理解和掌握基本的电力电子电路的电路结构、工作原理、电气性能、波形分析方法和参数计算,具有对电力变换和控制电路进行分析的能力,并能进行初步的系统设计。

④具有一定的电力电子电路实验和调试的能力。

本书共分 7 章。

第 1 章电力电子器件是全书的基础。电力电子器件能以小信号控制大功率器件,开关时间短,接近理想开关,但不同器件性能不同,因而控制方法和应用场合不同。本章主要介绍常用的电力电子器件的基本结构、工作原理和电气特性,并列举部分生产厂商的器件型号和主要技术参数。

第 2 章至第 5 章介绍了四种基本变换电路,即交流-直流、直流-交流、直流-直流、交流-交流,重点介绍各种电路的基本组成结构、工作原理、波形分析和参数计算。波形分析是电力电子电路的重要分析方法,只有依据电路的通断过程分析并画出各种状态下的波形,才能在此基础上对各种量进行定量分析。为了分析简化,在画波形和计算时常忽略一些次要因素,或对电路某些元件作理想化的假设。每一章后都有相应的应用举例,主要涉及电气传动、电力系统、电源技术三个领域。此外,每章结合 MATLAB2014a 对典型常用电路进行了仿真。

第 6 章介绍了电力电子的 PWM 控制技术。PWM 控制技术对电力电子装置的性能有极大的改善,一些以前难以实现的控制策略借助这一技术而得以实现。

第 7 章从应用电力电子器件的角度出发,介绍了各种器件的驱动和保护措施。

为了便于读者学习,教材中每章都有例题,最后有小结和习题。

作为一种应用技术,电力电子技术的特点是:综合性强、应用涉及面广、与工程实践联系密切。在学习本课程之前应掌握"电路原理""模拟电子技术""数字电子技术""电机与拖动"

"自动控制原理"等相关课程的知识,并熟练掌握示波器等电子仪器的使用方法。本课程也为自动化专业的后续课程"运动控制系统"和电气工程及其自动化专业的后续课程"直流输电和 FACTS 技术"打下基础。

习 题

1.什么是电力电子技术? 说明其主要应用领域。

2.电力电子技术与信息电子技术有什么联系与区别?

3.电力变换有哪些? 什么是整流? 什么是逆变?

4.电力电子技术的发展历史与发展方向是怎样的?

5.通过观察,说出电力电子技术在日常生产生活中都有哪些典型应用?

第 *1* 章
电力电子器件

电力电子器件是电力电子应用技术最基础、最重要的部分之一。作为变流电路的主要元件,电力电子器件性能关系着变流电路的结构和性能,掌握各种电力电子器件的特性、特点及使用方法是学好电力电子技术课程的基础。本章在对电力电子器件的概念、特点和分类等问题概述之后,分别介绍常用典型电力电子器件的工作原理、基本特性、主要参数及器件选择时应注意的问题。

1.1 电力电子器件概述

1.1.1 电力电子器件的概念和特征

在电气设备或电力系统中,直接承担电能变换或控制任务的电路称为主电路,即动力系统的电源电路。电力电子器件是指可直接用于处理电能的主电路中,实现电能变换或控制的大功率(通常指电流为数十至数千安,电压为数百伏以上)的电子器件。同处理信息的电子器件一样,广义上,电力电子器件也可以分为电真空器件和半导体器件两类。

在20世纪50年代以前,电力电子器件主要是汞弧整流器和大功率电子管。到了60年代,晶闸管迅速发展起来,因其工作可靠、寿命长、体积小、开关速度快,在电力电子电路中得到了广泛应用,逐渐取代了汞弧整流器。到了80年代,普通晶闸管的开关电流已达数千安,能承受的正、反向工作电压达数千伏。在此基础上,为适应电力电子技术的发展需要,又开发出门极可关断晶闸管、双向晶闸管、光控晶闸管、逆导晶闸管等一系列派生器件,以及单极型MOS功率场效应晶体管、双极型电力二极管、静电感应晶闸管、功率组合模块和功率集成电路等新型电力电子器件。与普通半导体器件一样,目前电力半导体器件所采用的主要材料仍然是硅。

由于电力电子器件直接用于处理电能的主电路,因而同处理信息的电子器件相比,它一般具有如下特征:

①电力电子器件所能处理电功率的大小,也就是其承受电压和电流的能力,是其最重要的参数,一般都远大于处理信息的电子器件。

②因为处理的电功率较大,为了减小本身的损耗,提高效率,电力电子器件一般都工作在开关状态。导通时阻抗很小,接近于短路,管压降接近于零,而通过的电流由外电路决定;阻断时阻抗很大,接近于断路,漏电流几乎为零,而管子两端电压由外电路决定。作电路分析时,为简单起见,往往用理想开关来代替。

③在实际应用中,电力电子器件往往需要由信息电子电路来控制。由于电力电子器件所处理的电功率较大,因此普通的信息电子电路信号一般不能直接控制电力电子器件的导通与关断,需要一定的中间电路对信号进行适当的放大,这就是所谓的电力电子器件的驱动电路。

④尽管工作在开关状态,但是电力电子器件自身的功率损耗通常仍远大于信息电子器件,因而为了保证不至于因损耗散发的热量导致器件温度过高而损坏,不仅在器件封装上比较讲究散热设计,而且在其工作时一般都还需要考虑器件的冷却问题。这是因为电力电子器件在导通或者阻断状态下,并不是理想的短路或者断路。导通时器件上有一定的通态压降,阻断时器件上有微小的断态漏电流流过。尽管其数值都很小,但分别与数值很大的通态电流和断态电压相作用,就形成了电力电子器件的通态损耗和断态损耗。此外,还有在电力电子器件由断态转为通态或者通态转为断态的转换过程中产生的损耗,分别称为开通损耗和关断损耗,总称为开关损耗。通常来讲,除一些特殊的器件外,电力电子器件的断态漏电流都极小,因而通态损耗是电力电子器件功率损耗的主要成因。当器件的开关频率较高时,开关损耗会随之增大而成为器件功率损耗的主要因素。

1.1.2　电力电子器件的分类

按照电力电子器件能够被控制电路信号所控制的程度,可以将电力电子器件分为以下三类:

1)不可控器件

不可控器件是指不能用控制信号来控制其通断的电力电子器件。这种器件只有两个端子,因此也就不需要驱动电路。电力二极管就属此类,其基本特性与信息电子技术中的二极管一样,器件的导通和关断完全是由其在主电路中承受的电压和电流决定的。

2)半控型器件

半控型器件通常是三端器件。由于这类器件通过控制信号可以控制其导通而不能控制其关断,故称为半控型器件。半控型器件的关断完全是由其在主电路中承受的电压和电流决定的。普通晶闸管及其大部分派生器件属于这一类。

3)全控型器件

全控型器件也是三端器件。由于这类器件通过控制信号既可以控制其导通,又可以控制其关断,故称为全控型器件,又称自关断器件。这类器件品种很多,目前最常用的是 IGBT 和电力 MOSFET。在处理兆瓦级的大功率场合,门极可关断晶闸管(GTO)应用较多。

按照驱动电路加在电力电子器件控制端和公共端之间信号的性质不同,又可以将电力电子器件(电力二极管除外)分为电流驱动型和电压驱动型两类。

1)电流驱动型

如果是通过从控制端注入或者抽出电流来实现导通或者关断的控制,这类电力电子器件就被称为电流驱动型电力电子器件,或者电流控制型电力电子器件。应用比较广泛的电流驱动型电力电子器件可分为两大类:一类是晶体管类,如电力晶体管及其模块等,这类器件适用于 500 kW 以下、380 V 交流供电的领域;另一类是晶闸管类,如普通晶闸管、门极可关断晶闸管等,这类器件适用于电压更高、电流更大的应用领域。

电流驱动型电力电子器件的共同特点是:

①在器件体内有电子和空穴两种载流子,由导通转向阻断时,两种载流子在复合过程中产生热量,使器件结温升高。过高的结温限制了工作频率的提高,因此电流驱动型电力电子器件比电压驱动型电力电子器件的工作频率要低。

②电流驱动型电力电子器件具有电导调制效应,使其通态压降很低,通态损耗较小,这一点优于只有一种载流子导电的电压驱动型电力电子器件。

③电流驱动型电力电子器件的控制端输入阻抗低,驱动电流和驱动功率较大,驱动电路结构也相对复杂。

2)电压驱动型

如果是仅通过在控制端和公共端之间施加一定的电压信号就可实现导通或者关断的控制,这类电力电子器件被称为电压驱动型电力电子器件,或者电压控制型电力电子器件。由于电压驱动型电力电子器件实际上是通过加在控制端上的电压在器件的两个主电路端子之间产生可控的电场来改变流过器件的电流大小和通断状态的,所以又称为场控器件,或场效应器件。根据可控电场存在的环境,可将场控电力电子器件分为两大类:一类是结型场效应器件,如 SIT 和静电感应晶闸管(SITH)等,这类器件多为正常导通型器件,目前多用于高频感应加热系统;另一类是绝缘栅场效应器件,如 IGBT、电力 MOSFET 以及 MCT 等,其中电力 MOSFET 多用于小于 10 kW 的高频设备中,IGBT 有取代 GTO 之势,可用于 GTR 所用的所有领域。

应该指出,所有电压驱动型电力电子器件都是用场控原理对其通断状态进行控制的,但是它们不一定全是单极型器件,其中 SIT 和电力 MOSFET 只有一种载流子导电,属于单极型器件;SITH 具有电导调制效应,属于双极型器件;而 IGBT 和 MCT 则属于混合型器件。

电压驱动型电力电子器件的共同特点是:

①因为输入信号是加在门极的反偏结或是绝缘介质上的电压,输入阻抗很高,所以驱动功率小,驱动电路结构简单。

②对于单极型器件来说,因为只有一种载流子导电,没有少数载流子的注入与存储,开关过程中不存在像双极型器件中的两种载流子的复合问题,因而工作频率很高,可达几百千赫,甚至更高。对于混合型器件来说,工作频率也远高于双极型器件,比如 IGBT 的工作频率可达 100 kHz以上。由此可知,工作频率高是电压驱动型电力电子器件的另一共同特点。

③电压驱动型电力电子器件的工作温度高,抗辐射能力也强。因此,这类器件的发展前景十分诱人。未来的一段时期内,电压驱动型器件是电力电子器件的主要代表。

根据电力电子器件内部电子和空穴两种载流子参与导电的情况,电力电子器件又可分为双极型、单极型和混合型三种类型。凡由一种载流子参与导电的称为单极型器件,如电力MOSFET、静电感应晶体管(SIT)等。凡是电子和空穴两种载流子参与导电的称为双极型器件,如普通晶闸管、电力晶体管等。由单极型和双极型两种器件组成的复合型器件称为混合型器件,如 IGBT 和 MOS 控制晶闸管(MCT)。

1.1.3 电力电子器件的现状和发展趋势

电力电子器件的主要性能指标是电压、电流和工作频率三个参数,通过对这三项参数的比较即可明白每种器件的应用范围。

(1)单管的输出功率

图 1.1 所示为逆变器每臂用单个器件时的输出功率
与工作频率的关系曲线。由图 1.1 可知,传统的晶闸管
(SCR)输出功率最大,但工作频率最低。门极可关断晶
闸管(GTO)目前输出功率稍低于 SCR,在大容量高电压
领域,GTO 是 SCR 的有力对手。其他全控型器件也难与
GTO 匹敌。在目前开发的高压大容量新产品中,几乎没
有使用 SCR 逆变器的。

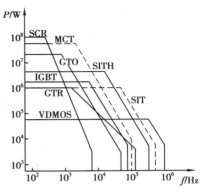

图 1.1　单个器件输出功率
与工作频率的关系

电力晶体管(GTR)的容量范围介于 GTO 和电力
MOSFET 之间,控制 GTR 比 GTO 更方便,加之 GTR 的工
作频率较高,故凡是能用 GTR 解决问题的领域尽量避免
使用 GTO。GTR 适用于 380 V 电网和 500 kW 的容量范
围。如果电网电压达到 600 V 以上,则由于 GTR 耐压所
限而难于发挥作用。但是对 GTR 来说,电压和容量在上述使用范围内还有较大余地。

由于电力 MOSFET 可工作在高频下,用于高频化的逆变器、斩波器时,其体积、质量大大
减小,变流性能大大提高。目前在 10 kW 以下的开关电路中,电力 MOSFET 备受青睐。绝缘
栅双极晶体管(IGBT)的容量目前已大于电力 MOSFET 和 GTR,它的应用范围正在逐步扩展。
至于 MOS 控制型晶闸管(MCT)、静电感应晶闸管(SITH)、静电感应晶体管(SIT)以及集成门
极换流晶闸管(IGCT)等器件,虽已有一定应用,但尚未进入工业化广泛应用阶段,在这里不
作详细比较。

(2)电流和电压的等级

几种全控型器件的电压与电流等级的比较曲线如图 1.2 所示。由图可知,GTO、SITH 属
于高电压、大电流器件,GTR、IGBT 和电力 MOSFET 的电压、电流容量不及 GTO、SITH。GTO、
SITH 在电压和电流两个方面仍有发展余地,至少在理论上是有发展自由度的。GTR 的电流
仍可增大,但是电压难以高出 1 500 V。由于电力 MOSFET 的导通电阻随着电压的升高而增
大,因此,耐压的提高也是有困难的。从发展前途来看,IGBT 的电压、电流容量可更高于 GTR
的容量,因此,它是很有前途的一种新型器件。

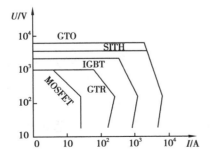

图 1.2　几种全控型器件的电压和
电流等级的比较曲线

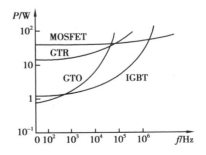

图 1.3　1 000 V 级器件功率损耗与
工作频率的关系

（3）功率损耗

图 1.3 给出了 1 000 V 级器件功率损耗与工作频率的关系曲线。由图 1.3 可知,电力 MOSFET 的功率损耗最大。这是由于导通电阻大的缘故,但是它的功率损耗随着频率的增加幅度变化很小。说明电力 MOSFET 的开关损耗很小,可见电力 MOSFET 最适合在高频下工作。GTO、GTR 和 IGBT 虽然低频时管压降较低、功耗小,但是随着工作频率的增加,开关损耗急剧上升。因此,由于功耗的局限,GTO、GTR 和 IGBT 的工作频率不可能超过电力 MOSFET。

实践证明,各种器件以自己的某种优势占领一定范围的应用领域,但与其他器件会有竞争,因此用户可有更多的选择。不过每种器件都有自己的局限性,所以应用范围受到限制,最终各种器件在竞争的基础上形成互补的局面。

目前,日本、美国和欧洲一些发达国家在 400 kW 以下的电力电子变频装置中基本上都采用 IGBT;高频化的开关电源装置普遍采用电力 MOSFET;而在大容量的电力电子装置中,GTO 逐步得到推广应用。

未来电力电子器件的发展方向主要在两个方面:一方面是进一步研制全控型的大容量、高开关频率、低损耗、低价格的电力电子器件;另一方面是实现电力电子器件的智能模块化和系统模块化。功率模块和功率集成电路的广泛应用,可以使电力电子系统更简单、更可靠。而系统模块化技术可将功率变换器、逆变器的标准电路与电机控制电路、电源、电子开关等集成在一个模块中。把一台电力电子装置的所有硬件都封装在一个模块内,可以使装置的体积最小,引线最短,寄生电感和电容最低,可靠性大大提高。这些技术在国外发展很快,国内现状远远落后于国外,在有些方面甚至还是空白。

1.2　不可控器件

电力二极管自 20 世纪 50 年代初期就获得应用,当时也被称为半导体整流器（SR）,并已开始逐步取代汞弧整流器。虽然是不可控器件,但其结构简单,工作可靠,所以直到现在,电力二极管仍然大量应用于许多电气设备当中,特别是快恢复二极管和肖特基二极管分别在中、高频整流和逆变以及低压高频整流的场合具有不可替代的地位。

1.2.1　电力二极管的工作原理

电力二极管的基本结构和工作原理与信息电子电路中的二极管是一样的,都是以半导体 PN 结为基础,其基本原理是 PN 结的单向导电性。电力二极管实际上是由一个面积较大的 PN 结和两端引线以及封装组成的。图 1.4 所示为电力二极管的外形、结构和电气图形符号。从外形上看,电力二极管主要有螺栓型和平板型两种封装。目前,电力二极管模块也得到推广应用。

为了建立承受高电压和大电流的能力,电力二极管具体的半导体物理结构和工作原理具有如下不同于信息电子电路二极管之处。

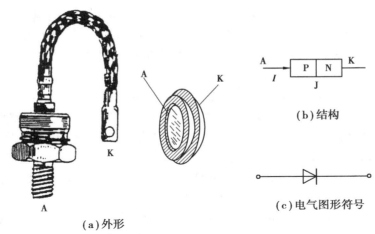

（b）结构

（c）电气图形符号

（a）外形

图 1.4　电力二极管的外形、基本结构和电气图形符号

（1）垂直导电结构

电力二极管内部结构断面示意图如图 1.5 所示。电力二极管大都是垂直导电结构，即电流在硅片内流动的总体方向是与硅片表面垂直的。而信息电子电路中的二极管一般是横向导电结构，即电流在硅片内流动的总体方向是与硅片表面平行的。垂直导电结构使得硅片中通过电流的有效面积增大，可以显著提高二极管的通流能力。

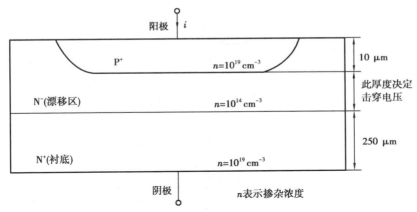

图 1.5　电力二极管内部结构断面示意图

（2）N 型漂移区

电力二极管在 P 区和 N 区之间多了一层低掺杂的 N 区，也称为漂移区。低掺杂 N 区由于掺杂浓度低而接近于无掺杂的纯半导体材料（即本征半导体），因此，电力二极管的结构也被称为 P-i-N 结构。由于掺杂浓度低，低掺杂 N 区就可以承受很高的电压而不至于被击穿，因此低掺杂 N 区越厚，电力二极管能够承受的反向电压就越高。

（3）电导调制效应

低掺杂 N 区由于掺杂浓度低虽然有利于提高二极管的反向耐压，但是其高电阻率对于二极管的正向导通是不利的。这个矛盾是通过电导调制效应来解决的。

当 PN 结上流过的正向电流较小时，二极管的电阻主要作为基片的低掺杂 N 区的欧姆电阻，其阻值较高且为常量，因而管压降随正向电流的上升而增加；当 PN 结上流过的正向电流较大时,由 P 区注入并积累在低掺杂 N 区的少子空穴浓度将很大,为了维持半导体的电中性条件,其多子浓度也相应增加,使得其电阻率明显下降,也就是电导率大大增加,这就是电导调制效应。电导调制效应使得电力二极管在正向电流较大时压降仍然很低,维持在 1 V 左右,所以正向偏置的电力二极管表现为低阻态。

PN 结具有一定的反向耐压能力,但当施加的反向电压过大时,反向电流将会急剧增大,破坏 PN 结反向偏置为截止的工作状态,这就叫反向击穿。反向击穿按照机理不同有雪崩击穿和齐纳击穿两种形式。反向击穿发生时,只要外电路中采取了措施,将反向电流限制在一定范围内,则当反向电压降低后 PN 结仍可恢复原来的状态。但如果反向电流未被限制住,使得反向电流和反向电压的乘积超过了 PN 结允许的耗散功率,就会因热量散发不及时而导致 PN 结温度上升,直至过热而烧毁,这就是热击穿。

PN 结中的电荷量随外加电压而变化,呈现电容效应,称为结电容 C_J。结电容按其产生的机制和作用的差别分为势垒电容 C_B 和扩散电容 C_D。在正向偏置时,当正向电压较低时,势垒电容为主;正向电压较高时,扩散电容为结电容的主要成分。结电容影响 PN 结的工作频率,特别是在高速开关的状态下,可能使其单向导电性变差,甚至不能工作,应用时应加以注意。

1.2.2 电力二极管的基本特性

(1)静态特性

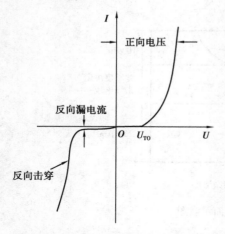

图 1.6 电力二极管的伏安特性

电力二极管的静态特性主要是指其伏安特性,如图 1.6 所示。当电力二极管承受的正向电压大到一定值(门槛电压 U_{TO}),正向电流才开始明显增加,处于稳定导通状态。当电力二极管承受反向电压时,只有少子引起的微小而数值恒定的反向漏电流。

(2)动态特性

由于结电容的存在,电力二极管在零偏置、正向偏置和反向偏置这三种状态之间转换的时候,必然经历一个过渡过程。在这些过渡过程中,PN 结的一些区域需要一定时间来调整其带电状态,因而其电压-电流特性不能用前面的伏安特性来描述,而是随着时间变化的,这就是电力二极管的动态特性,并且往往专指反映通态和断态之间转换过程的开关特性。这个概念虽然由电力二极管引出,但也可以推广至其他各种电力电子器件。

1)开通特性

电力二极管在开通初期会出现较高的瞬态压降,经过一定时间后才能处于稳定状态,并具有很小的管压降。图 1.7 所示为电力二极管的正向恢复特性曲线。图 1.7(a)为管压降随时间变化的曲线,其中 U_{FP} 为正向峰值电压,t_{fr} 为正向恢复时间。图 1.7(b)为电力二极管开通电流的波形,电流上升率用 di_F/dt 表示。由图 1.7(a)可知,在正向恢复时间内,正在开通的电力二极管具有比稳态大得多的峰值电压 U_{FP}。实验表明,当正向电流上升率超过 50 A/μs 时,在某些高压电力二极管中可以测得几十伏的电压值。一般,电压高于 600 V、电流大于

100 A 的快速恢复二极管中具有较高的瞬态压降。这一概念在普通整流二极管中是不曾出现的,但这一概念非常重要。出现电压过冲的原因是:

①电导调制效应起作用所需的大量少子需要一定的时间来储存,在达到稳态导通之前管压降较大。

②正向电流的上升会因器件自身的电感而产生较大压降。电流上升率越大,U_{FP} 越大。

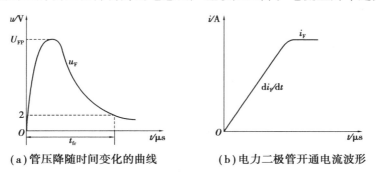

（a）管压降随时间变化的曲线　　　（b）电力二极管开通电流波形

图 1.7　电力二极管的正向恢复特性

当电力二极管由反向偏置转换为正向偏置时,除上述时间外,势垒电容电荷的调整也需要更多时间来完成。

2）关断特性

正在导通的电力二极管突然加一反向电压时,反向阻断能力的恢复也需要经过一段时间,在未恢复阻断能力之前,电力二极管相当于短路状态,这是一个很重要的特性。其反向恢复过程中的电流和电压波形如图 1.8 所示。图中 I_{RM} 为最大反向恢复电流,Q_2 为反向恢复电荷,t_{rr} 为反向恢复时间。这三个参数在电路设计中是最重要的参数。下面讨论反向恢复过程。

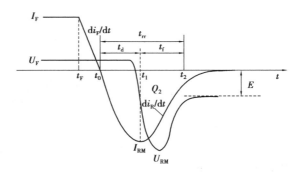

图 1.8　反向恢复过程中电流和电压波形

由图 1.8 可知,从 t_{F} 开始,已经导通的电力二极管加反向电压 E,原来导通的正向电流 I_{F} 以 $\mathrm{d}i_{\mathrm{F}}/\mathrm{d}t$ 的速率减小。这个电流变化率由反向电压和开关电路中的电感决定,而管压降由于电导调制效应基本不变,直至正向电流降为零的时刻 t_0。此时电力二极管由于在 PN 结两侧储存有大量少子的缘故而并没有恢复反向阻断能力,这些少子在外加反向电压的作用下被抽取出电力二极管,因而流过较大的反向电流。当空间电荷区附近的储存少子即将被抽尽时,管压降变为负极性,于是开始抽取离空间电荷区较远的浓度较低的少子。因而在管压降极性改变后不久的 t_1 时刻,反向电流从其最大值 I_{RM} 开始下降,空间电荷区开始变宽,电力二极管开始重新恢复对反向电压的阻断能力。在 t_1 时刻以后,由于反向电流迅速下降,在外电路电感的作用下会在电力二极管两端产生比外加反向电压大得多的反向电压过冲 U_{RM}。在电流变化率接近于零的 t_2 时刻,电荷 Q_2 被抽完,电力二极管两端承受的反向电压才降至外加电压 E 大小,电力二极管完全恢复对反向电压的阻断能力。

时间 $t_d=t_1-t_0$ 被称为延迟时间，$t_f=t_2-t_1$ 被称为电流下降时间，而时间 $t_{rr}=t_d+t_f$ 则被称为电力二极管的反向恢复时间。其下降时间与延迟时间的比值 t_f/t_d 被称为恢复特性的软度，或者恢复系数，用 S_r 表示。S_r 越大则恢复特性越软，实际上就是指反向电流下降时间相对较长，因而在同样的外电路条件下造成的反向电压过冲 U_{RM} 较小。

电力二极管在低频状态下工作时可以不考虑其动态过程，而在高频状态下工作时，必须考虑其动态特性和动态参数的影响。

1.2.3　电力二极管的主要参数

（1）正向平均电流（即额定电流）$I_{F(AV)}$

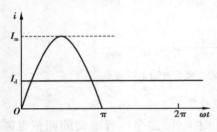

图 1.9　工频正弦半波电流波形

正向平均电流 $I_{F(AV)}$ 指在规定的管壳温度（简称壳温，一般为 +40 ℃）和散热条件下，电力二极管允许长时间连续流过的最大工频正弦半波电流的平均值。在选择电力二极管时，正向平均电流是按发热效应相等的原则来确定的，即电流有效值相等的原则。

对于工频正弦半波电流，波形如图 1.9 所示。当电流峰值为 I_m 时，正弦半波电流平均值为

$$I_d = \frac{1}{2\pi}\int_0^\pi I_m\sin \omega t\mathrm{d}\omega t = \frac{I_m}{\pi} \tag{1.1}$$

正弦半波电流有效值为

$$I = \sqrt{\frac{1}{2\pi}\int_0^\pi (I_m\sin \omega t)^2\mathrm{d}\omega t} = \frac{I_m}{2} \tag{1.2}$$

所以，正弦半波电流的有效值与平均值之比为 1.57。根据正向平均电流的定义可知，额定电流为 $I_{F(AV)}$ 的电力二极管允许通过的电流有效值为 $1.57\,I_{F(AV)}$。

不过，还应该注意的是，当用在频率较高的场合时，电力二极管的发热原因除了正向电流造成的通态损耗外，其开关损耗也往往不能忽略；当采用反向漏电流较大的电力二极管时，其断态损耗造成的发热损耗也不小。在选择电力二极管的额定电流时，这些都应加以考虑。

（2）额定电压（反向重复峰值电压 U_{RRM}）

额定电压指对电力二极管所能重复施加的反向最高峰值电压，通常是其雪崩击穿电压的 2/3。使用时，往往按照电路中电力二极管可能承受的反向最高峰值电压的 2~3 倍来选取此项参数。

（3）正向压降 U_F

正向压降指电力二极管在指定温度下，流过某一指定的稳态正向电流时对应的正向压降。有时候，其参数表中也给出在指定温度下流过某一瞬态正向大电流时电力二极管的最大瞬时正向压降。

（4）最高工作结温 T_{JM}

结温是指管芯 PN 结的平均温度，用 T_J 表示。最高工作结温是指在 PN 结不致损坏的前提下所能承受的最高平均温度，用 T_{JM} 表示。T_{JM} 通常为 125~175 ℃。

（5）浪涌电流

浪涌电流指电力二极管所能承受的最大的连续一个或几个工频周期的过电流。

1.2.4　电力二极管的主要类型

电力二极管在许多电力电子电路中都有着广泛的应用。电力二极管可以在 AC/DC 变换电路中作为整流元件,也可以在电感元件的电能需要释放的电路中作为续流元件,还可以在各种变流电路中作为电压隔离、钳位或保护元件。在应用时,应根据不同场合的需求,选择合适的电力二极管。下面介绍几种常用的电力二极管。

(1)普通二极管

普通二极管又称整流二极管,多用于开关频率不高(1 kHz 以下)的整流电路中,包括电力牵引、蓄电池、电镀、焊接和 UPS 等。其反向恢复时间较长,一般在 5 μs 以上。这在开关频率不高时并不重要,在参数表中甚至不列出这一参数。但其正向电流定额和反向电压定额可以达到很高,分别可达数千安和数千伏以上。

(2)快恢复二极管

恢复过程很短,特别是反向恢复过程很短(一般在 5 μs 以下)的电力二极管被称为快恢复二极管,简称快速二极管。其正向压降很低,一般在 0.9 V 左右,反向耐压多在 1 200 V 以下。结构上有的仍采用 PN 结型结构,但大都采用对此加以改进的 PiN 结构。特别是采用外延型 PiN 结构的所谓快恢复外延二极管,其反向恢复时间更短(可低于 50 ns),正向压降也很低(0.9 V 左右)。不管采用什么结构,快恢复二极管从性能上可以分为快恢复和超快恢复两个等级。前者反向恢复时间为数百纳秒或更长,后者则在 100 ns 以下,甚至达到 20~30 ns。

(3)肖特基二极管

以金属和半导体接触形成的势垒为基础的二极管称为肖特基势垒二极管,简称为肖特基二极管。肖特基二极管属于多子器件,在信息电子电路中早就得到了应用,但直到 20 世纪 80 年代以来,由于工艺的发展才得以在电力电子电路中广泛应用。与以 PN 结为基础的电力二极管相比,肖特基二极管的优点在于:反向恢复时间很短(10~40 ns);正向恢复过程中也不会有明显的电压过冲;在反向耐压较低的情况下其正向压降也很小(0.4 V 左右),明显低于快恢复二极管;因此,其开关损耗和正向导通损耗都比快速二极管还要小,效率高。肖特基二极管的弱点在于:当反向耐压提高时,其正向压降也会高得不能满足要求,因此多用于 200 V 以下的低压场合;反向漏电流较大且对温度敏感,因此断态损耗不能忽略,而且必须更严格地限制其工作温度。

1.2.5　电力二极管的型号

普通型电力二极管常用 ZP 表示,其中,Z 代表整流特性,P 为普通型。普通型电力二极管型号可表示为

$$ZP【电流等级】-【电压等级/100】【通态平均电压组别】$$

例如,型号为 ZP50-10 的电力二极管,其型号含义为:普通型电力二极管,额定电流为 50 A,额定电压为 1 000 V。

表 1.1 给出了部分普通电力二极管的型号及其相应参数。

表 1.1　电力二极管的型号及其相应参数

型　号	反向重复峰值电压 /V	正向平均 电流/A	反向重复峰值 电流/mA	正向平均电压/ 输出电流/(V · A^{-1})	最高额定结温 /℃
	U_{RRM}	$I_{F(AV)}$	I_{RRM}	U_{FM}/I_{FM}	T_{JM}
ZP200A	200~3 000	200	≤20	1.8/600	150
ZP300A	200~3 000	300	≤20	1.8/600	150
ZP400A	200~3 000	400	≤20	1.8/1 200	150
ZP500A	200~5 000	500	≤20	1.8/1 500	150
ZP600A	200~5 000	600	≤20	1.8/1 800	150
ZP800A	200~5 000	800	≤20	2.2/2 400	150
ZP1000A	200~5 000	1 000	≤30	2.0/3 000	150
ZP2000A	200~5 000	2 000	≤50	2.2/4 000	150
ZP3000A	200~5 000	3 000	≤50	2.0/5 000	150
ZP4000A	200~5 000	4 000	≤50	2.0/5 000	150
ZP5000A	200~5 000	5 000	≤50	1.25/5 000	170

1.3　半控型器件

晶闸管(Thyristor)是硅半导体材料制成的硅晶体闸流管的简称,又叫可控硅整流器(Silicon Controlled Rectifiier,SCR)。晶闸管(Thyristor)是最早出现的电力电子器件之一,自1957 年诞生起,在电力电子学的发展中起了非常重要的作用。晶闸管容量大、价格低、工作可靠,尽管其工作频率较低,到目前为止,晶闸管仍然是功率最大的电力电子器件,在高电压、大电流的应用场合,如高压直流输电中,仍然是无可替代的器件。在自关断电力电子器件高速发展的同时,晶闸管的制造工艺和水平也在不断地完善并衍生出各种性能优良的派生器件。目前,已研制出容量达 8 kV * 4 kA 的光控晶闸管。

1.3.1　晶闸管的结构

晶闸管内部的基本结构如图 1.10(a)所示,它由一个四层三端半导体材料构成,即四层半导体材料(P$_1$-N$_1$-P$_2$-N$_2$)和每两层不同的材料交界面上形成的PN 结,共形成三个 PN 结(J$_1$、J$_2$、J$_3$),并引出阳极 A、阴极 K 和门极(控制端)G 三端,其图形符号如图 1.10(b)所示。

晶闸管有螺栓型、平板型和模块型等几种不同的封装形式,如图 1.11 所示。对于螺栓型晶闸管,通常螺栓是阳极,制成螺栓形状是为了安装时与散热器紧

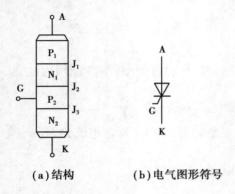

(a)结构　　**(b)电气图形符号**

图 1.10　晶闸管结构和电气符号

密联接,且安装方便,另一侧的粗辫子为阴极,细辫子为门极。这种结构散热性较差,一般用于 200 A 以下容量的器件。平板型封装由两个散热器将晶闸管夹在中间安装,散热效果较好,可用于 200 A 以上容量的器件,其辫子为门极,而阳极、阴极用肉眼无法区分,可借助万用表测量出。

(a)螺栓型　　　　　**(b)平板型**　　　　　**(c)模块型**

图 1.11　不同封装形式的晶闸管

由于晶闸管是大功率电力电子器件,通流能力强,设计时需要考虑冷却散热问题。晶闸管的冷却散热介质可采用空气和水,常用的冷却方式有自冷、风冷和水冷几种。风冷和水冷都是强迫冷却。由于水的热容量较空气大,所以在大容量场合采用水冷方式。

1.3.2　晶闸管的工作原理

下面首先通过如图 1.12 所示的电路来说明晶闸管的工作原理。

在该电路中,由晶闸管的阳极 A 和阴极 K、电源 E_s、白炽灯组成晶闸管的主电路;由晶闸管的门极 G 和阴极 K、电源 E、开关 S 组成控制电路,也称为触发电路。当晶闸管的阳极 A 接电源 E_s 的正端,阴极 K 经白炽灯接电源的负端时,晶闸管阳极 A 和阴极 K 之间已经承受正向电压 E_s,但当控制电路中的开关 S 断开时,白炽灯却不亮,说明晶闸管不导通;如果此时开关 S 闭合,使控制极 G 与阴极 K 之间也承受正向电

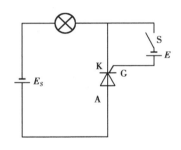

图 1.12　晶闸管电路工作原理

压,白炽灯点亮,说明晶闸管导通,此时主电路中流过的电流称阳极电流,控制极中流过的电流称为门极电流;如果控制极 G 加反向电压,无论晶闸管主电路加正向电压还是反向电压,晶闸管都不导通;当晶闸管导通时,将控制极 G 上的电压去掉(即将开关 S 断开),白炽灯依然亮,说明一旦晶闸管导通,控制极没有关断晶闸管的控制作用;当晶闸管的阳极和阴极间加反向电压时,灯熄灭,说明晶闸管关断。

晶闸管的工作原理也可用双晶体管模型来说明。晶闸管的双晶体管模型及工作原理如图 1.13 所示。

从图 1.13 所示晶闸管的结构可知,晶闸管为四层三端器件,其中 P_1、N_1、P_2、N_2 分别构成 J_1、J_2 和 J_3 三个 PN 结。而晶闸管的四层结构可等效看作两个晶体管,如图 1.13(a)所示;上层为 PNP 管,下层为 NPN 管,其工作原理如图 1.13(b)所示。从图中可以看出,两个晶体管的联接有以下特点:PNP 管的集电极电流为 NPN 管的基极电流,NPN 管的集电极电流又为 PNP 管的基极电流。

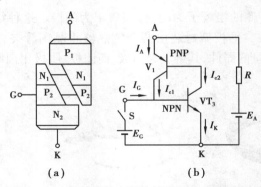

图 1.13　晶闸管的双晶体管模型及工作原理

从图 1.13 可知,当晶闸管门极不加控制信号时,晶闸管阳极和阴极之间无论是承受正向电压还是反向电压,其 PNPN 四层结构中的三个 PN 结总有 PN 结处于反偏状态,所以器件中只有少数载流子漂移作用形成很小的漏电流,晶闸管处于阻断工作状态(Blocking State)。

当晶闸管 AK 间承受正向阳极电压时,其 J_1 和 J_3 结为正向偏置,而 J_2 结处于反向偏置,晶闸管处于阻断状态。为使晶闸管导通,必须使晶闸管结构中承受反向电压的 J_2 结失去阻挡作用。从图 1.13 的双晶体管模型的工作原理可以看出,此时如果门极有足够大的门极电流 I_G 流入,J_1 和 J_3 结向邻近的基区注入少数载流子,起发射极的作用,处于反向偏置的 J_2 结起着集电极的作用。这时,两个复合晶体管电路形成强烈的正反馈,造成两个晶体管饱和导通,晶闸管由阻断状态进入饱和导通状态:

$$I_G \longrightarrow I_{b2}\uparrow \longrightarrow I_{c2}(I_{b1})\uparrow \longrightarrow I_{c1}\uparrow$$

在晶闸管饱和导通后,如果去掉外加的门极电流 I_G,晶闸管由于内部已形成强烈的正反馈,仍然维持导通。要使晶闸管关断,必须去掉阳极正向电压,或施加阳极反向电压,当流过晶闸管的电流降低到某一较小电流(维持电流)时,使饱和导通的双晶体管退出饱和状态,晶闸管才能关断。

从前面的分析可以看出,通过对门极电流的控制可以控制晶闸管的开通,而不能控制其关断,所以晶闸管为半控型器件。

从图 1.13(b)可以看出,PNP 管的发射极电流为晶闸管的阳极电流 I_A,NPN 管的发射极电流为晶闸管的阴极电流 I_K。设图中 PNP 管和 NPN 管共基极放大系数分别为 α_1 和 α_2,在晶体管饱和导通时,有 $I_{c1}=\alpha_1 I_A$,$I_{c2}=\alpha_2 I_K$。晶闸管阳极电流等于两管的集电极电流和漏电流的之和,即

$$I_A = I_{c1}+I_{c2}+I_{co} = \alpha_1 I_A + \alpha_2 I_K + I_{co} \tag{1.3}$$

式中,I_{co} 为两个晶体管的漏电流之和,即晶闸管 J_2 结的反向漏电流。

晶闸管阳极电流、阴极电流和门极电流之间的关系为

$$I_K = I_A + I_G \tag{1.4}$$

根据式(1.3)和式(1.4),有

$$I_A = \frac{\alpha_2 I_G + I_{co}}{1 - (\alpha_1 + \alpha_2)} \tag{1.5}$$

两个晶体管的放大系数 α_1 和 α_2 随发射极电流的变化而非线性变化,在发射极电流较小时,α_1 和 α_2 很小,随着发射极电流的增大,α_1 和 α_2 也迅速增大。

当晶闸管承受正向阳极电压,而门极电流 I_G 为零时。由于漏电流 I_{co} 很小,致使 α_1 和 α_2 很小,所以 I_A 也很小, $I_A \approx I_{co}$,为晶闸管的正向漏电流。此时,晶闸管处于正向阻断状态,不导通。

当晶闸管承受正向阳极电压,而门极电流 I_G 不为零时,当 I_G 增大到一定程度,NPN 管的电流放大系数 α_2 增大,同时,使 NPN 管的集电极电流 I_{c2} 即 PNP 管的基极电流 I_{b1} 增大,使 PNP 管的电流放大系数 $\alpha_1 + \alpha_2 \approx 1$ 。从式中可知,晶闸管的阳极电流趋于无穷大,即晶闸管迅速饱和导通。实际电路中,由于外电路负载的限制,流过晶闸管的电流不可能是无穷大,而是由主电路的电源电压和负载大小决定。

由式(1.5)可以看出,在晶闸管导通后,阳极电流完全由外电路决定,和晶闸管的门极电流无关,门极失去控制作用。此时,即使去掉门极电流,即 $I_G = 0$,晶闸管仍然保持导通。所以,驱动晶闸管只需要施加一脉冲电流即可。对于晶闸管的驱动过程,一般称为触发,产生注入门极触发电流 I_G 的电路称为触发电路。

晶闸管导通后,如果不断减小电源电压或是增大负载电阻,使阳极电流 I_A 减小,当减小至维持电流以下时,电流放大系数 α_1 和 α_2 迅速下降,此时 $1 - (\alpha_1 + \alpha_2) \approx 1$,晶闸管关断。

晶闸管开通和关断具有以下特点:

①晶闸管只有同时承受正向阳极电压和正向门极电压时才能导通,二者缺一不可。

②晶闸管一旦稳定导通后,其门极就失去控制作用,即门极电压对晶闸管导通后的状态不产生影响,故门极控制电压只要是有一定宽度的正向脉冲电压即可,这个脉冲称为触发脉冲。

③要使已经导通的晶闸管关断,必须使阳极电流降低到维持电流以下,这可以通过增加负载电阻使阳极电流下降,也可以通过给晶闸管施加反向电压来实现。

前面讨论的是晶闸管正常导通的情况,除了给晶闸管同时加正向阳极电压和正向门极电压的正常导通情况外,下列因素也可能引起晶闸管导通:

①阳极电压升高到一定数值,由于漏电流增大造成雪崩效应而使晶闸管开通。

②阳极电压上升率 $\mathrm{d}u/\mathrm{d}t$ 太高,由于晶闸管结电容的作用使晶闸管误导通。

③晶闸管结温过高,漏电流增大使晶闸管导通。

④光直接照射在硅片上,在电场作用下产生电流而使晶闸管导通,即光触发导通。

以上可能引起晶闸管导通方法中,除了光触发导通外,其他均为非正常导通,在实际电路中要避免产生这些情况。

1.3.3　晶闸管的基本工作特性

(1)静态特性

加在晶闸管阳极与阴极间的电压 U_A 和流过晶闸管阳极电流 I_A 的关系称为晶闸管的伏安特性。如图 1.14 所示为晶闸管伏安特性曲线,包括正向特性(第I象限)和反向特性(第III象限)。

晶闸管的正向特性在第 I 象限部分,分为正向阻断状态和导通状态。

当晶闸管 $I_G = 0$ 时,器件两端施加正向电压,器件未导通,即正向阻断状态。在正向阻断状态时,晶闸管的伏安特性是一组随门极电流 I_G 不同而不同的曲线簇。若逐渐增大阳极电压 U_A ,只有很小的正向漏电流流过。随着阳极电压的增加,当正向电压超过临界极限即正向转折电压 U_{BO} 时,漏电流急剧增大,器件导通,晶闸管由正向阻断状态突变为正向导通状态。这种在 $I_G = 0$ 时,依靠增大阳极电压而强迫晶闸管导通的方式称为"硬开通",多次"硬开通"会使晶闸管损坏。

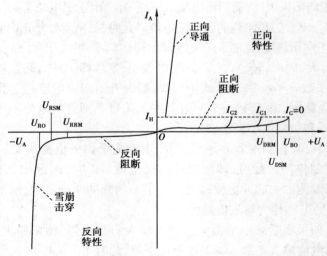

图 1.14　晶闸管的伏安特性($I_{G2} > I_{G1} > I_G$)

一旦导通,晶闸管正向导通的伏安特性与二极管的正向特性相似,即当流过较大的阳极电流时,晶闸管的压降很小,在 1 V 左右。晶闸管正向导通后,要使晶闸管恢复阻断,只有逐步减小阳极电流 I_A,使其下降到维持电流 I_H 以下,晶闸管才能由正向导通状态变为正向阻断状态。

晶闸管的反向特性在第Ⅲ象限部分,与二极管的反向特性相似。在正常情况下,承受反向阳极电压时,晶闸管总是处于阻断状态,只有很小的反向漏电流流过。当反向电压增加到一定值时,反向漏电流增加较快,再继续增大反向电压会导致晶闸管反向雪崩击穿,造成晶闸管永久性损坏,这时对应的电压为反向击穿电压 U_{RO}。

（2）晶闸管的动态特性

进行电力电子电路分析时,很多时候都将晶闸管看作理想器件,即认为器件开通和关断是瞬时完成的。但实际运行时,由于器件内部载流子的变化,使器件的开通和关断不是瞬时完成,而需要一定的时间。晶闸管的动态特性是指晶闸管工作在阻断状态和导通状态之间变换过程中的特性,包括开通特性和关断特性。图 1.15 所示为晶闸管的开通和关断过程的波形。

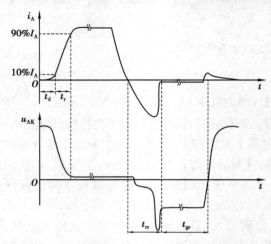

图 1.15　晶闸管的开通和关断过程的波形

1）开通过程（Turn-On Transients）

晶闸管的开通过程是指晶闸管由阻断状态到正向导通状态的转换过程。晶闸管在正向阻断状态下突加门极触发电流，由于其内部正反馈过程和外电路电感的影响，阳极电流上升需要一定的时间。从门极加触发电流到阳极电流上升到稳态值的 10% 所需的时间称为延迟时间（Delay Time）t_d。阳极电流从稳态值的 10% 上升到稳态值的 90% 所需的时间称为上升时间（Rise Time）t_r。延迟时间 t_d 与上升时间 t_r 之和称为开通时间 t_{on}，有

$$t_{on} = t_d + t_r$$

一般认为延迟时间是由于载流子渡越基区造成的，上升时间反映了基区载流子浓度达到新稳态分布的过程。延迟时间受触发脉冲前沿陡度及其幅值的影响，采用强触发脉冲可缩短开通时间；上升时间受主电路阻抗的影响，不同性质的负载在开通过程中表现出不同的电流、电压变比。普通晶闸管的延迟时间为 0.5~2.5 μs，上升时间为 0.5~3 μs，开通时间为 5 μs。为确保晶闸管可靠开通，触发脉冲宽度通常在 20~50 μs。

2）关断过程（Turn-Off Transients）

晶闸管的关断过程指其导通状态到阻断状态的转换过程。当反向电压加在晶闸管上时，晶闸管阳极电流将逐渐下降。阳极电流下降到零时，晶闸管不会立即关断，此时反向偏置的 PN 结空间电荷层厚度将增加，这种变化导致反向电流的存在，称为反向恢复电流。由于外电路中电感的作用，反向恢复电流逐步增大，达到峰值后再逐渐减小。在反向恢复电流变化的同时，由于电感的存在，晶闸管两端的电压发生变化，产生一个尖峰电压。最终反向恢复电流逐渐减小到接近零，晶闸管恢复对反向电压的阻断能力。从正向电流降为零开始到反向恢复电流衰减到接近零的时间称为晶闸管的反向阻断恢复时间 t_{rr}。反向恢复过程结束后，由于载流子复合过程较慢，晶闸管要恢复到具有正向电压的阻断能力还需要一定时间，这个时间称为正向阻断恢复时间 t_{gr}。在正向阻断恢复时间内，如果对晶闸管施加正向电压，由于此时其还不具有正向阻断能力，晶闸管可能立即正向导通。这种导通不是因为受到门极控制信号控制而导通的，属于不正常开通。实际应用中，晶闸管在关断后应当施加足够长时间的反向电压，使晶闸管充分恢复到对正向电压的阻断能力，电路才能可靠工作。晶闸管的反向阻断恢复时间 t_{rr} 和正向阻断恢复时间 t_{gr} 之和，称为关断时间 t_{off}，有

$$t_{off} = t_{rr} + t_{gr}$$

普通晶闸管的关断时间约为几百微秒。为了缩短关断时间，应适当加大反向电压，并保持一段时间，以使载流子充分复合而消失。

由于晶闸管正向阻断恢复时间的存在，其开通时间和关断时间较长，限制了其工作频率。

1.3.4　晶闸管的主要参数

（1）电压参数

1）断态重复峰值电压 U_{DRM}

断态重复峰值电压 U_{DRM} 是指在门极短路而结温为额定值时，允许重复加在器件上的正向峰值电压，如图 1.14 所示。国家标准规定测试时重复频率为 50 Hz，每次持续时间不超过 10 ms。规定断态重复峰值电压 U_{DRM} 为断态不重复峰值电压（断态最大瞬时电压）U_{DSM} 的 90%。断态不重复峰值电压 U_{DSM} 应低于正向转折电压 U_{BO}，所保留裕量由厂家自行规定。

2）反向重复峰值电压 U_{RRM}

反向重复峰值电压 U_{RRM} 是在门极短路而结温为额定值时,允许重复加在器件上的反向峰值电压,如图 1.14 所示。反向重复峰值电压 U_{RRM} 为反向不重复峰值电压(反向最大瞬时电压)U_{RSM} 的 90%。反向不重复峰值电压 U_{DSM} 应低于反向击穿电压 U_{RO},所保留裕量由厂家自行规定。

通常取 U_{DRM} 和 U_{RRM} 中较小的标值作为该器件的额定电压。由于晶闸管在工作过程中肯定会受到一些意想不到的瞬时过电压,为了确保器件的安全运行,在选取晶闸管时,额定电压要留有一定裕量,一般取额定电压为正常工作时晶闸管所承受峰值电压 2~3 倍。

3）通态电压 U_{TM}

通态电压 U_{TM} 是晶闸管通一规定倍数的额定电流时的瞬态峰值电压。从减小器件损耗和发热的角度考虑,应尽量选用 U_{TM} 较小的管子。

（2）电流参数

1）通态平均电流 $I_{T(AV)}$

晶闸管的额定电流 $I_{T(AV)}$ 又称通态平均电流,是指晶闸管在环境温度为+40 ℃和规定的冷却状态下,稳定结温不超过额定结温(125 ℃)时所允许流过的最大工频正弦半波电流的平均值。与二极管一样,晶闸管额定电流的确定是按照器件本身的通态损耗的发热效应来定义的,所以额定电流选取时按照有效值相等的原则考虑。

对于电流平均值相等而波形形状不同的电流波形,其有效值是不一样的。常用波形系数 K_f 来表示不同形状电流波形中有效值与平均值的关系。波形系数 K_f 的定义式为

$$K_f = \frac{I(\text{电流有效值})}{I_d(\text{电流平均值})} \tag{1.6}$$

前面已经计算,电流波形为正弦半波的情况下,有 $K_f = I/I_d = \pi/2 = 1.57$,所以,额定电流为 $I_{T(AV)}$ 的晶闸管,允许通过的电流有效值为

$$I = 1.57 I_{T(AV)} \tag{1.7}$$

实际电路中,由于晶闸管的热容量小,过载能力低,因此,实际选用晶闸管时,一般考虑 1.5~2 倍的安全裕量。在给定了晶闸管的额定电流后,可计算出该晶闸管通过任意波形情况下,管子允许流过的电流平均值为

$$I_d = \frac{1.57 I_{T(AV)}}{(1.5 \sim 2) K_f} \tag{1.8}$$

所以,额定电流为 100 A 的晶闸管,只有在通过正弦半波电流的情况下,允许通过的电流平均值才是 100 A,电流有效值是 157 A。

2）维持电流 I_H

维持电流 I_H 是指使晶闸管维持导通所必需的最小电流,一般为几十到几百毫安。维持电流大的晶闸管容易关断。维持电流与元件容量、结温等因素有关,结温越高,则 I_H 越小。同一型号的元件其维持电流也不完全相同。

3）擎住电流 I_L

擎住电流 I_L 是指晶闸管刚从断态转入通态并移除触发信号后,能维持导通所需的最小电流。对同一晶闸管来说,通常 I_L 为 I_H 的 2~4 倍。

4）通态浪涌电流 I_{TSM}

I_{TSM} 指在规定的条件下、额定结温时,晶闸管能够承受的不重复最大正向过载电流峰值。

（3）动态参数

动态参数指的是晶闸管在工作状态变化过程中,即开通和关断过程中的参数。除开通时间 t_{on} 和关断时间 t_{off} 外,还有:

1）断态电压临界上升率 du/dt

断态电压临界上升率 du/dt 指在额定结温和门极开路的情况下,不会使晶闸管发生从断态到通态转换的外加电压最大上升率。

断态电压临界上升率 du/dt 过大,使充电电流足够大,就会使晶闸管误导通。

2）通态电流临界上升率 di/dt

通态电流临界上升率 di/dt 指在规定条件下,晶闸管从断态到通态转换时所能承受而不会使管子损坏的最大电流上升率。

如果电流上升太快,可能造成局部过热而使晶闸管损坏。

所以,晶闸管在开通时要控制其电流上升速度,在关断时要控制其电压上升速度,这可以通过控制电路中的缓冲电路来实现。

1.3.5　晶闸管的型号

普通型晶闸管型号可表示为

$$KP【电流等级】-【电压等级/100】【通态平均电压组别】$$

其中,K 表示闸流特性,P 表示普通型。例如,型号为 KP500-15G 的晶闸管,其含义为:额定电流为 500 A,额定电压为 1 500 V,通态平均电压为 1.0 V 的普通型晶闸管。

表 1.2 给出了部分 KP 系列晶闸管的型号及其相应参数。

表 1.2　KP 系列晶闸管的型号及其相应参数

型　号	正反向重复峰值电压/V		通态平均电流/A	断态电压临界上升率/(V·μs⁻¹)	通态电流临界上升率/(A·μs⁻¹)	触发电流/mA	维持电流/mA	通态峰值电压/(V·A⁻¹)	最高额定结温/℃
	U_{DRM}	U_{RRM}	$I_{T(AV)}$	du/dt	di/dt	I_G	I_H	U_{TM}	T_{JM}
KP200A	200~3 000		200	≥500	100	35~250	20~150	2.4/600	125
KP300A	200~3 000		300	≥500	100	35~250	20~200	2.2/900	125
KP400A	200~3 000		400	≥500	100	35~250	20~200	2.4/1 200	125
KP500A	200~5 000		500	≥800	100	35~250	20~250	2.4/1 500	125
KP800A	200~5 000		800	≥800	150	40~300	20~250	2.2/2 400	125
KP1000A	200~5 000		1 000	≥800	200	40~300	20~300	2.4/3 000	125
KP2000A	200~5 000		2 000	≥800	250	40~300	20~300	2.4/4 000	125
KP3000A	200~5 000		3 000	≥800	250	40~300	20~300	2.2/5 000	125
KP5000A	200~5 000		5 000	≥800	250	40~300	20~300	2.4/5 000	125

1.3.6 晶闸管的派生器件

(1) 快速晶闸管 (Fast Switching Thyristor, FST)

快速晶闸管是专为快速应用而设计的晶闸管, 有快速晶闸管和高频晶闸管两种。快速晶闸管的结构和符号与普通晶闸管相似, 区别在于快速晶闸管对管芯结构和制造工艺进行了改进, 使开关时间有明显改善。普通晶闸管关断时间为数百微秒, 快速晶闸管为数十微秒, 高频晶闸管为 10 μs 左右。所以, 快速晶闸管可用在高频电力电子电路中, 如变频器、中频电源、不间断电源、斩波器等。高频晶闸管的不足在于其电压定额和电流定额都不易做高, 由于工作频率较高, 当选择通态平均电流时不能忽略其开关损耗的发热效应。

快速晶闸管的型号与普通晶闸管类似, 只是用 KK 代替 KP 即可。

(2) 双向晶闸管 (Triode AC Switch, TRIAC 或 Bidirectional Triode Thyristor)

双向晶闸管可认为是一对反并联联接的普通晶闸管的集成, 其图形符号与伏安特性如图 1.16 所示。它有两个主电极 T_1 和 T_2, 一个门极 G。正、反两方向均可触发导通, 所以双向晶闸管在第 I 和第 Ⅲ 象限有对称的伏安特性; 门极正、负脉冲电流均可触发导通。与一对反并联晶闸管相比, 双向晶闸管不但经济, 而控制电路简单, 在交流调压电路、固态继电器 (Solid State Relay, SSR) 和交流电机调压调速等领域应用较多。由于双向晶闸管通常应用于交流电路中, 因此不用平均值而用有效值来表示其额定电流值。

双向晶闸管的型号用 KS 表示。

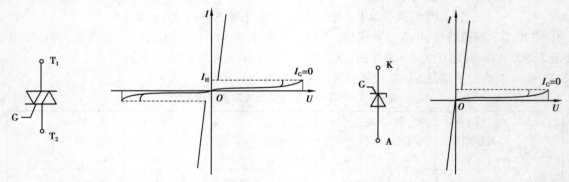

图 1.16 双向晶闸管图形符号与伏安特性   图 1.17 逆导晶闸管图形符号和伏安特性

(3) 逆导晶闸管 (Reverse Conducting Thyristor, RCT)

逆导晶闸管是将晶闸管反并联一个二极管制作在同一管芯上的功率集成器件。这种器件不具有承受反向电压的能力, 其电气图形符号和伏安特性如图 1.17 所示。与普通晶闸管相比, 逆导晶闸管具有正向压降小、关断时间短、高温特性好、额定结温高等优点, 常应用于不需要反向阻断能力的各类逆变器和斩波器中。逆导晶闸管的额定电流有两种: 晶闸管电流和反并联二极管电流。

逆导晶闸管的型号用 KN 表示。

(4) 光控晶闸管 (Light Triggered Thyristor, LTT)

光控晶闸管又称为光触发晶闸管, 是利用一定波长光照信号触发导通的晶闸管, 其电气图形符号和伏安特性如图 1.18 所示。小功率光控晶闸管只有阳极和阴极两个端子。大功率光控晶闸管还带有光缆, 光缆上有作为触发光源的发光二极管或半导体激光器。光触发保证了主电路与控制电路之间的绝缘,且可以避免电磁干扰的影响,因此绝缘性和抗干扰性优越。目前光控晶闸管是晶闸管家族中额定容量最大的器件,广泛应用于高压大功率的场合,如高压直流输电和高压核聚变装置中。

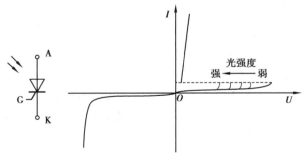

图 1.18　光控晶闸管图形符号和伏安特性

例 1.1　某电路流过晶闸管的电流波形如图所示 1.19 阴影部分,其幅值为 I_m,试计算该电流波形的平均值、有效值和波形系数。如果考虑 2 倍的安全裕量,问额定电流为 100 A 的晶闸管,允许通过的电流平均值和最大值分别是多少?

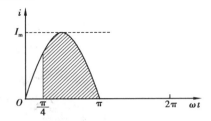

图 1.19　流过晶闸管的电流波形

解　根据平均值和有效值的计算公式可知,该电流波形的电流平均值为

$$I_d = \frac{1}{2\pi} \int_{\frac{\pi}{4}}^{\pi} I_m \sin \omega t \mathrm{d}\omega t = 0.27 I_m$$

电流有效值为

$$I = \sqrt{\frac{1}{2\pi} \int_{\frac{\pi}{4}}^{\pi} (I_m \sin \omega t)^2 \mathrm{d}\omega t} = 0.48 I_m$$

则该电流的波形系数为

$$K_f = \frac{I}{I_d} = 1.78$$

考虑 2 倍的安全裕量,额定电流为 100 A 的晶闸管,允许通过的电流平均值为

$$I_d = \frac{1.57 \times 100}{2 \times 1.78} = 44 \text{ A}$$

允许通过的电流最大值为

$$I_m = \frac{I_d}{0.27} = 163 \text{ A}$$

1.4　典型全控型器件

20 世纪 80 年代以来,信息电子技术与电力电子技术在各自发展的基础上相结合而产生了一代高频化、全控型、采用集成电路制造工艺的电力电子器件,从而将电力电子技术带入了一个崭新时代。在普通晶闸管问世不久,1961 年门极可关断晶闸管(GTO)出现,随后 1975 年电力晶体管(GTR)投入使用,1978 年电力场效应晶体管(P-MOS)制造成功,1986 年绝缘栅双

极型晶体管(IGBT)发明。四种典型全控型器件陆续出现,并得到及时的推广应用,推动着电力电子技术的发展。

1.4.1 门极可关断晶闸管

GTO(Gate-Turn-off Thyristor)是门极可关断晶闸管的简称,它虽然是晶闸管的一种派生器件,但可以通过在门极施加负的脉冲电流而关断,因而属于全控型器件。

(1)GTO 的结构和工作原理

GTO 和普通晶闸管一样,是 PNPN 四层半导体结构,外部也是引出阳极、阴极和门极。但和普通晶闸管不同的是,GTO 是一种多元的功率集成器件,虽然外部同样引出 3 个极,但内部则包含数十个甚至数百个共阳极的小 GTO 元,这些 GTO 元的阴极和门极则在器件内部并联在一起。这种特殊结构是为了便于实现门极关断而设计的。GTO 的内部结构和电气图形符号如图 1.20 所示。

GTO 的工作原理仍然可以用图 1.13 所示的双晶体管模型来分析,V_1、V_2 的共基极电流增益分别是α_1、α_2。$\alpha_1+\alpha_2=1$ 是器件临界导通的条件,大于 1 导通,小于 1 则关断。

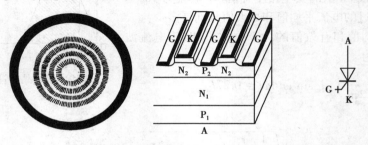

| (a)GTO的内部结构 | (b)并联单元结构断面示意图 | (c)电气图形符号 |

图 1.20　GTO 的内部结构和电气图形符号

GTO 与普通晶闸管的不同点是:

①设计 α_2 较大,使晶体管 V_2 控制灵敏,易于 GTO 关断。

②导通时 $\alpha_1+\alpha_2$ 更接近 1。普通晶闸管设计为 $\alpha_1+\alpha_2 \geqslant 1.15$,而 GTO 设计为 $\alpha_1+\alpha_2 \geqslant 1.05$导通时饱和程度不深,更接近临界饱和,有利于门极控制关断,但导通时管压降增大。

③多元集成结构,使得 P_2 基区横向电阻很小,能从门极抽出较大电流。

GTO 的导通过程与普通晶闸管是一样的,只不过导通时饱和程度较浅。而关断时,给门极加负脉冲,即从门极抽出电流,当两个晶体管发射极电流 I_A 和 I_K 的减小使 $\alpha_1+\alpha_2<1$ 时,器件退出饱和而关断。

GTO 的多元集成结构使得其比普通晶闸管开通过程更快,承受 $\mathrm{d}i/\mathrm{d}t$ 的能力更强。

(2)GTO 的动态特性

GTO 的开通过程与普通晶闸管类似,需要经过延迟时间 t_d 和上升时间 t_r。关断过程有所不同,需要经历抽取饱和导通时储存的大量载流子的时间——存储时间 t_s,从而使等效晶体管退出饱和状态;然后则是等效晶体管从饱和区退至放大区,阳极电流逐渐减小的时间——下降时间 t_f;最后还有残存载流子复合所需要时间——尾部时间 t_t。

通常 t_f 比 t_s 小得多,而 t_t 比 t_s 要长。门极负脉冲电流幅值越大,前沿越陡,t_s 就越短,使门极负脉冲的后沿缓慢衰减,在 t_t 阶段仍能保持适当的负电压,则可以缩短尾部时间。GTO的动态特性如图 1.21 所示。

(3)GTO 的主要参数

GTO 的许多参数都和普通晶闸管相应的参数意义相同。这里只简单介绍一些意义不同的参数。

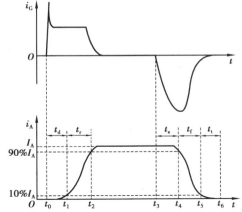

①最大可关断阳极电流 I_{ATO}:用来标称 GTO 额定电流。

②电流关断增益 β_{off}:最大可关断阳极电流 I_{ATO} 与门极负脉冲电流最大值 I_{GM} 之比。β_{off} 一般很小,只有 5 左右,这是 GTO 的一个主要缺点。

③开通时间 t_{on}:延迟时间与上升时间之和。延迟时间一般为 $1\sim 2$ μs,上升时间则随通态阳极电流值的增大而增大。

图 1.21 GTO 的开通和关断过程电流波形

④关断时间 t_{off}:一般指储存时间和下降时间之和,而不包括尾部时间。GTO 的储存时间随阳极电流的增大而增大,下降时间一般小于 2 μs。

另外需要指出的是,不少 GTO 都制造成逆导型,类似于逆导晶闸管。当需要承受反向电压时,应和电力二极管串联使用。

目前 GTO 在电气轨道交通动车的斩波调压调速中大量使用,其额定电压和电流可达 6 000 V、6 000 A 以上,容量大是其主要特点,而额定电压 9 000 V 的 GTO 也已经问世。

表 1.3 为 ABB 公司生产的 5SGF40L4502 型 GTO 的额定参数。

表 1.3 5SGF40L4502 型 GTO 的额定参数

参 数	符 号	条 件	额定值
反向重复峰值电压/V	U_{RRM}	—	17
断态重复峰值电压/V	U_{DRM}	$U_{GR} \geqslant 2$ V	4 500
最大重复可关断电流/A	I_{TGQM}	$U_{DM} = U_{DRM}$;$di_G/dt = 40$ A/μs;$C_s = 0.7$ μF;$L_s = 0.3$ μH	4 000
通态平均电流/A	$I_{T(AV)}$	正弦半波,$T_C = 85$ ℃	1 180
通态浪涌电流/A	I_{TSM}	$T_J = 125$ ℃;浪涌后 $U_D = U_R = 0$;$T_p = 10$ ms;$T_j = 125$ ℃	25
通态电流临界上升率电流 /(A·μs^{-1})	di/dt	$I_{GM} = 50$ A;$di_G/dt = 40$ A/μs;$F = 200$ Hz	500
反向峰值门极电压/V	U_{RGM}	—	17

1.4.2 电力晶体管

电力晶体管(Giant Transistor,GTR,直译为巨型晶体管),是一种耐高电压、大电流的双极结型晶体管(Bipolar Junction Transistor,BJT)。20 世纪 80 年代以来,电力晶体管在中、小功率范围内取代晶闸管,但目前又大多被 IGBT 和电力 MOSFET 取代。

(1)GTR 的结构和工作原理

GTR 与普通的双极结型晶体管基本原理是一样的,主要特性是耐压高、电流大、开关特性好。GTR 通常采用至少由两个晶体管按达林顿接法组成的单元结构,采用集成电路工艺将许多这种单元并联而成。GTR 是由三层半导体材料、两个 PN 结组成的三端器件,三个极分别为基极、集电极和发射极。GTR 有 PNP 和 NPN 两种结构,使用较多的是 NPN 型 GTR。如图1.22 所示给出了 NPN 型 GTR 的结构和电气符号。

在应用中,GTR 一般采用共发射极接法,集电极电流 i_c 与基极电流 i_b 之比为

$$\beta = \frac{i_c}{i_b} \tag{1.9}$$

式中,β 为 GTR 的电流放大系数,反映了基极电流对集电极电流的控制能力。单管 GTR 的电流放大系数比小功率的晶体管小得多,通常为 10 左右。

当考虑到集电极和发射极间的漏电流 I_{ceo} 时,i_c 和 i_b 的关系为

$$i_c = \beta i_b + I_{ceo} \tag{1.10}$$

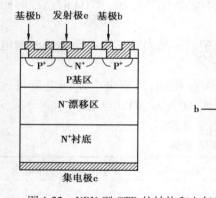

图 1.22　NPN 型 GTR 的结构和电气符号　　　图 1.23　共发射极接法时 GTR 的输出特性

(2)GTR 的基本特性

GTR 的基本特性主要指共射极接法时的输出特性,如图 1.23 所示,可分为截止区、放大区和饱和区。在电力电子电路中,GTR 工作在开关状态,即工作在截止区或饱和区;但在开关过程中,即在截止区和饱和区之间过渡时,要经过放大区。

在基极电流小于一定值时 GTR 截止,对应开关的关状态,在基极电流大于一定值时 GTR 饱和导通,对应开关的开状态。工作于饱和区时,集电极和发射极之间的电压降 U_{CE} 很小。在基极电流为零时,GTR 只有很小的漏电流,此时集电极电压超过规定值时会被击穿,但只要集电极电流 I_c 不超过耗散功率的允许值,GTR 一般不会损坏,工作特性也不变,这称为一次击穿。若在发生一次击穿发生后 I_c 增大到某个临界点时会突然急剧上升,并伴随的 U_{CE} 陡然下降,常常立即导致器件的永久损坏,或者工作特性明显衰变,这称为二次击穿。

(3)GTR 的主要参数

GTR 的额定参数是指允许施加于其上的额定电压、额定电流、耗散功率及结温极限等参数。这些参数的大小由 GTR 的材料、内部结构方式、设计水平以及制造工艺等因素决定,使用中决不可超越这些参数,否则会造成器件的损坏。

1）最高工作电压额定值

最高工作电压额定值是指最高集电极电压额定值，用 U_{CEO} 表示。若 GTR 上所加的电压超过该值时，就会发生击穿。该电压参数会在晶体管产品手册中给出，但不能仅以此作为晶体管实际工作时的工作电压上限。为了防止器件在使用过程中因电压超过限制值而损坏，还需考虑留有安全裕量（2～3 倍实际电压最大值）及设置过电压保护措施，以确保安全工作。

2）最大工作电流额定值

最大工作电流额定值是指允许流过集电极的最大电流值，用 I_{CM} 表示。为了提高 GTR 的输出功率，集电极输出电流要尽可能大。集电极电流大，则要求基极注入电流大，会使 GTR 的电气性能变差，甚至损坏器件。因此必须规定集电极电流的最大额定值，为了确保使用的稳定与安全，实际应用中通常只用到 I_{CM} 的 $1/3 \sim 1/2$。

3）最高结温额定值

GTR 的最高结温是由其半导体材料性质以及封装结构等因素决定的。通常，塑料封装的硅管结温为 125～150 ℃，金属封装的硅管结温为 150～175 ℃。

4）最高功耗额定值

最高功耗额定值是指 GTR 在最高允许结温时所消耗的功率，其大小为集电极工作电压和集电极电流的乘积。这部分功率全部消耗在 GTR 管上并以热的形式呈现出来。为此，GTR 散热装置及散热条件在其使用中须高度重视，若处理不当，器件会因温度过高而损坏。

表 1.4 给出了日本三菱公司生产的 QM600HA-2H 型 GTR 的额定参数。

表 1.4　QM600HA-2H 型 GTR 的额定参数

参　数	符　号	条　件	额定值
集电极-基极电压/V	BU_{CBO}	发射极开路	1 000
集电极-发射极电压 V	$BU_{CEX(SUS)}$	$U_{EB} = 2$ V	1 000
发射极-基极电压/V	BU_{EBO}	集电极开路	7
集电极电流/A	I_C	直流	600
反向集电极电流/A	$-I_C$	直流	600
基极电流/A	I_B	直流	20
结温/℃	T_J	—	150
集电极耗散功率/W	P_C	$T_C = 25$ ℃	3 500

1.4.3　电力场效应晶体管

电力场效应晶体管（Power MOS Field Effect Transistor）简称电力 MOSFET，也称为功率 MOSFET，属于场控型电力电子器件（指用电压信号控制工作电流的器件）。电力 MOSFET 输入阻抗高，所需驱动电路简单，驱动功率小，开关速度快（10～100 ns），工作频率可达 500 kHz 甚至兆 Hz，是目前工作频率最高的电力电子器件，此外还具有优异的热稳定性和抗干扰性能。但是电力 MOSFET 电流容量小，耐压低，通态电阻大，功率等级低，多用于功率不超过 10 kW 的电力电子装置（如高性能开关电源、斩波器、逆变器等）。

（1）电力 MOSFET 的结构和工作原理

与信息电子技术中小功率 MOSFET 一样，电力 MOSFET 的外部结构也是由栅极 G、源极 S 和漏极 D 组成。内部结构上，电力 MOSFET 也是多元集成结构，一个器件由许多小 MOSFET 元按一定的方式组合而成。

电力 MOSFET 按导电沟道可分为 P 沟道和 N 沟道。当栅极电压为零时漏源极之间就存在导电沟道的称为耗尽型。对于 N（P）沟道器件，栅极电压大于（小于）零时才存在导电沟道的称为增强型。电力 MOSFET 主要是 N 沟道增强型。

电力 MOSFET 的结构和电气符号如图 1.24 所示。在栅极和源极间所加正向电压 U_{GS} 大于某一电压 U_T 时，形成了漏极电流 I_D，使得 MOSFET 开通。电压 U_T 称为开启电压（也称为阈值电压），U_{GS} 超过 U_T 越多，导通能力越强。当漏源极间加正电源，栅源极间电压为零；漏源极之间无电流流过，电力 MOSFET 关断。

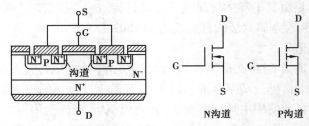

图 1.24　电力 MOSFET 的结构和电气符号

（2）电力 MOSFET 的基本特性

1）转移特性

漏极电流 I_D 和栅源间电压 U_{GS} 的关系称为 MOSFET 的转移特性，反映了输入电压和输出电流之间的关系。从图 1.25（a）中可知，当 $U_{GS}<U_T$ 时，I_D 近似为零；当 $U_{GS}>U_T$ 时，随着 U_{GS} 的增大 I_D 也增大，并且增大的速度很快。当 I_D 较大时，I_D 与 U_{GS} 的关系近似为线性，且斜率很大。曲线的斜率可定义为 MOSFET 的跨导 G_{fs}，即

$$G_{fs} = \frac{dI_D}{dU_{GS}} \tag{1.11}$$

电力 MOSFET 是电压控制型器件，其输入阻抗极高，输入电流很小。

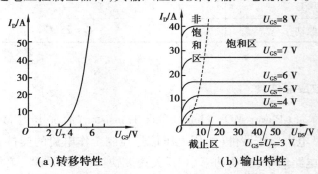

（a）转移特性　　　　**（b）输出特性**

图 1.25　电力 MOSFET 的转移特性和输出特性

2）输出特性

以栅源间电压 U_{GS} 为参变量，反映漏极电流 I_D 与漏极电压 U_{DS} 关系的曲线称为输出特性，

如图 1.25(b)所示,即漏极伏安特性。特性分为三个区:截止区(对应于 GTR 的截止区)、饱和区(对应于 GTR 的放大区)、非饱和区(对应于 GTR 的饱和区)。电力 MOSFET 工作在开关状态,即在截止区和非饱和区之间来回转换。

(3)电力 MOSFET 的主要参数

除前面提到的跨导 G_{fs}、开启电压 U_T 等参数之外,电力 MOSFET 还有以下主要参数:

①漏极电压 U_{DS}:是指当 $U_{GS}=0$ 时,漏极和源极之间所能承受的最大电压,这是标称电力 MOSFET 额定电压的参数,它决定了电力 MOSFET 的最高工作电压。

②漏极直流电流 I_D 和漏极脉冲电流幅值 I_{DM}:在器件内部温度不超过最高工作温度时,电力 MOSFET 允许通过的最大漏极连续电流和脉冲电流称为漏极直流电流 I_D 和漏极脉冲电流幅值 I_{DM}。

③栅源电压 U_{GS}:造成栅极、源极之间的绝缘层击穿的电压称为栅源电压,栅极、源极之间的绝缘层很薄,$|U_{GS}|>20$ V 将导致绝缘层击穿。

表 1.5 给出了日本三社(SanRex)生产的型号为 FCA50CC50 和美国 IR 公司(国际整流器公司,International Rectifier)生产的型号为 IRF330 电力 MOSFET 的额定参数值。

表 1.5　FCA50CC50 和 IRF330 电力 MOSFET 的额定值

参　数	符　号	条　件	FCA50CC50 额定值	IRF330 额定值
漏源电压/V	U_{DSS}		500	400
栅源电压/V	U_{GSS}		±20	±20
漏极电流(DC)/A	I_D		50	5.5
漏极电流(脉冲)/A	I_{DM}	占空比 55%	100	22
源极电流/A	I_S		50	
总耗散功率/W	P_T	$T_e=25$ ℃	330	75
沟道温度/℃	T_j		−40～150	−50～150
存储温度/℃	T_{stg}		−40～125	
绝缘电压/V	U_{ISO}	AC 1 min	2 500	

1.4.4　绝缘栅双极型晶体管

前面介绍的 GTR 和电力 MOSFET 各具特色,各有千秋,但是各有不足。GTR 是双极型(两种载流子参与导电)电流驱动型器件,其饱和压降低,通流能力强,但这类器件的开关速度较低、驱动功率较大及控制电路复杂。电力 MOSFET 是单极型(只有一种载流子参与导电)电压驱动器件,具有开关速度高、输入阻抗高、热稳定性好、驱动功率小和控制简单等优点,但它存在通态电阻较大和电流容量较小的缺点。这两类器件的特点限制了它们各自的发展及应用范围,为此将它们各自的优点相结合、取长补短,成为了当时电力半导体器件的发展方向。绝缘栅双极型晶体管(Insulated-Gate Bipolar Transistor,IGBT 或 IGT)综合了 GTR 和 MOSFET 的优点,自 1986 年投入市场以来,就迅速扩展了其应用领域,取代了 GTR 和一部分 MOSFET 的市场,是目前应用极为广泛的新一代自关断电力电子器件。

IGBT 一般为 15～400 A、400～1 200 V 器件,硬开关频率达 20 kHz,软开关频率达 100 kHz。目前高电压大电流的 IGBT 可达 3 200 V/1 300 A(由德国 EUPEC 公司生产),因而不仅逐步取代了 GTR 和电力 MOSFET,而且也占领了 GTO、晶闸管的部分应用领域。

(1)IGBT 的结构和工作原理

IGBT 是具有栅极 G、集电极 C 和发射极 E 三端器件。图 1.26 给出了 N 沟道 MOSFET 与 GTR 组合而成的 IGBT 的基本结构。从图中的内部结构断面可以看出,IGBT 是在 MOSFET 的基础上发展起来的,结构非常相似,但 IGBT 比 MOSFET 多一层 P^+ 注入区,形成了一个大面积的 P^+N 结 J_1。这样使 IGBT 导通时由 P^+ 注入区向 N 基区发射少子,从而对漂移区电导率进行调制,使得 IGBT 具有很强的通流能力。

IGBT 的工作原理与电力 MOSFET 基本相同,是场控器件,通断由栅射极电压 U_{GE} 决定。如图 1.26 所示,当施加的电压 U_{GE} 大于开启电压 $U_{GE(th)}$ 时,MOSFET 内形成沟道,为晶体管提供基极电流,IGBT 导通;当栅射极间施加反压或不加信号时,MOSFET 内的沟道消失,晶体管的基极电流被切断,IGBT 关断。图 1.26(c)为其电气符号。

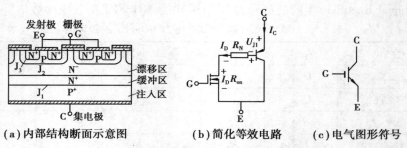

(a)内部结构断面示意图　　**(b)简化等效电路**　　**(c)电气图形符号**

图 1.26　IGBT 的结构、简化等效电路和电气图形符号

(2)IGBT 的基本特性

1)转移特性

IGBT 的转移特性用以描述集电极电流 I_C 与栅射极 U_{GE} 之间的关系,与电力 MOSFET 的转移特性类似,如图 1.27 所示。

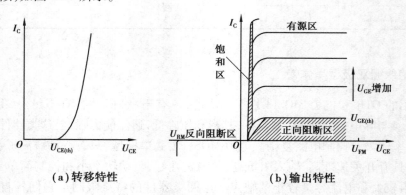

(a)转移特性　　　　　　**(b)输出特性**

图 1.27　IGBT 的转移特性和输出特性

当集电极发射极间电压 U_{CE} 为负值时,J_3 结处于反偏状态,即使栅极施加正向电压也不可能使 IGBT 导通。当集电极发射极间电压 U_{CE} 为正值时,若 U_{GE} 大于开启电压 $U_{GE(th)}$,导通沟道才能形成,此时 J_3 结处于正偏状态,器件导通。U_{GE} 大于 $U_{GE(th)}$ 后的大部分范围内,集电极

电流 I_C 与栅射极电压 U_{GE} 为线性关系。

开启电压 $U_{GE(th)}$ 是 IGBT 能实现电导调制而导通的最低栅射电压。$U_{GE(th)}$ 随温度升高而略有下降,温度每升高 1 ℃,其值下降 5 mV 左右。在 ±25 ℃ 时,$U_{GE(th)}$ 的值一般为 2~6 V。U_{CE} 的最大值 I_C 由允许的最大值 I_{CM} 限定,一般 U_{CE} 的最佳值为 15 V 以上。

2)输出特性

IGBT 的输出特性是描述以栅射极电压 U_{GE} 为参考变量时,集电极电流 I_C 与集射极电压 U_{CE} 之间的关系。此特性与 GTR 的输出特性相似,所不同的是参考变量,IGBT 为栅射极电压 U_{GE},而 GTR 为基极电流 I_B。由于 PN 结的开启电压不为零,引起 IGBT 的输出特性曲线不是始于坐标原点。

IGBT 的输出特性也分为三个区域:正向阻断区、有源区和饱和区,分别与 GTR 的截止区、放大区和饱和区相对应。当 $U_{CE}<0$ 时,IGBT 处于反向阻断状态;当 $U_{CE}>0$ 且 $U_{GE}<U_{GE(th)}$ 时,IGBT 处于正向阻断状态,即正向阻断区;当 $U_{CE}>0$ 且 $U_{GE}>U_{GE(th)}$ 时,形成导电沟道,IGBT 进入正向导电状态,I_C 与 U_{GE} 呈线性关系,与 U_{CE} 无关,这部分区域为有源区;输出曲线明显弯曲的部分即为饱和区,此时,I_C 与 U_{CE} 不再是线性关系。在电力电子电路中,IGBT 工作在开关状态,在正向阻断区和饱和区之间转换,需经过有源区过渡。

（3）IGBT 的主要参数

①最大集射极间电压:在室温下,IGBT 所允许的最高集电极-发射极间电压 U_{CER},一般为其击穿电压的 60%~80%,其单位为 V。

②最大栅射极间电压:在室温下,当 IGBT 集电极-发射极间电压为 U_{CER} 时,栅极-发射极间允许施加的最高电压 U_{GER},一般小于 20 V,其单位为 V。

③集电极通态电流:在室温下,当 IGBT 导通时,集电极允许通过的最大电流的有效值称为 IGBT 的额定电流 I_C,而允许通过的峰值电流用 I_{CM} 表示,其单位为 A。

④集电极最大功耗:在室温下,IGBT 集电极允许的最大功耗 P_{CM},其单位为 W。

⑤集射极间饱和电压:在室温下,集电极-发射极间的导通电压降 $U_{CE(sat)}$。一般在 3 V 以下,其单位为 V。

⑥最大允许结温:IGBT 所允许的最高结温 T_{JM},其单位为 ℃。

美国 IR 公司生产的几种型号 IGBT 部分参数如表 1.6 所示。

表 1.6　美国 IR 公司生产的几种型号的 IGBT 部分参数

型　　号	参　　数			
	U_{CER}/V	I_{CM}/A 25 ℃	$U_{CE(sat)}/V$	P_{CM}/W
IRGPC50MD2	600	60	2.0	200
IRGDDN300M06	600	400	2.0	1 563
IRGDDN400M06	600	600	2.0	1 984
IRGPH40M	1 200	31	3.4	160
IRGPH30MD2	1 200	15	3.5	100
IRGPH50MD2	1 200	42	2.9	200

1.5　其他全控型电力电子器件

1.5.1　静电感应晶体管

静电感应晶体管(Static Induction Transistor,SIT)是一种源漏电流受栅极上的外加垂直电场控制的垂直沟道场效应晶体管。将用于信息处理的小功率 SIT 器件的横向导电结构改为垂直导电结构,即制成大功率的 SIT 器件。SIT 是一种多子导电的器件,其工作频率与电力 MOSFET 相当,甚至超过电力 MOSFET,而功率容量也比电力 MOSFET 大,因而适用于高频大功率场合。在雷达通信设备、超声波功率放大、脉冲功率放大和高频感应加热等领域均有应用。

SIT 栅极不加任何信号时是导通的,栅极加负偏压时关断,这被称为正常导通型器件,使用不太方便。此外,SIT 通态电阻较大,使得通态损耗也大,因而 SIT 还未在大多数电力电子设备中得到广泛应用。SIT 也可以做成正常关断型,但通态损耗将更大。

1.5.2　静电感应晶闸管

静电感应晶闸管(Static Induction Thyristor,SITH)是在 SIT 的漏极层上附加一层与漏极导电类型不同的发射极层而得到的。其工作原理与 SIT 类似,它的门极和阳极电压均能通过电场控制阳极电流。SITH 的突出优点是:通态电阻小,正向压降低,允许电流密度大,耐压高,开关速度快,工作频率高,损耗小,工作温度高等。所以,SITH 在某些应用场合完全能够代替 GTO、GTR,而且 SITH 在高频应用领域占有绝对优势,如高频 PWM 控制的高性能系统、高频交流电动机调速器等。但 SITH 的缺点是制造工艺复杂,在关断时需要较大的门极驱动电流。

1.5.3　集成门极换流晶闸管

集成门极换流晶闸管(Integrated Gate Commutated Thyristor,IGCT)是一种用于特大功率电力电子成套装置的新型电力半导体开关器件(集成门极换流晶闸管=门极换流晶闸管+门极单元),最早由 ABB 公司开发并投入市场。IGCT 使变流装置在功率、可靠性、开关速度、效率、成本、质量和体积等方面都取得了巨大进展,给电力电子成套装置带来了新的飞跃。IGCT 是将 GTO 芯片、反并联二极管和极低电感的门极驱动电路集成在一起,结合了晶体管的稳定关断能力和晶闸管低通损耗的优点,在导通阶段发挥晶闸管的性能,关断阶段呈现晶体管的特性。IGCT 具有电流大、阻断电压高、开关频率高、可靠性高、结构紧凑、低导通损耗等优点,是一种理想的功率开关器件,而且制造成本低、成品率高,在中压调速传动、高动态轧钢传动、大功率电化学变流器和铁路牵引、高压直流输电、有源电力滤波器、无功补偿等领域有很好的应用前景。

IGCT 无需吸收电路,响应快,特别有利于器件的串联。与其他器件(GTO、IGBT)相比,综合优势明显。主要用于高压场合,无 3 000 V 以下的低压器件(而 IGBT 一般在 3 000 V 以下,3 000 V 以上很少)。表 1.7 给出了 ABB 公司生产的三种型号的 IGCT 的部分额定电参数。

表 1.7　ABB 公司生产的三种型号的 IGCT 的部分额定电参数

型　号	断态重复峰值电压 U_{DRM}/V	中间电压 U_{DC}/V	反向重复峰值电压 U_{RRM}/V	最大不重复关断电流 I_{TGQM}/A	正向通态平均电流 I_{TAVM}/A
	U_{DRM}	U_{DC}	U_{RRM}	I_{TGQM}	I_{TAVM}
5SHY35L4510	4 500	2 800	17	4 000	1 100
5SHY35L4511	4 500	2 800	17	3 300	1 100
5SHY35L4512	4 500	2 800	17	4 000	1 700

1.5.4　电子注入增强栅晶体管

电子注入增强栅晶体管(Injection Enhanced Gate Transistor, IEGT)是耐压达 3 000 V 以上的 IGBT 系列电力电子器件,通过采取增强注入的结构实现了低通态电压,使大容量电力电子器件取得了飞跃性的发展。IEGT 最早是由日本东芝公司开发,具有作为 MOS 系列电力电子器件的潜在发展前景,兼有 IGBT 和 GTO 两者的某些优点:低饱和压降、宽安全工作区、低栅极驱动功率和较高的工作频率。另外,通过模块封装方式还可提供众多派生产品,在大、中容量变流器应用中被寄予厚望。表 1.8 给出了东芝公司的部分产品型号及其部分参数。

表 1.8　东芝公司的部分 IEGT 及其部分参数

型　号	U_{CES}/V	I_{CP}/A
MG1200FXF1US53	3 300	1 200
MG400FXF2Y253	3 300	400
MG800FXF1US53	3 300	800
MG900GXH1US53	4 500	900
ST1200FXF22	3 300	1 200
ST1200GXH24A	4 500	1 200
ST1500GXH24	4 500	1 500
ST2100GXH24A	4 500	2 100

1.5.5　功率集成模块(PIM)和智能功率模块(IPM)

电力电子器件研制和开发的共同趋势是模块化。按照典型电力电子电路所需要的拓扑结构,将多个相同的电力电子器件或多个相互配合使用的不同电力电子器件封装在一个模块中就构成了功率集成模块(Power Integrated Module, PIM)。其优点是:缩小了装置的体积,降低了成本,提高了可靠性,简化了安装工艺,方便了维修,对工作频率较高的电路减少了连线产生的分布电感,从而简化了吸收和缓冲电路。更进一步,如果将电力电子器件与逻辑、控制、保护、传感、检测、自诊断等信息电子电路集成在一个芯片上,则称为功率集成电路(Power Integrated Circuit,PIC)。功率集成电路既有高压又有低压,二者之间的绝缘、器件温升和散热的有效处理成为技术难点。智能功率模块(Intelligent Power Module,IPM)在一定程度上回避了这两个难点,只将保护和驱动电路与 IGBT 器件集成在一起。

(1)功率集成模块(PIM)

功率集成模块有许多形式,包括各种电力电子器件相互串联、并联组成的内含两个器件和三个器件的模块以及多个器件组成的单相桥和三相桥模块等。

(2)智能功率模块(IPM)

IPM 集成电路由 IGBT 模块、驱动电路和保护电路三部分组成,结构图如图 1.28 所示。驱动电路和保护电路通过接口电路与外部控制电路相联接。保护电路包括过电流保护、过热保护、短路保护以及欠压保护等,各保护信号通过接口电路送到控制电路中,通过控制电路产生封锁信号再通过接口电路封锁 IGBT,同时,保护电路将信号输出至驱动电路对 IGBT 实施保护。

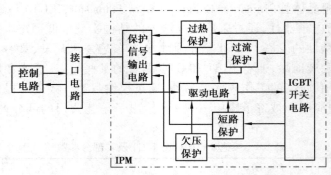

图 1.28　IPM 的结构图

IPM 的典型代表为三菱公司的智能 IGBT 和 IR 公司的 iMotion 模块。表 1.9 和表 1.10 分别给出了三菱公司生产的部分单相和三相输出 IPM 的主要参数。

表 1.9　三菱公司生产的部分单相输出 IPM 的主要参数

型　号	参　数				
	U_{CER}/V	$I_{CM}/A(25\ ℃)$	$U_{CE(sat)}/V$	$t_{on}/\mu s$	$t_{off}/\mu s$
PM200DSA060	600	200	2.5	1.4	2
PM300DSA060	600	300	2.5	1.4	2
PM400DSA060	600	400	2.5	1.4	2
PM600DSA060	600	600	2.8	1.4	2
PM300DVA120	1 200	300	3.3	0.9	2.4
PM600HSA120	1 200	600	3.2	1.4	3
PM800HSA120	1 200	800	2.7	1.4	3

表 1.10　三菱公司生产的部分三相输出 IPM 的主要参数

型　号	参　　数				
	U_{CER}/V	$I_{CM}/A(25\ ℃)$	$U_{CE(sat)}/V$	$t_{on}/\mu s$	$t_{off}/\mu s$
PM100CSE060	600	100	2.3	1.2	2.4
PM150CSD060	600	150	2.3	1.2	2.4
PM200CBS060	600	200	2.3	1.2	2.4
PM300CVA060	600	300	2.8	0.8	1.8
PM75CSD120	1 200	75	3.3	1	2.5
PM100CBS120	1 200	100	3.2	1	2.5
PM150CBS120	1 200	150	3.2	1	2.5

1.6　宽禁带电力电子器件

从晶闸管问世到 IGBT 的普遍应用,电力电子器件经过近 60 年的长足发展,其表现基本上都是器件原理和结构上的改进和创新,在材料上的使用上始终没有逾越硅的范围。无论是功率 MOS 管还是 IGBT,它们跟晶闸管和整流二极管一样都是用硅材料制造的器件,但是随着硅材料和硅工艺技术的日趋完善,各种硅器件的性能逐渐趋近其理论极限,而电力电子技术的发展却不断对电力电子器件的性能提出更高的要求,尤其希望能够更高程度地兼顾器件的功率和频率。因此,硅是不是最适合于制造电力电子器件的材料,具备怎样一些特性的半导体材料更适合于制造电力电子器件,这样的问题在 20 世纪的最后十年自然而然地摆在了器件工程师们的面前。

硅的禁带宽度为 1.12 eV,而宽禁带半导体材料是指禁带宽度在 3.0 eV 左右及以上的半导体材料,典型的是碳化硅(SiC)、氮化镓(GaN)、金刚石等材料。

(1)碳化硅

研究表明,使用碳化硅制造的电力电子器件,可在硅器件无法承受的高温下长时间稳定工作,其最高工作温度可能超过 600 ℃,远远高于硅器件的 115 ℃。作为一种典型的宽禁带半导体,碳化硅不但禁带宽,还具有击穿电场强度高、载流子饱和漂移速度高、热导率高、热稳定性好等特点。理论分析表明,用 6H-SiC 或 4H-SiC 制造功率 MOS 管,其通态电阻可能分别只有相同等级硅功率 MOS 管的 1/100 和 1/200,而工作频率却可提高 10 倍以上。这就是说,如果用碳化硅制造没有电导调制效应的单极型器件,在阻断电压高达 10 kV 的情况下,其通态压降仍然比具有极强电导调制效应的硅双极型器件还低,而单极型器件的工作频率要比双极型器件高得多。

随着直径 30 mm 左右的碳化硅晶片在 1990 年前后上市,以及高品质 6H-SiC 和 4H-SiC 外延层生长技术紧随其后的成功应用,各种碳化硅电力电子器件的研究和开发蓬勃开展起来。一开始比较集中于肖特基势垒二极管和结性场效应晶体管、MOSFET 之类的单极型器件研究，随后对碳化硅双极型器件展开了研究，主要包括碳化硅双极型晶体管（BJT），碳化硅晶闸管以及碳化硅门极换流自关断晶闸管（GCT）等。尽管碳化硅功率 MOS 的阻断电压已能到达 10 kV，但作为一种缺乏电导调制的单极型器件，进一步提高阻断电压也会面临不可逾越的通态电阻问题。因此高压大电流器件的希望就寄托在碳化硅 BJT 上，特别是既能利用电导调制效应降低通态压降又能利用 MOS 降低开关功耗、提高工作频率的碳化硅 IGBT 上。

（2）氮化镓

受材料制备和加工技术的限制，目前已成功进入电力电子器件研发领域的宽禁带半导体，除碳化硅外，还有氮化镓。氮化镓的突出优点在于它结合了碳化硅的高击穿电场特性和高频的特征优势，其材料优选因子普遍比碳化硅高，对进一步改善电力电子器件的工作性能，特别是提高工作频率，具有很大的潜力和应用前景。

（3）金刚石

对电力电子器件而言，金刚石的材料优选因子是目前所有材料中最高的。尽管其材料制造十分困难，但还是吸引了不少人去开发截止频率极高的金刚石开关器件。其开发虽然早在 20 世纪 80 年代初就开始了，但金刚石开关器件的类型还比较单一，主要是 SBD 和 MOSFET。

对于电力电子技术而言，使用宽禁带半导体并不仅仅在于提高了器件的耐压能力，更重要的还在于能够大幅度降低器件及其辅助电路的功率消耗，从而更加充分地发挥电力电子技术的节能优势，以及兼顾器件的功率、频率和耐高温。不过实现宽禁带半导体电力电子器件的全面应用和市场化还会有一段艰苦的历程。人们期待着宽禁带半导体电力电子器件在成品率、可靠性和价格等方面有较大改善而进入全面推广应用阶段。

1.7　电力电子器件仿真模型

MATLAB2014a 中的 SimPowerSystems 是专门用于电力电子系统仿真的工具包，其模型库中包含常用的电源模块、电力电子器件模块、电机模块以及相应的驱动、控制和测量模块，通过对这些模块的组合可以进行电力电子电路的仿真。下面主要介绍电力电子器件的仿真模型。

1.7.1　二极管的仿真模型

（1）二极管仿真模型描述

二极管是一个由自身电压和电流控制的半导体器件。在 MATLAB 中，二极管模块图标如图 1.29 所示。二极管模块包括一个电阻 R_s 和电容 C_s 的缓冲电路，该缓冲电路与二极管并联。

二极管模块有三个接线端子。标有 a 的端子是二极管的阳极，标有 k 的端子是二极管的阴极，标有 m 的端子可用于测量二极管的电流和电压。

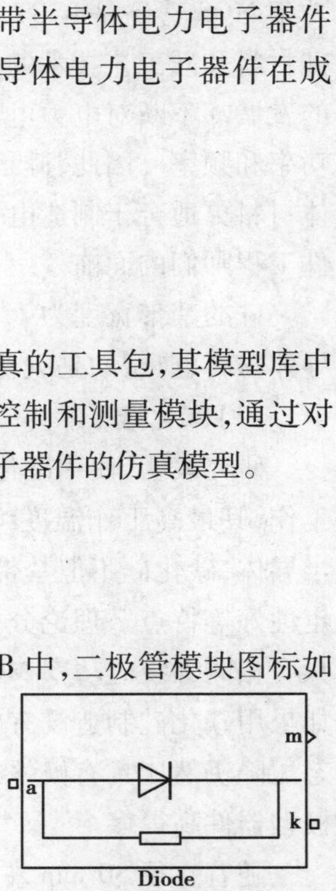

图 1.29　二极管模块模型

（2）二极管仿真元件的参数设置

二极管仿真元件的参数设置对话框如图 1.30 所示,参数意义如下:

①二极管内电阻 Ron(单位是 Ω):当内电感参数设置为 0 时,内电阻参数不能设置为 0。

②二极管内电感 Lon(单位是 H):当内电阻参数设置为 0 时,内电感参数不能设置为 0。

③二极管的正向管压降 Vf(单位是 V)。

④初始电流 Ic(单位是 A):通常设置为 0。

⑤缓冲电阻 Rs(单位是 Ω):如果不用缓冲电路,可设置为无穷大(inf)。

⑥缓冲电容 Cs(单位是 F):将 Cs 设置为 0 时,可以消除缓冲电路;当 Cs 设置为 inf 时,可得到纯电阻缓冲电路。

⑦用于显示测量部分,在前面的小方框内打钩。

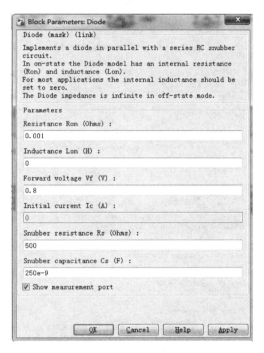

图 1.30　二极管参数设置对话框

1.7.2　晶闸管的仿真模型

（1）晶闸管的仿真模型描述

晶闸管是一个通过门极信号使其导通的半导体器件。在 MATLAB 中,晶闸管模块图标如图 1.31 所示。晶闸管模块还包括一个电阻 Rs 和一个电容 Cs 组成的串联缓冲电路,并与晶闸管并联。

晶闸管模块有四个接线端子。标有 a 的端子是晶闸管的阳极,标有 k 的端子是晶闸管的阴极,标有 g 的端子是晶闸管的门极,标有 m 的端子可用于测量晶闸管的电流和电压。

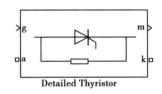

图 1.31　晶闸管模块图标

（2）晶闸管仿真元件的参数设置

晶闸管仿真元件的参数设置对话框如图 1.32 所示，参数意义如下：

①晶闸管内电阻 Ron（单位是 Ω）：当内电感参数设置为 0 时，内电阻参数不能设置为 0。

②晶闸管内电感 Lon（单位是 H）：当内电阻参数设置为 0 时，内电感参数不能设置为 0。

③晶闸管的正向管压降 Vf（单位是 V）。

④初始电流 Ic（单位是 A）：通常设置为 0。

⑤缓冲电阻 Rs（单位是 Ω）：如果不用缓冲电路，可设置为无穷大（inf）。

⑥缓冲电容 Cs（单位是 F）：将 Cs 设置为 0 时，可以消除缓冲电路，当 Cs 设置为 inf 时，可得到纯电阻缓冲电路。

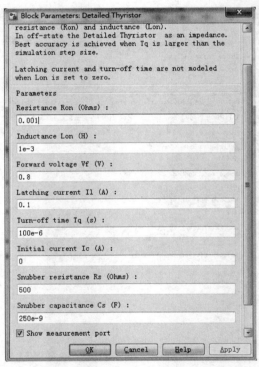

图 1.32　晶闸管参数设置对话框

1.7.3　GTO 的仿真模型

（1）GTO 的仿真模型描述

GTO 是一个通过门极信号使其导通和关断的半导体器件。在 MATLAB 中，GTO 模块图标如图 1.33 所示。GTO 模块还包括一个电阻 Rs 和一个电容 Cs 组成的串联缓冲电路，并与 GTO 并联。

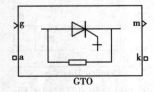

图 1.33　GTO 模块图标

GTO 模块有四个接线端子。标有 a 的端子是 GTO 的阳极，标有 k 的端子是 GTO 的阴极，标有 g 的端子是 GTO 的门极，标有 m 的端子可用于测量 GTO 的电流和电压。

（2）GTO 仿真元件的参数设置

GTO 仿真元件的参数设置对话框如图 1.34 所示，参数意义如下：

①GTO 内电阻 Ron（单位是 Ω）：当内电感参数设置为 0 时，内电阻参数不能设置为 0。

②GTO 内电感 Lon（单位是 H）：当内电阻参数设置为 0 时，内电感参数不能设置为 0。

③GTO 的正向管压降 Vf（单位是 V）。

④电流下降到 10%Imax 的时间 Tf（单位是 s）。

⑤电流拖尾时间 Tt（单位是 s）。

⑥初始电流 Ic（单位是 A）：通常设置为 0。

⑦缓冲电阻 Rs（单位是 Ω）：如果不用缓冲电路，可设置为无穷大（inf）。

⑧缓冲电容 Cs（单位是 F）：将 Cs 设置为 0 时，可以消除缓冲电路；当 Cs 设置为 inf 时，可得到纯电阻缓冲电路。

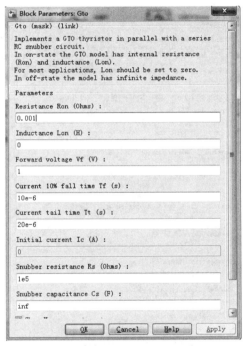

图 1.34　GTO 参数设置对话框

1.7.4　电力 MOSFET 的仿真模型

（1）MOSFET 的仿真模型描述

MOSFET 是一个全控型半导体器件，在漏极电流 $I_d > 0$ 时，通过栅极信号对其控制。在 MATLAB 中，MOSFET 模块图标如图 1.35 所示。MOSFET 模块内部并联了一个二极管，该二极管在 MOSFET 承受反向电压时导通。MOSFET 模块还包括一个电阻 Rs 和一个电容 Cs 组成的串联缓冲电路，并与 MOSFET 并联。

MOSFET 模块有四个接线端。标有 d 的端子是 MOSFET 的漏极，标有 s 的端子是 MOSFET 的源极，标有 g 的端子是 MOSFET

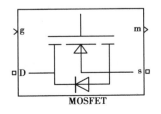

图 1.35　MOSFET 模块图标

的栅极控制信号,标有 m 的端子可用于测量 MOSFET 的电流和电压。

(2) MOSFET 仿真元件的参数设置

MOSFET 仿真元件的参数设置对话框如图 1.36 所示,参数意义如下:

①MOSFET 内电阻 Ron(单位是 Ω):当内电感参数设置为 0 时,内电阻参数不能设置为 0。

②MOSFET 内电感 Lon(单位是 H):当内电阻参数设置为 0 时,内电感参数不能设置为 0。

③内部二极管电阻 Rd(单位是 Ω)。

④初始电流 Ic(单位是 A):通常设置为 0。

⑤缓冲电阻 Rs(单位是 Ω):如果不用缓冲电路,可设置为无穷大(inf)。

⑥缓冲电容 Cs(单位是 F):将 Cs 设置为 0 时,可以消除缓冲电路;当 Cs 设置为 inf 时,可得到纯电阻缓冲电路。

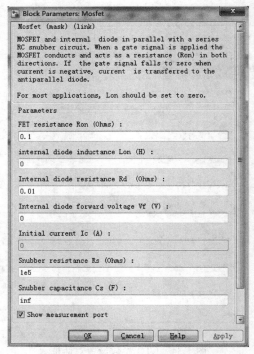

图 1.36　MOSFET 参数设置对话框

1.7.5　IGBT 的仿真模型

(1) IGBT 的仿真模型描述

IGBT 是一个通过栅极信号控制使其导通和关断的全控型半导体器件。在 MATLAB 中,IGBT 模块图标如图 1.37 所示。IGBT 模块还包括一个电阻 Rs 和一个电容 Cs 组成的串联缓冲电路,并与 IGBT 并联。

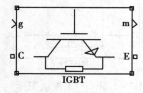

图 1.37　IGBT 模块图标

IGBT 模块有四个接线端子。标有 C 的端子是 IGBT 的集电极,标有 E 的端子是 IGBT 的发射极,标有 g 的端子是 IGBT 的栅极控制信号,标有 m 的端子可用于测量 IGBT 的电流和电压。

（2）IGBT 仿真元件的参数设置

IGBT 仿真元件的参数设置对话框如图 1.38 所示，参数意义如下：

①IGBT 内电阻 Ron（单位是 Ω）：当内电感参数设置为 0 时，内电阻参数不能设置为 0。

②IGBT 内电感 Lon（单位是 H）：当内电阻参数设置为 0 时，内电感参数不能设置为 0。

③IGBT 的正向管压降 Vf（单位是 V）。

④电流下降到 10%Imax 的时间 Tf（单位是 s）。

⑤电流拖尾时间 Tt（单位是 s）。

⑥初始电流 Ic（单位是 A）：通常设置为 0。

⑦缓冲电阻 Rs（单位是 Ω）：如果不用缓冲电路，可设置为无穷大（inf）。

⑧缓冲电容 Cs（单位是 F）：将 Cs 设置为 0 时，可以消除缓冲电路；当 Cs 设置为 inf 时，可得到纯电阻缓冲电路。

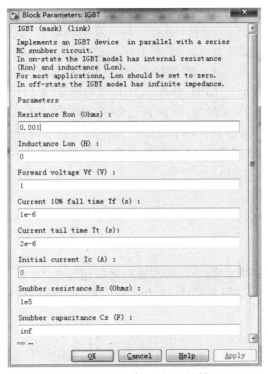

图 1.38 IGBT 参数设置对话框

在仿真含有以上电力电子器件模型的电路时，必须使用刚性积分算法，通常可使用 ode23tb 或 ode15s，以获得较快的仿真速度。

本章小结

电力电子器件是电力电子技术的基础和核心。电力电子技术的不断发展都是围绕着各种新型电力电子器件的诞生和完善进行的。电力电子器件一般工作在较理想的开关状态,其发展经历了不可控器件(电力二极管)、半控型器件(SCR)、全控型器件(GTO、GTR、MOSFET、IGBT、IGCT、IEGT 等)、功率集成模块(PIM)、智能功率模块(IPM),从电流控制型到电压控制型再到二者的结合,都是向着理想开关逼近。使用时不能仅仅把每一个器件理解为一个开关,也可以把几个器件的组合理解为一个开关。尽管电力电子器件的种类繁多,但常用的器件并不太多,这些常用器件各有千秋,各自占有一席之地。

电力电子器件有多种分类方法,按照参与导电的载流子(空穴和电子)的情况分为双极型器件(两种载流子导电)和单极型器件(只有一种载流子导电)。双极型器件是目前最常用的电力电子器件之一,主要包括大功率二极管、GTR、SCR 及其派生器件、GTO、IGCT。这些器件的发展方向是高电压、大电流。场控器件(MOSFET、IGBT 等)的出现提高了开关器件的工作频率,简化了驱动电路。特别是 IGBT 兼有了 MOSFET 和 GTR 的优点,综合性能得到快速发展,不仅在性能上可以取代 GTR 的应用,而且正在向功率 MOSFET 及 GTO 的应用领域发展。

硅材料器件发展的同时,由氮化镓、碳化硅、金刚石等材料制作的宽禁带半导体器件也在研究之中,并且表现出优异的性能。未来电力电子器件的主宰或许就是这些材料制成的器件。

习　题

1.电力电子器件有哪些基本类型? 其发展趋势如何?

2.与信息电子电路中的二极管相比,电力二极管具有怎样的结构特点才使其具有耐受高压和大电流的能力?

3.晶闸管的导通条件有哪些? 如何使晶闸管关断?

4.晶闸管的额定电流是如何定义的? 选取晶闸管额定电流时应遵循什么原则?

5.题图 1 中阴影部分为晶闸管处于通态区间的电流波形,各波形的电流最大值均为 I_m,试计算各波形的电流平均值 I_{d1}、I_{d2} 与电流有效值 I_1、I_2。

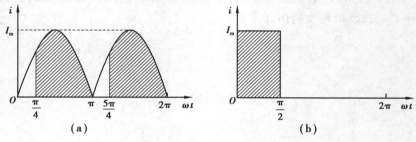

题图 1　晶闸管电流波形

6.上题中,如果考虑 2 倍的安全裕量,额定电流为 100 A 的晶闸管能送出的平均电流 I_{d1}、I_{d2} 各为多少? 这时,相应的电流最大值 I_{m1}、I_{m2} 各为多少?

7.GTO 和普通晶闸管同为 PNPN 结构,为什么 GTO 能够自关断,而普通晶闸管不能?

8.试分析 IGBT 和电力 MOSFET 在内部结构和开关特性上的相似与不同之处。

9.请网上查阅:国际和国内有哪些电力电子器件生产商,各自生产哪些器件,有哪些规格。

10.查阅相关资料:目前国际上各种电力电子器件的最高生产水平(耐压、通流能力、开关频率等)。

11.比较各种全控型器件的性能、特点和使用场合。

12.请网上查阅:具有相同耐压、相同额定电流的不同器件的价格水平。

13.请网上查阅:各种电力电子器件的外形。

第 **2** 章
整流电路

整流电路是出现最早、应用最广的电力电子电路。功率可从电网流向负载、将交流电变换为固定或可调的直流电称为"整流",即 AC/DC 变换器;反之,功率可从负载流向电网、将直流电变换为交流电称为"有源逆变",即 DC/AC 变换器。有源逆变电路可以看成是整流电路的另外一种工作方式,同一装置既可工作在整流状态,又可工作在逆变状态。

整流电路的形式多种多样,如按交流侧输入电源,可分为单相可控整流电路、三相可控整流电路以及多相可控整流电路;如按变压器次级绕组工作情况,可分为半波整流电路和桥式整流电路两种;如按控制方式,可分为相控式整流电路和斩控式整流电路。

各种整流电路都能实现 AC/DC 变换,但其性能差别却很大。衡量整流电路最基本的性能指标如下:

①电压波形系数。整流输出电压有效值与平均值之比称为电压波形系数。它只是反映有效值与平均值的关系,以利于在一定条件下进行换算。

②电压纹波系数。整流输出电压中除直流平均值电压外,还含有交流谐波电压,交流谐波分量有效值(称为纹波电压)与输出电压直流平均值之比称为电压纹波系数。简单地说,就是直流电压中交流成分的峰峰值。它会为系统带来噪声。

③电压脉动系数。n 次谐波幅值与输出电压直流平均值之比称为电压脉动系数。

④变压器利用系数。整流输出直流功率平均值与整流变压器二次侧视在功率之比称为变压器利用系数。

⑤输入电流总畸变率。输入电流中所有谐波电流有效值与基波电流有效值之比称为输入电流总畸变率。

⑥输入功率因数。交流电源输入有功功率与其视在功率之比称为输入功率因数。

本章着重讨论几种最常用的晶闸管整流电路。讨论整流电路时,离不开电路所带负载性质,不同性质的负载对于整流电路输出的电压、电流波形均有很大影响。常见负载的性质大致分为以下几种:

①电阻性负载。如电阻加热炉、电解、电镀和电焊等都属于电阻性负载,它的特点是电压与电流成正比,两者波形形状相同。

②电感性负载。各种电机的励磁绕组,以及经电抗器滤波的负载都属于电感性负载。大电感性负载一般指电感性负载回路中,电抗值比电阻值大得多(10 倍以上),它的特点是负载

电流波形连续,近似一条直线。

③电容性负载。整流输出端接大电容滤波的情况就属于电容性负载。其特点是当晶闸管刚一触发导通时便有很大的充电电流流过。电流波形呈尖峰状。为了避免晶闸管因遭受过大的电流上升率而损坏,一般情况下不宜在整流输出端直接接大电容。

④反电动势负载。当整流装置输出供蓄电池充电或给直流电动机供电时就为反电动势负载。因负载存在反电动势,所以只有当输出电压大于反电动势时晶闸管才可能导通,电流波形也有较大的脉动。

实际上,单纯的某一种性质的负载是很少的。例如直流电动机,除有反电动势外,它的电枢有电感,有时为了使电流波形更平整,还特地串联一个平波电抗器。当串联的电抗器电感量较大时,尽管实际负载是反电动势性质,但整流电路的工作情况已经接近于电感性负载,所以确定负载性质必须根据实际情况具体分析。

在分析整流电路时,常通过波形分析法来讨论电路的工作原理和定量计算等。根据电路中开关器件通断状态及交流电源电压波形和负载的性质,分析其输出直流电压、电路中各元器件的电压和电流波形,最后得到整流输出电压与移相控制角之间的关系。为便于分析,通常假定电源系统、变压器和晶闸管都是理想特性。在理想条件下得出的结论,一般都适合实际电路。

本章首先讨论最基本、最常用的几种单相、三相可控整流电路,分析和研究其工作原理、基本数量关系以及负载性质对整流电路的影响,然后分析变压器漏抗对整流电路的影响。在此基础上,对目前应用广泛的电容滤波的不可控整流电路、有源逆变电路和大功率可控整流电路进行分析和讨论。

2.1　单相可控整流电路

单相可控整流电路的交流侧接单相交流电源,典型的单相可控整流电路包括单相半波可控整流电路、单相全控桥式可控整流电路、单相全波可控整流电路和单相半控桥式整流电路等。本节分析和讨论几种典型的单相可控整流电路,包括工作原理和数量关系等,并重点讲述不同负载对电路工作的影响。

2.1.1　单相半波可控整流电路

(1)带电阻性负载的工作情况

图 2.1 所示为单相半波可控整流电路的原理图及带电阻负载时的工作波形,通过整流变压器 T 得到一个负载所需要的电压变化范围,作为整流电路的输出电压。图 2.1(a)中,变压器 T 起变换电压和隔离的作用,其一次侧和二次侧电压瞬时值分别用 u_1 和 u_2 表示,有效值分别用 U_1 和 U_2 表示,其中 U_2 的大小根据需要的直流输出电压 u_d 的平均值 U_d 确定。

如前所述,在分析整流电路工作时,认为晶闸管是理想器件,即晶闸管导通时其管压降等于零,晶闸管阻断时其漏电流等于零。除非特意研究晶闸管的开通、关断过程,一般认为晶闸管的开通与关断过程是瞬时完成的。

根据晶闸管的导通条件:阳极有正偏电压,门极有触发脉冲。在 u_2 正半周 VD_T 承受正向

阳极电压期间的 ωt_1 时刻给门极一个触发脉冲,如图 2.1(c)所示,晶闸管 VD_T 导通,忽略其导通压降,即 $u_{VT}=0$,此时整流电路的输出电压 $u_d=u_2$。至 $\omega t=\pi$,电源电压 u_2 过零向负半周变化时,电路中的电流也降为零。由晶闸管的关断条件:阳极电流过零,晶闸管关断,电路中无电流,$u_d=0$,u_2 全部施加在晶闸管 VD_T 两端,则其管压降 $u_{VT}=u_2$,直到下一个周期的触发脉冲到来,又重复上述过程。图 2.1(d)、(e)分别给出了 u_d 和晶闸管两端电压 u_{VT} 的波形,由于是电阻性负载,所以输出电流 i_d 的波形与 u_d 波形形状相同,电流数值为 u_d/R。从图 2.1(e)可以看出,一个周期内晶闸管承受的最大正向电压和反向电压均为 $\sqrt{2}\,U_2$,这个参数对电路选择合适的晶闸管很重要。

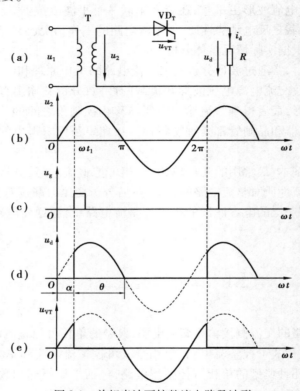

图 2.1　单相半波可控整流电路及波形

由上述整流电路的工作过程看出,单相半波可控整流电路对触发脉冲的要求是:每个电源周期的正半周,需要一个触发脉冲,如图 2.1(c)所示 u_g 的波形。

由图 2.1 所示的波形可看到:改变触发时刻,u_d 和 i_d 波形随之改变,直流输出电压 u_d 为极性不变,但瞬时值变化的脉动直流,其波形只在 u_2 正半周内出现,故称"半波"整流。加之电路中采用了半控器件——晶闸管,且交流输入为单相,故该电路称为单相半波可控整流电路。整流电压 u_d 波形在一个电源周期中只脉动 1 次,故该电路为单脉波整流电路。

在图 2.1(d)中,$0\sim\omega t_1$ 这一电角度称为晶闸管的触发延迟角。它的定义是:从晶闸管开始承受正向阳极电压起到施加触发脉冲止的电角度,用 α 表示,也称触发角或控制角。

晶闸管在一个周期内导通的电角度称为导通角 θ。即图 2.1(d)中的 $\omega t_1\sim\pi$。在电阻性负载的整流电路中,$\theta=\pi-\alpha$。

改变 α 的大小,即可改变触发脉冲出现的时刻,称为移相。随着 α 的改变,负载上的电压波形也随之改变,整流电路的输出电压 u_d 也就改变了。这种通过控制触发脉冲的相位角来控制直流输出电压大小的方式称为相控方式。

在单相半波可控整流电路中,直流输出电压的平均值为

$$U_d = \frac{1}{2\pi}\int_\alpha^\pi \sqrt{2}U_2\sin\omega t\,d(\omega t) = \frac{\sqrt{2}U_2}{2\pi}(1+\cos\alpha) = 0.45U_2\frac{1+\cos\alpha}{2} \tag{2.1}$$

当 $\alpha = 0°$ 时,U_d 为最大,用 U_{d0} 表示,$U_d = U_{d0} = 0.45U_2$。随着 α 增大,U_d 减小,当 $\alpha = \pi$ 时,$U_d = 0$,所以该电路中 VT 的 α 移相范围为 $0° \sim 180°$。

直流回路输出的平均电流为

$$I_d = \frac{U_d}{R} = 0.45\frac{U_2}{R}\frac{1+\cos\alpha}{2} \tag{2.2}$$

回路中的电流有效值为

$$I_2 = I_{VT} = I_R = \sqrt{\frac{1}{2\pi}\int_\alpha^\pi \left(\frac{\sqrt{2}U_2}{R}\sin\omega t\right)^2 d(\omega t)} = \frac{U_2}{R}\sqrt{\frac{1}{4\pi}\sin 2\alpha + \frac{\pi-\alpha}{2\pi}} \tag{2.3}$$

由式(2.2)、(2.3)可得流过晶闸管的电流波形系数为

$$K_f = \frac{I_2}{I_d} = \frac{\sqrt{2\pi\sin 2\alpha + 4\pi(\pi-\alpha)}}{2(1+\cos\alpha)} \tag{2.4}$$

当 $\alpha = 0°$ 时,$K_f \approx 1.57$。半波整流后得到的是脉动直流,其有效值大于平均值,且随着 α 的增大 K_f 值也增大,说明在同样直流电流时,其有效值随 α 增大而增大。

电源供给的有功功率(忽略晶闸管损耗)为

$$P = I_R^2 R = UI_2 \tag{2.5}$$

式(2.5)中,U 为 R 上的电压有效值,有

$$U = \sqrt{\frac{1}{2\pi}\int_\alpha^\pi (\sqrt{2}U_2\sin\omega t)^2 d(\omega t)} = U_2\sqrt{\frac{\sin 2\alpha}{4\pi} + \frac{\pi-\alpha}{2\pi}} \tag{2.6}$$

电源侧的输入功率为

$$S = S_2 = U_2 I_2 \tag{2.7}$$

功率因数为

$$\cos\varphi = \frac{P}{S} = \frac{UI_2}{U_2 I_2} = \frac{U}{U_2} = \sqrt{\frac{\sin 2\alpha}{4\pi} + \frac{\pi-\alpha}{2\pi}} \tag{2.8}$$

由式(2.8)可知,功率因数是控制角 α 的函数。当 $\alpha = 0°$ 时,$\cos\varphi = \frac{\sqrt{2}}{2} = 0.707$,为最大值,这是因为电路的输出电流中存在谐波,使得即使是纯电阻性负载,功率因数也小于 1。α 越大,相控整流输出电压 U 越低,功率因数 $\cos\varphi$ 越小,这是因为移相控制导致负载电流波形发生畸变,大量高次谐波成分减小了有功输出却占据了电路容量。这是单相半波电路的缺点。当 $\alpha = \pi$ 时,$\cos\varphi = 0$。

例 2.1　有一单相半波可控整流电路如图 2.2 所示,负载电阻 R 为 10 Ω,交流侧电源电压 220 V,要求控制角 α 从 $0° \sim 180°$ 可移相。求:

(1)当控制角 $\alpha = 60°$ 时,电压表、电流表的读数及此时的电路功率因数;

(2)如果导线电流密度为 $j = 6A/\text{mm}^2$,计算导线截面积;

(3)计算负载 R 功率;

（4）电压电流均考虑 2 倍裕量，试确定晶闸管型号。

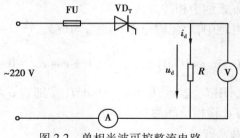

图 2.2　单相半波可控整流电路

解　（1）由式（2.1）得 $U_d = 0.45U_2 \dfrac{1 + \cos\alpha}{2} = 0.338U_2 = 74.4 \text{ V}$，即为电压表读数；

$$I_d = \frac{U_d}{R} = \frac{74.4}{10} \text{A} = 7.44 \text{ A}，即为电流表读数。$$

功率因数

$$\cos\varphi = \sqrt{\frac{\sin 2\alpha}{4\pi} + \frac{\pi - \alpha}{2\pi}} \approx 0.635$$

（2）计算导线截面积、电阻功率、选择晶闸管额定电流等时，应以电流最大值考虑。控制角 $\alpha = 0°$ 时电压、电流最大，则

$$U_{dM} = 0.45U_2 = 99 \text{ V}$$

$$I_{dM} = \frac{U_{dM}}{R} = \frac{99}{10} \text{A} = 9.9 \text{ A}$$

当 $\alpha = 0°$ 时，电流波形系数 $K_f \approx 1.57$，所以电路中最大有效电流为

$$I_M = 1.57 \times I_{dM} = 1.57 \times 9.9 \text{ A} \approx 15.5 \text{ A}$$

导线截面积大小及电路中的熔断器电流均应以最大有效电流计算。导线截面积 S 为

$$Sj = I_M，\quad S = \frac{I_M}{j} = \frac{15.5}{6} \text{ mm}^2 = 2.58 \text{ mm}^2$$

根据导线线芯截面规格，选择 $S = 2.93 \text{ mm}^2$（7 根 22 号的塑料铜线）。

（3）$P_M = I_M^2 R = 15.5^2 \times 10 \text{ W} = 2\ 402 \text{ W} = 2.4 \text{ kW}$。

（4）从图 2.1（e）晶闸管两端电压波形可见，元件承受的最大正反向电压

$$U_{VTM} = \sqrt{2} U_2 = 311 \text{ V}$$

考虑 2 倍裕量，则晶闸管正反向重复峰值电压

$$U_{RM} \geq 2 \times 311 \text{ V} = 622 \text{ V}$$

故额定电压选择 700 V 的晶闸管。

考虑 2 倍裕量，晶闸管的额定电流为 $I_{T(AV)} \geq \dfrac{2 \times I_M}{1.57} \text{A} \approx 19.7 \text{ A}$，选择额定电流为 20 A 的晶闸管，其型号为 KP20-7。

（2）带阻感性负载的工作情况

实际生产中，更常见的负载是既有电阻也有电感，当负载中感抗 ωL 与电阻 R 相比不可忽略时即为阻感负载。若 $\omega L \gg R$，即负载阻抗角 $\varphi = \arctan(\omega L/R)$ 很大，则负载主要呈现为电

感,称为电感负载,例如电机的励磁绕组。

图 2.3 为带阻感负载的单相半波可控整流电路及其波形。其工作原理可按波形分段说明。

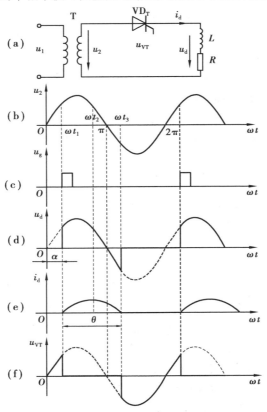

图 2.3　带阻感负载的单相半波可控整流电路及其波形

$0 \sim \omega t_1$ 期间:晶闸管阳极虽承受正向电压,但门极触发脉冲尚未出现,管子阻断,承受全部电源电压 u_2,负载端输出电压 $u_d = 0$,回路电流 $i_d = 0$。

$\omega t_1 \sim \omega t_2$ 期间:晶闸管 VD_T 在 ωt_1 处触发导通,电源电压 u_2 全部加到负载端,因此 $u_d = u_2$。由于电感 L 的存在使 i_d 不能突变,这是阻感负载的特点,也是理解整流电路带阻感负载工作情况的关键之一。因此 i_d 从 0 开始逐渐增大,到 ωt_2 时,电流 i_d 达到最大值。在此期间,交流电源一方面供给电阻 R 消耗的能量,另一方面供给电感 L 吸收的磁场能量,L 两端产生感应电动势,其极性为上正下负,力图阻止电流增加。

$\omega t_2 \sim \pi$ 期间:由于 i_d 开始下降,L 中感应电动势 e_L 将改变方向,为上负下正,其储存的能量逐渐释放,以阻碍电流下降,在 π 处 u_2 降为零但晶闸管仍受正压而导通。

$\pi \sim \omega t_3$ 期间:电源电压 u_2 已由零变负使电流继续下降,只要电感感应电动势值 $e_L > u_2$,晶闸管仍受正偏电压而继续导通,此时 $u_d = u_2$。电感放电至 ωt_3 时 $e_L = u_2$,晶闸管电压下降为零而关断并立即承受反压,回路电流 $i_d = 0$,负载电压 $u_d = 0$。此期间,电感 L 中储存的磁场能量释放,一部分供给 R 消耗;另一部分供给变压器二次绕组吸收,并通过一次绕组返送至电网。

$\omega t_3 \sim 2\pi$ 期间:u_d 一直保持为 0。

从 2π 处开始又重复上述过程。

从图中还可看出,由于电感的存在,i_d 的变化滞后于 u_d 的变化,延迟了晶闸管 VT 的关断时刻,

导通角 θ 增大,使 u_d 波形出现负值,与带电阻负载时相比,其平均值 U_d 下降。当 L 增大使电压波形的负面积接近正面积即导通角 $\theta = 2\pi - 2\alpha$ 时,整流输出的直流电压 $U_d = 0$。因此单相半波整流电路当电感 L 很大称为大电感负载时,不管 α 如何变化 U_d 总是很小,电路是无法工作的。

电感 L 使电流波形平稳起到了"平波"的作用。在实际使用中为了在负载 R 上得到平稳的直流,通常需要外接电感量较大的平波电抗器。

由于 L 中无电阻(实际上导线电阻很小),其两端的直流电压 $U_{dL} = 0$,负载电阻 R 上的电压平均值 U_{dR} 等于管子导通时电源电压平均值 U_d,即 u_d 波形中的直流部分 U_d 全部降落在 R 上,而 u_d 中的交流成分大部分降落在 L 上。

单相半波可控整流电路带阻感负载的直流输出电压平均值 U_d 为

$$U_d = \frac{1}{2\pi} \int_\alpha^{\alpha+\theta} \sqrt{2} U_2 \sin \omega t \, d(\omega t) = \frac{\sqrt{2} U_2}{2\pi} [\cos \alpha - \cos(\alpha + \theta)] \tag{2.9}$$

对于不同的触发延迟角 α,不同的负载阻抗角 $\varphi = \arctan(\omega L / R)$,晶闸管的导通角 θ 也不同。要求一般情况下的控制特性,可以建立晶闸管导通时的电压平衡微分方程式,求解在一定负载阻抗角 φ 值情况下,θ 与 α 的关系,进而利用式(2.9)求出直流输出电压平均值。

(3)带阻感性负载反并联续流二极管的工作情况

前已提及,在带有大电感负载时,单相半波整流电路正常工作的关键是使负载端不出现负电压,因此要设法在电源电压 u_2 负半周时,使晶闸管 VT 承受反压而关断。解决的办法就是在负载两端反并联一个二极管,称为续流二极管。其电路图和典型工作波形如图 2.4 所示。

与没有续流二极管时的情况相比,在 u_2 正半周时两者工作情况是一样的。当 u_2 过零变负时,由于电流减小,负载电感 L 上产生上负下正的感应电动势使二极管 VD_R 导通,u_d 为零。此时为负的 u_2 通过 VD_R 向晶闸管 VT 施加反压使其关断。电感 L 储存的能量保证了电流 i_d 在 L-R-VD_R 回路中流通,此过程通常称为续流,所以此二极管称为续流二极管。u_d 的波形如图 2.4(c)所示,忽略二极管的通态电压,则在续流期间 $u_d = 0$,u_d 中不出现负的部分,这与纯电阻负载时基本相同,但电流波形则完全不同。若电感 L 足够大,使得 $\omega L \gg R$,即负载为电感负载,在 VT 关断期间,VD_R 可持续导通,使 i_d 在一个周期内连续,且其波形接近一条水平线,如图 2.4(d)所示。在一个周期内,ωt 在 $\alpha \sim \pi$ 期间,VT 导通,其导通角为 $\pi - \alpha$,i_d 流过 VT,晶闸管电流 i_{VT} 的波形如图 2.4(e)所示。其余时间 i_d 流过 VD_R,续流二极管电流 i_{VD_R} 波形如图 2.4(f)所示,VD_R 导通角为 $\pi + \alpha$。若近似认为 i_d 为一条水平线,恒为 I_d,则流过晶闸管的电流平均值 I_{dVT} 和有效值 I_{VT} 分别为

$$I_{dVT} = \frac{\pi - \alpha}{2\pi} I_d \tag{2.10}$$

$$I_{VT} = \sqrt{\frac{1}{2\pi} \int_\alpha^\pi I_d^2 \, d(\omega t)} = \sqrt{\frac{\pi - \alpha}{2\pi}} I_d \tag{2.11}$$

续流二极管的电流平均值 I_{dVD_R} 和有效值 I_{VD_R} 分别为

$$I_{dVD_R} = \frac{\pi + \alpha}{2\pi} I_d \tag{2.12}$$

$$I_{VD_R} = \sqrt{\frac{1}{2\pi} \int_\alpha^{2\pi+\alpha} I_d^2 \, d(\omega t)} = \sqrt{\frac{\pi + \alpha}{2\pi}} I_d \tag{2.13}$$

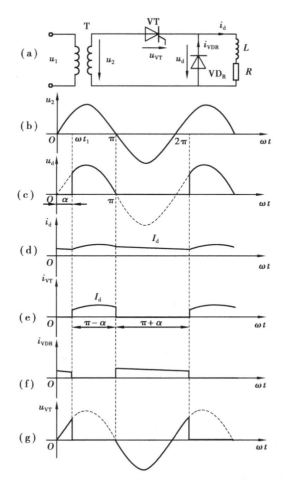

图 2.4　单相半波带电阻负载有续流二极管的电路及波形

晶闸管两端电压波形 u_{VT} 如图 2.4(g) 所示, 其移相范围为 0° ~ 180°, 其承受的最大正反向电压均为 u_2 的峰值即 $\sqrt{2}\,U_2$。续流二极管承受的电压为 $-u_d$, 其最大反向电压为 $\sqrt{2}\,U_2$, 即为 u_2 的峰值。

在电感 L 很大的电感性负载电路中, 当晶闸管触发导通后, 阳极电流上升比较缓慢, 用窄脉冲触发时, 有可能在阳极电流尚未达到晶闸管擎住电流 I_L 时触发脉冲已消失, 使管子不能维持导通。因此在大电感负载时要求触发脉冲有足够的宽度, 也可在负载两端或电抗器两端并联电阻以使电流能快速增大。

单相半波相控整流电路的优点是只采用一个晶闸管, 线路结构简单, 控制方便, 成本低。缺点是由于只有半个周期工作, 所以输出脉动大; 由于变压器二次侧电压只输出单方向的电流, 所以二次侧电流含有直流成分, 从而使变压器铁芯直流磁化, 造成变压器饱和。为了消除饱和就需要增加铁芯面积, 增大变压器体积, 这样变压器的利用率就会更低, 所以一般用在小容量负载且对波形要求不高的场合。如果负载要求较高, 在中小容量的晶闸管相控整流装置中, 用得较多的是单相桥式全控整流电路。

例 2.2　中、小型发电机采用的单相半波自励相控整流电路如图 2.5 所示, 发电机相电压

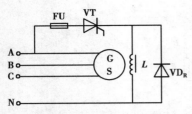

图 2.5 同步发电机单相半波自励电路

为 220 V,要求励磁电压为 45 V,励磁线圈 L 的电阻为 2 Ω、电感量为 0.1 H。试求:晶闸管与续流二极管的电流平均值和有效值各为多大?并选择晶闸管与续流二极管的型号。

解 因 $\omega L = 2\pi f \cdot L \approx 31.4\ \Omega \gg R$,故为大电感负载,可看成电流波形平直。计算如下:

$$U_d = 0.45 U_2 \frac{1 + \cos\alpha}{2} = 45\ \text{V}$$

$$\cos\alpha = \frac{2U_d}{0.45\ U_2} - 1 = -0.09$$

得触发延迟角 $\alpha = 95.1°$,导通角

$$\theta = 180° - 95.1° = 84.9°$$

则

$$I_d = \frac{U_d}{R} = \frac{45}{2}\text{A} = 22.5\ \text{A}$$

晶闸管电流平均值 I_{dVT} 和有效值 I_{VT} 分别为

$$I_{dVT} = \frac{\theta}{2\pi} I_d = \frac{84.9°}{360°} \times 22.5\ \text{A} = 5.34\ \text{A}$$

$$I_{VT} = \sqrt{\frac{\theta}{2\pi}} I_d = \sqrt{\frac{84.9°}{360°}} \times 22.5\ \text{A} = 10.9\ \text{A}$$

续流二极管电流平均值 I_{dVD_R} 和有效值 I_{VD_R} 分别为

$$I_{dVD_R} = \frac{\pi + \alpha}{2\pi} I_d = \frac{180° + 95.1°}{360°} \times 22.5\ \text{A} = 17.2\ \text{A}$$

$$I_{VD_R} = \sqrt{\frac{\pi + \alpha}{2\pi}} I_d = \sqrt{\frac{180° + 95.1°}{360°}} \times 22.5\ \text{A} = 19.6\ \text{A}$$

晶闸管和续流二极管承受的最大电压均为 $U_{TM} = U_{DM} = \sqrt{2}\ U_2 = 311\ \text{V}$,则晶闸管额定电压 $U_T = (2 \sim 3) U_{TM} = 622 \sim 933\ \text{V}$,取 800 V。

额定电流 $I_{T(AV)} = (1.5 \sim 2)\dfrac{I_{VT}}{1.57} = (1.5 \sim 2)\dfrac{10.9}{1.57}\text{A} = 10.4 \sim 13.9\ \text{A}$,取 10 A,故晶闸管型号为 KP10-8。

续流二极管的额定电压 $U_{TD} = U_T = 622 \sim 933\ \text{V}$,同样取 800 V。

续流二极管的额定电流 $I_{F(AV)} = (1.5 \sim 2)\dfrac{I_{VD_R}}{1.57} = (1.5 \sim 2)\dfrac{19.6}{1.57}\text{A} = 18.7 \sim 25\ \text{A}$,取 20 A,故续流二极管型号为 ZP20-8。

2.1.2 单相桥式全控整流电路

单相桥式全控整流电路克服了单相半波整流电路的缺点,减小了电流脉动,消除了变压器的直流分量并提高了变压器利用率,广泛应用于中、小容量的晶闸管整流装置中。图 2.6(a)所示为单相桥式全控整流主电路,由 4 个晶闸管组成两对桥臂,可为各种性质的负载供电。

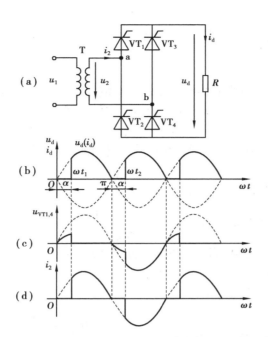

图 2.6　单相桥式全控整流电路带电阻负载时的电路及波形

(1)带电阻性负载的工作情况

在单相桥式全控整流电路中,晶闸管 VT_1 和 VT_4 组成一对桥臂,VT_2 和 VT_3 组成另一对桥臂。现将其工作波形分段描述如下。

$0 \sim \omega t_1$:在 u_2 正半周(即 a 点电位为正,b 点电位为负),晶闸管 VT_2 和 VT_3 承受反向阳极电压,不能导通;晶闸管 VT_1 和 VT_4 虽承受正向阳极电压,但是没有触发脉冲,也不会导通。所以此时负载电流 $i_d = 0$,输出电压 $u_d = 0$,如图 2.6(b)所示。晶闸管 VT_1 和 VT_3 串联,VT_2 和 VT_4 串联,之后并联分电源电压 u_2,设它们漏电阻均相等,则晶闸管两端电压 $u_{VT} = u_2/2$,如图 2.6(c)所示。

$\omega t_1 \sim \pi$:在触发延迟角 α 处给 VT_1 和 VT_4 加触发脉冲,VT_1 和 VT_4 即导通,这时电流从电源 a 端经 VT_1、R、VT_4 流回电源 b 端,形成一个整流工作回路。忽略晶闸管的导通管压降,此期间负载端电压 $u_d = u_2$,晶闸管端电压 $u_{VT1,4} = 0$,$u_{VT2,3} = -u_2$。由于是纯电阻负载,所以负载电流 i_d 的波形形状与 u_d 一样。这期间 VT_2 和 VT_3 仍承受反向阳极电压而关断。

$\pi \sim \omega t_2$:π 之后,电源电压 u_2 过零变负,负载电流也降为零,所以晶闸管 VT_1 和 VT_4 关断。在电源电压 u_2 负半周(即 a 点电位为负,b 点电位为正),虽然 VT_2 和 VT_3 承受正向阳极电压,但是没有触发脉冲,也不会导通。这期间的情况与 $0 \sim \omega t_1$ 类似,$u_d = 0$,$i_d = 0$,$u_{VT} = \dfrac{u_2}{2}$,如图 2.6(b)、(c)、(d)所示。

$\omega t_2 \sim 2\pi$:在触发延迟角 α 处(VT_2 和 VT_3 的 $\alpha = 0$ 处为 $\omega t = \pi$)给 VT_2 和 VT_3 加触发脉冲,VT_2 和 VT_3 即导通,这时电流从电源 b 端经 VT_3、R、VT_2 流回电源 a 端,形成一个整流工作回路。此期间负载端电压 $u_d = -u_2$,晶闸管端电压 $u_{VT2,3} = 0$,$u_{VT1,4} = u_2$。负载电流 i_d 的波形形状与 u_d 相同。这期间 VT_1 和 VT_4 承受反向阳极电压而关断。2π 之后电源电压 u_2 过零变正,又回到正半周。晶闸管 VT_2 和 VT_3 关断,VT_1 和 VT_4 虽正偏,由于没有触发脉冲,也不会

导通。如此循环动作下去。晶闸管承受的最大正向电压和最大反向电压分别为 $\dfrac{\sqrt{2}}{2}U_2$ 和 $\sqrt{2}\,U_2$。

由于在交流电源的正负半周都有整流输出电流流过负载,故属于全波整流,在 u_2 的一个周期内,输出电压脉动 2 次,其脉动程度比半波时要小一些,故属于双脉波整流电路。从整流变压器二次绕组来看,正负两个半波电流方向相反,数值相等,平均值为零,即直流分量为零,如图 2.6(d)所示,因而不存在半波整流电路中的直流磁化问题,变压器绕组利用率高。这些都是桥式整流电路的优点。

整流输出电压 u_d 的平均值为

$$U_d = \frac{1}{\pi}\int_{\alpha}^{\pi}\sqrt{2}\,U_2\sin \omega t\,\mathrm{d}(\omega t) = \frac{2\sqrt{2}\,U_2}{\pi}\frac{1+\cos \alpha}{2} = 0.9U_2\frac{1+\cos \alpha}{2} \tag{2.14}$$

$\alpha = 0$ 时,晶闸管全导通,相当于不可控整流,此时 $U_d = U_{d0} = 0.9U_2$。$\alpha = 180\,°$ 时,$U_d = 0$。可见,触发延迟角 α 的移相范围为 $0\,° \sim 180\,°$。

向负载输出的直流电流平均值为

$$I_d = \frac{U_d}{R} = \frac{2\sqrt{2}\,U_2}{\pi R}\frac{1+\cos \alpha}{2} = 0.9\,\frac{U_2}{R}\frac{1+\cos \alpha}{2} \tag{2.15}$$

由于在单相全控桥整流电路中,两组晶闸管轮流导通,故流过晶闸管的电流平均值只有输出电流的一半,即

$$I_{dVT} = \frac{1}{2}I_d = 0.45\,\frac{U_2}{R}\frac{1+\cos \alpha}{2} \tag{2.16}$$

为选择晶闸管、变压器容量、导线截面积等定额,需考虑发热问题,因此需要计算电流有效值。流过晶闸管的电流有效值为

$$I_{VT} = \sqrt{\frac{1}{2\pi}\int_{\alpha}^{\pi}\left(\frac{\sqrt{2}\,U_2}{R}\sin \omega t\right)^2\mathrm{d}(\omega t)} = \frac{U_2}{\sqrt{2}\,R}\sqrt{\frac{1}{2\pi}\sin 2\alpha + \frac{\pi - \alpha}{\pi}} \tag{2.17}$$

变压器二次电流有效值 I_2 与输出直流电流有效值 I 相等,为

$$I = I_2 = \sqrt{\frac{1}{\pi}\int_{\alpha}^{\pi}\left(\frac{\sqrt{2}\,U_2}{R}\sin \omega t\right)^2\mathrm{d}(\omega t)} = \frac{U_2}{R}\sqrt{\frac{1}{2\pi}\sin 2\alpha + \frac{\pi - \alpha}{\pi}} \tag{2.18}$$

由式(2.17)和式(2.18)可知

$$I_{VT} = \frac{1}{\sqrt{2}}I \tag{2.19}$$

电源输出的有功功率就是负载功率,为

$$P = I^2 R$$

不考虑变压器的损耗时,变压器的容量,也就是电源的视在功率为 $S = U_2 I_2$,所以整流电路的功率因数为

$$\cos \varphi = \frac{P}{S} = \frac{I^2 R}{U_2 I_2} = \sqrt{\frac{1}{2\pi}\sin 2\alpha + \frac{\pi - \alpha}{\pi}} \tag{2.20}$$

当 $\alpha = 0$ 时,$\cos \varphi = 1$,i_2 的波形没有畸变为完整的正弦交流。随着 α 的增大,$\cos \varphi$ 会越来越低;I_d 一定时,I_2 也随之增大,这将使变压器和晶闸管的容量增大,因此,在选择变压器容

量和晶闸管的额定电流时,应考虑 α 较大时的情况。

例 2.3 已知单相全控桥式整流电路带纯电阻负载,若该装置可输出连续可调平均电压,输出最高平均电压为 30 V,触发电路最小控制角 $\alpha_{min} = 20°$,平均电压 U_d 在 12 ~ 30 V 范围内变化时,输出平均电流 I_d 均可达 20 A。求整流变压器二次电压和电流,并确定晶闸管型号。

解 根据最高输出电压 $U_d = 30$ V 和最小控制角 $\alpha_{min} = 20°$,由式(2.14)可求得整流变压器二次电压 U_2 为

$$U_d = 0.9U_2 \frac{1 + \cos \alpha_{min}}{2}$$

则

$$U_2 = \frac{2U_d}{0.9(1 + \cos \alpha_{min})} = \frac{2 \times 30}{0.9 \times (1 + \cos 20°)} = 34.37 \text{ V}$$

则晶闸管的额定电压为

$$U_T = (2 ~ 3)\sqrt{2} U_2 = 97.21 ~ 145.81 \text{ V}, \text{取 200 V}。$$

变压器二次电流 I_2 应按最大电流计算,即在 α_{max} 时,整流电路仍旧能提供 20 A 的输出电流。故以输出平均电压 $U_d = 12$ V、输出平均电流 $I_d = 20$ A 为依据。先求出 $U_d = 12$ V 时的触发延迟角 α_{max},由式(2.14)得

$$\cos \alpha_{max} = \frac{2U_d}{0.9U_2} - 1 = \frac{2 \times 12}{0.9 \times 34.37} - 1 = -0.224$$

得

$$\alpha_{max} = 102.95°$$

将 α_{max} 代入式(2.15)和式(2.18)求得

$$\frac{I_2}{I_d} = \frac{\frac{U_2}{R} \sqrt{\frac{1}{2\pi} \sin 2\alpha + \frac{\pi - \alpha}{\pi}}}{0.9 \frac{U_2}{R} \frac{1 + \cos \alpha}{2}} = 1.714$$

则

$$I_2 = 1.714 I_d = 1.714 \times 20 \text{ A} = 34.28 \text{ A}$$

此时流过晶闸管的电流有效值为

$$I_{VT} = \frac{1}{\sqrt{2}} I_2 = 24.25 \text{ A}$$

则晶闸管的额定电流为

$$I_{T(AV)} = (1.5 ~ 2) \frac{I_{VT}}{1.57} = 23.17 ~ 30.89 \text{ A}, \text{取 30 A}。$$

综上,选择晶闸管型号为 KP30-2。

(2)带阻感性负载的工作情况

阻感性负载的主要特点是电感对电流的变化有抗拒作用,因而电感器件中的电流是不能突变的,这一点已在前面单相半波可控整流电路中有所提及。单相桥式全控整流电流带阻感负载时的工作情况与带纯电阻时的工作情况有较大不同,现对一个周期的工作情况作分段分析如下:(从 $\omega t = \alpha$ 处开始分析,并假设电路已工作于稳态,i_d 平均值不变)

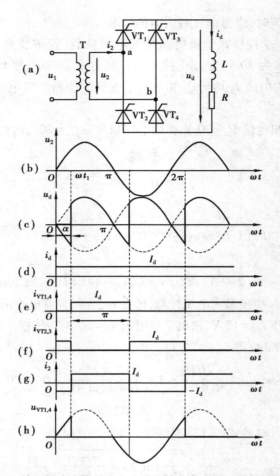

图 2.7　单相桥式全控整流电流带阻感负载时的电路及波形

$\alpha \sim \pi$：在 u_2 正半周期，$\omega t = \alpha$ 处给晶闸管 VT_1 和 VT_4 施加触发脉冲使其导通，则 VT_2 和 VT_3 承受反压关断，负载电流 i_d 经电源电压 u_2 正极 a 端、VT_1、负载电感 L、R、VT_4 回到电源电压 u_2 负极 b 端，忽略晶闸管通态电压降，此时负载输出电压 $u_d = u_2$。由于负载中电感的存在，使负载电流 i_d 不能突变，电感对负载电流起平波作用，负载电流 i_d 只能从零开始逐渐增大，但此处假设负载电感很大且电路已工作于稳态，则负载电流 i_d 连续且波形近似为一条水平线，其波形如图 2.7(d) 所示。

$\pi \sim \pi + \alpha$：π 之后，电源电压 u_2 过零变负，负载电流 i_d 减小会在电感 L 两端感应出一个上负下正的电动势，以阻止负载电流 i_d 减小。只要这个感应电动势比电源电压 u_2 值大，即当电感量足够大时，电感中储存的能量足以维持电流连续，则晶闸管 VT_1 和 VT_4 上仍承受正压，继续保持导通。

$\pi + \alpha \sim 2\pi$：在 $\omega t = \pi + \alpha$ 处触发 VT_2 和 VT_3，由于电源电压 u_2 已处于负半周，所以 VT_2 和 VT_3 导通，负载电流 i_d 经电源电压 u_2 正极 b 端、VT_3、负载电感 L、R、VT_2 回到电源电压 u_2 负极 a 端，u_2 通过 VT_2 和 VT_3 分别向 VT_1 和 VT_4 施加反压使 VT_1 和 VT_4 关断，流过 VT_1 和 VT_4 的电流迅速转移到 VT_2 和 VT_3 上，此过程称为换相，亦称换流。假设晶闸管是理想器件，不考虑换流过程，则负载电流 i_d 连续且为一条直线。

$2\pi \sim 2\pi + \alpha : 2\pi$ 之后,电源电压 u_2 过零变正,负载电流 i_d 减小会在电感 L 两端感应出一个上负下正的电动势,以阻止负载电流 i_d 减小。只要这个感应电动势比电源电压 u_2 值大,晶闸管 VT_2 和 VT_3 上仍承受正压,继续保持导通,直到 $2\pi + \alpha$ 处触发 VT_1 和 VT_4,如此循环下去。负载端输出电压 u_d 的波形如图 2.7(d)所示,其平均值为:

$$U_d = \frac{1}{\pi} \int_{\alpha}^{\pi+\alpha} \sqrt{2} U_2 \sin \omega t d(\omega t) = \frac{2\sqrt{2}}{\pi} U_2 \cos \alpha = 0.9 U_2 \cos \alpha \qquad (2.21)$$

当 $\alpha = 0$ 时,$U_{d0} = 0.9U_2$;$\alpha = 90°$ 时,$U_d = 0$。因此晶闸管的移相范围为 $0° \sim 90°$。

单相桥式全控整流电路带电感性负载时,晶闸管 VT_1 和 VT_4 的电压波形如图 2.7(h)所示,晶闸管承受的最大正反向电压均为 $\sqrt{2} U_2$。

输出电流 i_d 的平均值为

$$I_d = \frac{U_d}{R} = 0.9 \frac{U_2}{R} \cos \alpha \qquad (2.22)$$

从图 2.7(e)、(f)可看出,晶闸管导通角 θ 与 α 无关,均为 $180°$。流过晶闸管的电流为一方波,其平均值和有效值分别为

$$I_{dVT} = \frac{1}{2} I_d \qquad (2.23)$$

$$I_{VT} = \frac{1}{\sqrt{2}} I_d = 0.707 I_d \qquad (2.24)$$

变压器二次侧电流 i_2 的波形为正负各 $180°$ 的矩形波,其相位由 α 角决定,有效值 $I_2 = I_d$。整流电路的功率因数为

$$\cos \varphi = \frac{P}{S} = \frac{I^2 R}{U_2 I_2} = \frac{U_d I_d}{U_2 I_2} = \frac{U_d}{U_2} = 0.9 \cos \alpha \qquad (2.25)$$

例 2.4 将例题 2.3 中负载改为电感性,且 L 足够大,其他条件相同,试选择变压器二次电压和电流、晶闸管的额定电压和电流,计算 U_2 为额定输出电压 $U_d = 12$ V 和 $U_d = 30$ V 的功率因数 $\cos \varphi$。

解 根据最高输出电压 $U_d = 30$ V 和最小控制角 $\alpha_{min} = 20°$,由公式(2.21)可求得整流变压器二次电压、电流分别为:

$$U_2 = \frac{U_d}{0.9 \cos \alpha_{min}} = \frac{30}{0.9 \times \cos 20°} = 35.5 \text{ V}$$

$$I_2 = I_d = 20 \text{ A}$$

晶闸管的额定电压为 $\qquad U_T = (2 \sim 3) \sqrt{2} U_2 = 100.4 \text{ V} \sim 150.6 \text{ V}$,取 200 V。

由于大电感的作用,流过负载的电流近似为一条直线,所以

$$I_{VT} = \frac{I_d}{\sqrt{2}} = 14.1 \text{ A}$$

晶闸管的额定电流为 $\qquad I_{T(AV)} = (1.5 \sim 2) \frac{I_{VT}}{1.57} = 13.5 \sim 18 \text{ A}$,取 20 A。

综上,选择晶闸管型号为 KP20-2。

根据式(2.25)可求出功率因数,当 $U_d = 12$ V 时,$\cos \varphi = \frac{U_d}{U_2} = 0.34$;

当 $U_d = 30$ V 时，$\cos \varphi = \dfrac{U_d}{U_2} = 0.85$。

（3）带反电动势负载的工作情况

蓄电池、直流电动机的电枢（忽略其中的电感）等负载本身具有一定的直流电动势，对于可控整流电路来说，它们就是反电动势负载。如图 2.8 所示，以蓄电池-电阻负载为例来分析，反电动势负载有以下特点：

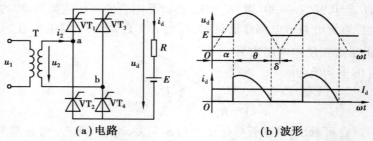

（a）电路　　　　　　　　　　（b）波形

图 2.8　单相桥式全控整流电路接反电动势-电阻负载时的电路及波形

①只有在变压器二次侧电压 u_2 的瞬时值的绝对值大于负载电动势即 $|u_2| > E$ 时，整流桥中的晶闸管才能承受正向电压而触发导通。晶闸管导通之后，$u_d = u_2 = E + i_d R$（忽略管子通态压降），$i_d = \dfrac{u_d - E}{R}$；直至 $|u_2| = E$，i_d 降至 0 使晶闸管关断，此后 $u_d = E$（是负载本身的电动势，并不是整流输出电压）。因此，在带反电动势负载时，负载端直流电压 U_d 比带电阻负载时高。例如，直接由电网 220 V 电压供电的单相可控桥式整流电路，电阻性负载时，最大直流输出电压 $U_d = 0.9 U_2 \cos \alpha = 198$ V，而带反电动势负载时，U_d 值可增大到 250 V 以上。

②即使整流电路输出平均电压 U_d 小于反电动势 E，只要 u_d 的峰值大于 E，在直流回路电阻 R 较小时，仍可以有相当大的电流输出，输出电流瞬时值 i_d 为

$$i_d = \frac{u_d - E}{R} \quad (u_d > E) \tag{2.26}$$

平均电流 I_d 为

$$I_d = \frac{1}{\pi} \int_{\alpha}^{\alpha+\theta} \frac{\sqrt{2} U_2 \sin \omega t - E}{R} \mathrm{d}(\omega t) \tag{2.27}$$

③与带电阻性负载时相比，晶闸管提前了电角度 δ 停止导电。δ 称为停止导电角，有 $\delta = \arcsin \dfrac{E}{\sqrt{2} U_2}$，因此带反电动势负载时输出电流 i_d 波形严重不连续。这种断续冲击形式的充电电流对蓄电池来说是有利的，但若负载是直流电动机时，如果出现电流断续，则电动机的机械特性将很软。从图 2.8（b）可以看出，导通角 θ 越小，则电流波形的底部就越窄。因而为了得到相等的电流平均值，必须增大电流峰值，使波形系数 $K_f = I/I_d$ 增大，电流有效值随之增大，相应要求晶闸管额定电流和电源容量也增大。因此，当电流断续时，随着 I_d 的增大，转速 n（与反电动势成比例）降落较大，机械特性较软，相当于整流电源的内阻增大。另外，较大的电流峰值在电动机换向时容易产生火花。

为了克服以上缺点，一般在主电路的直流输出侧串联一个平波电抗器，用来减少电流的脉动和延长晶闸管导通的时间。有了电感，当 u_2 小于 E 甚至 u_2 变负时，晶闸管仍可导通。只

要电感量足够大就能使电流连续,晶闸管导通角达到 180°,这时整流电压 u_d 的波形和负载电流 i_d 的波形与电感负载电流连续时的波形相同,u_d 的计算公式也一样,即公式(2.21)。

针对电动机在低速轻载运行时电流连续的临界情况,给出了 u_d 和 i_d 波形如图 2.9 所示。

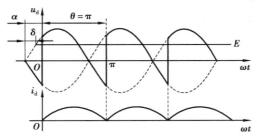

图 2.9　单相桥式全控整流电路带反电动势
负载串平波电抗器,电流连续的临界情况

为保证电流连续所需的电感量 L 可由下式求出:

$$L = \frac{2\sqrt{2}\,U_2}{\pi\omega I_{\text{dmin}}} = 2.87 \times 10^{-3}\,\frac{U_2}{I_{\text{dmin}}} \tag{2.28}$$

式中,U_2 的单位为 V,I_{dmin} 的单位为 A,ω 是工频角频率,L 为主电路总电感量,其单位为 H。

例 2.5　单相桥式全控整流电路,$U_2 = 100$ V,负载中 $R = 2\ \Omega$,L 值极大,反电动势 $E = 60$ V,当 $\alpha = 30$ °时,要求:

①作出 u_d、i_d 和 i_2 的波形;

②求整流输出平均电压 U_d、电流 I_d,变压器二次侧电流有效值 I_2;

③考虑安全裕量,确定晶闸管的额定电压和额定电流。

解　①u_d、i_d 和 i_2 的波形如图 2.10 所示。

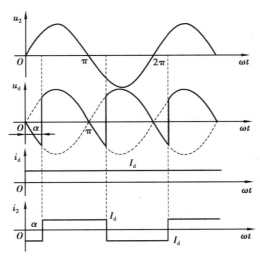

图 2.10　单相桥式全控整流电路的波形

②整流输出平均电压 U_d、电流 I_d,变压器二次侧电流有效值 I_2 分别为

$$U_d = 0.9\,U_2\cos\alpha = 0.9 \times 100 \times \cos 30° = 77.97\ \text{A}$$

$$I_d = \frac{U_d - E}{R} = \frac{77.97 - 60\ \text{A}}{2} = 9\ \text{A}$$

$$I_2 = I_d = 9 \text{ A}$$

③晶闸管承受的最大反向电压为

$$\sqrt{2}\,U_2 = 100\sqrt{2} = 141.4 \text{ V}$$

流过每个晶闸管的电流的有效值为

$$I_{VT} = \frac{I_d}{\sqrt{2}} = 6.36 \text{ A}$$

故晶闸管的额定电压为

$$U_{TN} = (2 \sim 3) \times 141.4 \text{ V} = 283 \sim 424 \text{ V}$$

晶闸管的额定电流为

$$I_{T(AV)} = (1.5 \sim 2) \times 6.36/1.57 \text{ A} = 6 \sim 8 \text{ A}$$

晶闸管额定电压和电流的具体数值可按晶闸管产品系列参数选取。

2.1.3　单相全波可控整流电路

单相全波可控整流电路也是一种实用的单相可控整流电路,又称为单相双半波可控整流电路。其带电阻负载时的电路如图2.11(a)所示。

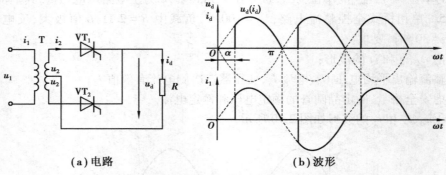

(a)电路　　　　　**(b)波形**

图 2.11　单相全波可控整流电路及波形

图2.11(a)中,变压器T带中心抽头。在 u_2 正半周,VT_1 工作,变压器二次绕组上半部分流过电流;u_2 负半周,VT_2 工作,变压器二次绕组下半部分流过反方向的电流。图2.11(b)给出了 u_d 和变压器一次电流 i_1 的波形。由波形可知,单相全波可控整流电路的 u_d 波形和单相全控桥的一样,交流输入端电流波形也一样,变压器也不存在直流磁化的问题。当接其他负载时,有相同的结论。因此,单相全波和单相全控桥从直流输出端或从交流输入端看均是基本一致的。两者的区别在于:

①单相全波可控整流电路中变压器为二次绕组带中心抽头,结构较复杂。绕组及铁芯对铜、铁等材料的消耗比单相全控桥多。

②单相全波可控整流电路只用两个晶闸管,比单相全控桥式可控整流电路少两个,相应地,晶闸管的门极驱动电路也少两个。但是在单相全波可控整流电路中,晶闸管承受的最大电压是单相全控桥式可控整流电路的两倍,为 $2\sqrt{2}\,U_2$。

③单相全波可控整流电路中,导电回路只含一个晶闸管,比单相桥式可控整流电路少一个,因而管压降也少一个。

从上述②、③两点考虑,单相全波可控整流电路适用于低输出电压的场合。

2.1.4　单相桥式半控整流电路

在单相桥式全控整流电路中,采用一对桥臂中两个晶闸管同时导通来规定电流流通的路径。如果电路仅工作在整流状态,实际上每个支路只需一个晶闸管就能控制导通的时刻,另一个则可采用二极管代替,从而简化了整个电路。把图 2.6(a)中的 VT_2 和 VT_4 换成二极管 VD_2 和 VD_4,便可组成如图 2.12(a)的单相桥式半控整流电路。

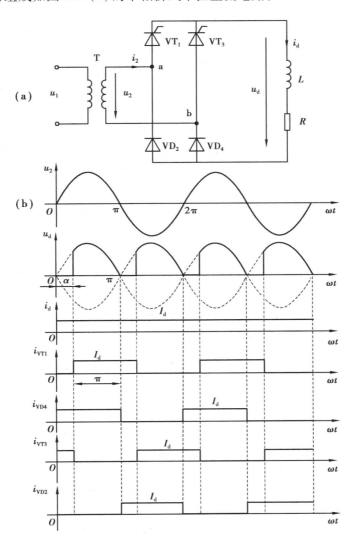

图 2.12　单相桥式半控整流电路带阻感负载时的电路及波形

晶闸管 VT_1 和 VT_3 的阴极接在一起称为共阴极联接。即使同时触发 VT_1 和 VT_3,也只能阳极电位高的管子导通,导通后使另一管子承受反压。二极管 VD_2 和 VD_4 为共阳极联接,总是阴极电位低的管子导通,导通后使另一管子承受反压而阻断。

半控电路与全控电路在纯电阻负载时的工作情况相同,这里无需讨论,以下针对电感负载进行分析。

与全控桥时相似,假设负载中电感很大,且电路已工作于稳态。在电源电压 u_2 处于正半周,即 a 点电位高于 b 点电位,在控制角 α 时触发晶闸管 VT_1 使其导通,电源经 VT_1 和 VD_4 向负载供电。当电源电压 u_2 过零变负时,由于电感的作用,VT_1 将继续导通,但此时 a 点电位比 b 点电位低,电流从 VD_4 换流到 VD_2,这样电流不再经过变压器二次绕组,而是由 VT_1 和 VD_2 续流。在此阶段,忽略器件的通态压降,则 $u_d = 0$,不像全控电路那样出现 u_d 为负的情况。

当 u_2 负半周,在 $\pi+\alpha$ 时触发 VT_3,由于 VT_3 的导通,使 VT_1 承受反压而关断,电源通过 VT_3 和 VD_2 向负载供电。在 u_2 过零变正时,VD_4 导通而 VD_2 关断,电感通过 VT_3 和 VD_4 续流,u_d 又为 0。此后重复上述过程。

根据各器件的导通情况,可得输出电压 u_d 的波形如图 2.12(b)所示。它和电阻性负载时的波形相同。因有大电感存在,输出电流 i_d 波形近似为一条水平线。可见在电感性负载时,上述主电路基本可以工作,特点是:晶闸管在触发脉冲到来时触发换相,二极管则在电源电压过零时自然换相。但在实际运行中,当突然把控制角 α 增大到 180° 或触发脉冲丢失时,会发生一个晶闸管持续导通而两个二极管轮流导通的情况,这使 u_d 成为正弦半波,即半周期 u_d 为正弦,另外半周期 u_d 为零,其平均值保持恒定,相当于单相半波不可控整流电路时的波形,称为失控。例如当 VT_1 导通时切断触发电路,则当 u_2 变负时,由于电感的作用,负载电流由 VT_1 和 VD_2 续流;当 u_2 又为正时,因 VT_1 是导通的,u_2 又经 VT_1 和 VD_4 向负载供电,出现失控现象。

为了避免这种失控情况,可以在负载侧并联一个续流二极管 VD_R,如图 2.13 所示,使负载电流通过 VD_R 续流,而不再经 VT_1 和 VD_2,这样就可使晶闸管 VT_1 恢复阻断能力。同时,续流期间导电回路中只有一个管压降,降低整流电路损耗。

加了续流二极管后,输出电压 u_d 的波形不变,i_d 依然是一条直线,原先流经桥臂上器件的续流电流现都转移到 VD_R 上。各整流器件中流过的电流波形相同,都是宽度为 180° 的方波且与 α 无关,交流侧电流 i_2 是正负对称的交变方波,有较强的谐波电流分量流入电网。如图 2.12(b)所示。

在每个周期内,流过晶闸管 VT_1、VT_3 和二极管 VD_2、VD_4 的电流相同,其波形宽度都是 $\pi-\alpha$。如果负载平均电流为 I_d,则流过晶闸管和二极管的电流有效值为

$$I_{VT} = I_{VD} = \sqrt{\frac{\pi-\alpha}{2\pi}}I_d \tag{2.29}$$

流过续流二极管的电流波形宽度为 α,每个周期出现两次,其电流有效值为

$$I_{VDR} = \sqrt{\frac{\alpha}{\pi}}I_d \tag{2.30}$$

变压器二次绕组电流有效值为

$$I_2 = \sqrt{\frac{\pi-\alpha}{\pi}}I_d \tag{2.31}$$

单相桥式半控整流电路的另一种接法如图 2.14 所示,相当于把图 2.12(a)中的 VD_2、VT_3 分别换成了 VT_2、VD_3,这样可以省去续流二极管 VD_R,续流由 VD_3 和 VD_4 来实现。

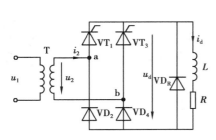

图 2.13　单相桥式半控整流电路,有续
流二极管、阻感负载时的电路

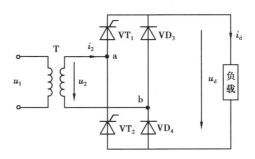

图 2.14　单相桥式半控整流电路的另一种接法

2.2　三相可控整流电路

一般在负载容量较大,超过 4 kW 以上,要求直流电压脉动较小的场合采用三相可控整流电路,其交流侧由三相电源供电。三相可控整流电路中,最基本的是三相半波可控整流电路,应用最广泛的是三相桥式全控整流电路、双反星形可控整流电路以及十二脉波可控整流电路等,均可在三相半波的基础上进行分析,可看成是三相半波电路以不同的方式串联或并联组成。本节首先分析三相半波可控整流电路,然后分析三相桥式全控整流电路。

2.2.1　三相半波可控整流电路

单相可控整流电路的整流输出电压脉动大,脉动频率低,而且对三相电网电源来说,仅为其中一相负载,影响三相电网的平衡运行。所以在中、大功率领域中,工业上常采用三相可控整流电路。三相半波(三相零式)可控整流电路尽管交流侧电流是单方向电流,含有较大的直流分量,但是对它的分析与学习,对理解其他三相可控整流电路均有帮助。

(1)带电阻性负载的工作情况

三相半波可控整流电路带电阻性负载时的电路如图 2.15(a)所示。为了得到零线,变压器二次侧必须接成星形,而一次侧多接成三角形,避免三次谐波流入电网,以减少高次谐波对电网的影响。三个晶闸管 VT_1、VT_2 和 VT_3 的阳极分别接入 a、b、c 三相电源,它们的阴极联接在一起,称为共阴极接法,这种接法触发电路有公共端,连线方便,应用较广。

假设将电路中的晶闸管换作二极管,用 VD 表示,该电路就成了三相半波不可控整流电路。此时,三个二极管对应的相电压中哪一个的值最大,则该相所对应的二极管导通,并使另两相的二极管承受反压而关断,输出整流电压 u_d 即为该相的相电压。

在图 2.15(b)中相电压 u_2 波形可看出,在 $\omega t_1 \sim \omega t_2$ 期间,a 相电压比 b、c 相都高,即只有 VT_1 承受正向电压。如果在 ωt_1 时刻触发晶闸管 VT_1,可使其导通,此时负载上得到 a 相电压,即 $u_d = u_a$。在 $\omega t_2 \sim \omega t_3$ 期间,b 相电压最高,在 ωt_2 时刻触发晶闸管 VT_2 可使其导通,此时 VT_1 因承受反压而关断,$u_d = u_b$;在 ωt_3 时刻触发晶闸管 VT_3 导通,并关断 VT_2,此时 $u_d = u_c$。以后,各晶闸管都按同样的规律依次触发导通并关断前面一个已导通的晶闸管,如图2.15(d)所示,它是三相交流电压正半周完整的包络线。在一个周期内有三次脉动,因此脉动频率是

3×50 Hz＝150 Hz。

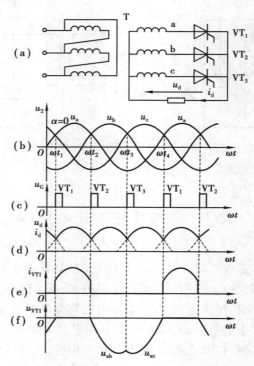

图 2.15 三相半波可控整流电路共阴极接法电阻负载时的电路及 $\alpha=0°$ 时的波形

从图中可以看出,各晶闸管上的触发脉冲依次间隔 120°。在一个周期内,三相电源轮流向负载供电,每相晶闸管各导电 120°,负载电流是连续的。

从以上分析可看出,相电压的交点 ωt_1、ωt_2 和 ωt_3 是各相晶闸管能触发导通的最早时刻,因此把它作为计算控制角 α 的起点,即该处的 $\alpha=0°$。这个交点叫做自然换相点。因为二极管就是在相电压的交点处自然换相的。

流过晶闸管 VT_1 的电流 i_{VT1} 的波形和变压器 a 相绕组电流 i_a 相同,如图 2.15(e)所示。其他两相的电流波形形状相同,相位依次滞后 120°,可见变压器二次绕组电流有直流分量。

由于 $\alpha=0°$ 时负载电流 i_d 的波形是连续的,故晶闸管 VT_1 上的电压波形 u_{VT1} 可以分成三部分:VT_1 导通期间,$u_{VT1}=0$;VT_2 导通期间,VT_1 承受 ab 相的线电压 u_{ab},是反压;VT_3 导通期间,VT_1 承受 ac 相的线电压 u_{ac},也是反压。在 $\alpha=0°$ 时,晶闸管仅受反向电压,随着 α 的增大,管子开始承受正向电压,且其承受正向电压的角度就是 α,这正是控制角的含义。其他两管子上的电压波形相同,只是相位依次相差 120°。

增大 α 值,将脉冲后移,整流电路的工作情况相应地发生变化。

图 2.16 是 $\alpha=30°$ 时的波形。从输出电压、电流的波形可以看出,这时输出电压 u_d、负载电流 i_d 处于连续和断续的临界状态,各相仍能导电 120°。

如果 $\alpha>30°$,例如 $\alpha=60°$ 时,那么整流电路的波形如图 2.17 所示。当导通一相的相电压过零变负时,该相晶闸管关断,此时下一相晶闸管虽承受正向电压,但因未触发而不导通,此时输出电压、电流均为零,直到下一相的触发脉冲出现时为止。显然负载电流断续,各晶闸管导通角 $\theta=90°$,即 $150°-\alpha$。很明显,当 $\alpha=150°$ 时,$\theta=0°$,整流电路输出电压为

0,故电阻负载时,α 角的移相范围是150°。

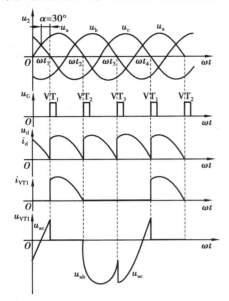

图 2.16　三相半波可控整流电路共阴极
接法电阻性负载在 $\alpha = 30°$ 时的波形

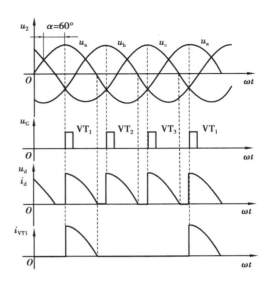

图 2.17　三相半波可控整流电路共阴极接法
电阻性负载在 $\alpha = 60°$ 时的波形

整流电压平均值的计算分以下两种情况:

①$\alpha \leqslant 30°$,负载电流连续,有

$$U_d = \dfrac{1}{\dfrac{2\pi}{3}} \int_{\frac{\pi}{6}+\alpha}^{\frac{5\pi}{6}+\alpha} \sqrt{2}\,U_2 \sin \omega t \mathrm{d}(\omega t) = \dfrac{3\sqrt{6}}{2\pi} U_2 \cos \alpha = 1.17 U_2 \cos \alpha \qquad (2.32)$$

当 $\alpha = 0°$ 时,U_d 最大,为 $U_d = U_{d0} = 1.17 U_2$。

②$\alpha > 30°$时,负载电流断续,晶闸管导通角变小,此时

$$U_d = \dfrac{1}{\dfrac{2\pi}{3}} \int_{\frac{\pi}{6}+\alpha}^{\pi} \sqrt{2}\,U_2 \sin \omega t \mathrm{d}(\omega t) = \dfrac{3\sqrt{2}}{2\pi} U_2 \left[1 + \cos\left(\dfrac{\pi}{6} + \alpha \right) \right]$$

$$= 0.675 \left[1 + \cos\left(\dfrac{\pi}{6} + \alpha \right) \right] \qquad (2.33)$$

U_d / U_2 随 α 变化的规律如图 2.18 中的曲线 1 所示。

负载电流平均值为

$$I_d = \dfrac{U_d}{R} \qquad (2.34)$$

流过晶闸管的电流平均值为

$$I_{dVT} = \dfrac{1}{3} I_d \qquad (2.35)$$

流过负载的电流有效值也应按电流连续、断续两种情况计算。当 $\alpha \leqslant 30°$ 时,负载电流有效值为

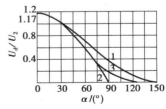

图 2.18　三相半波可控整流电路
U_d / U_2 与 α 的关系
1—电阻负载;2—电感负载;
3—电阻电感负载

$$I = \sqrt{\dfrac{1}{\dfrac{2\pi}{3}} \int_{\frac{\pi}{6}+\alpha}^{\frac{5\pi}{6}+\alpha} \left(\dfrac{\sqrt{2}\,U_2\sin\omega t}{R}\right)^2 \mathrm{d}(\omega t)} = \dfrac{U_2}{R}\sqrt{\dfrac{3}{2\pi}\left(\dfrac{2\pi}{3}+\dfrac{\sqrt{3}}{2}\cos 2\alpha\right)} \qquad (2.36)$$

当 $\alpha > 30°$ 时,负载电流有效值为

$$I = \sqrt{\dfrac{1}{\dfrac{2\pi}{3}} \int_{\frac{\pi}{6}+\alpha}^{\pi} \left(\dfrac{\sqrt{2}\,U_2\sin\omega t}{R}\right)^2 \mathrm{d}(\omega t)}$$

$$= \dfrac{U_2}{R}\sqrt{\dfrac{3}{2\pi}\left(\dfrac{5\pi}{6}-\alpha+\dfrac{\sqrt{3}}{4}\cos 2\alpha+\dfrac{1}{4}\sin 2\alpha\right)} \qquad (2.37)$$

通过晶闸管及变压器二次绕组的电流有效值为

$$I_{VT} = I_2 = \dfrac{1}{\sqrt{3}}I_d \qquad (2.38)$$

由图 2.16 不难看出,晶闸管承受的最大反向电压为变压器二次线电压峰值,即

$$U_{RM} = \sqrt{2} \times \sqrt{3}\,U_2 = \sqrt{6}\,U_2 = 2.45U_2 \qquad (2.39)$$

由于晶闸管阴极与零点间的电压为整流输出电压 u_d,其最小值为 0,而晶闸管阳极与零点间的最高电压等于变压器二次相电压的峰值,因此晶闸管阳极与阴极间的最大电压等于变压器二次相电压的峰值,即

$$U_{FM} = \sqrt{2}\,U_2 < 2.45U_2$$

以上两个电压可用于选择晶闸管的电压定额。

(2)带阻感性负载的工作情况

如果负载为阻感性负载,且 L 值极大,则如图 2.19(a)所示。整流电流 i_d 的波形基本是一水平直线,流过晶闸管的电流 i_{VT} 接近矩形波。$\alpha \leqslant 30°$ 时,u_d 波形与纯电阻负载时一样。

$\alpha > 30°$ 时,例如 $\alpha = 60°$ 时的波形如图 2.19(b)所示,晶闸管 VT_1 导通到 ωt_1,其阳极电压 u_A 已过零变负。由于电流减小,电感 L 上会产生感应电动势,使 VT_1 仍处于正向偏置而继续导通,直到 ωt_2 时刻触发晶闸管 VT_2,使其导通向负载供电,VT_1 才承受反压被关断。此时,u_d 波形出现部分负压。若 α 增大,u_d 波形中负的部分将增多,至 $\alpha = 90°$ 时,u_d 波形中正负面积相等,u_d 的平均值为 0。可见阻感性负载时的移相范围是 $90°$。实际上,$\alpha = 90°$ 时,U_d 只能接近于零,因为 $U_d = 0$ 时,I_d 与 i_d 也等于零,也就谈不上晶闸管导通 $120°$ 了,所以必然是导通角 $\theta < 120°$,使电压正面积稍大于负面积,电流波形出现断续。

当负载电流连续时,输出直流电压为

$$U = \dfrac{1}{\dfrac{2\pi}{3}} \int_{\frac{\pi}{6}+\alpha}^{\frac{5\pi}{6}+\alpha} \sqrt{2}\,U_2\sin\omega t\,\mathrm{d}(\omega t) = \dfrac{3\sqrt{6}}{2\pi}U_2\cos\alpha = 1.17U_2\cos\alpha \qquad (2.40)$$

U_d/U_2 与 α 成余弦关系,如图 2.18 中的曲线 2 所示。如果负载中的电感量不是很大,则当 $\alpha > 30°$ 以后,与电感量足够大的情况相比较,u_d 中的负的部分可能减少,整流电压平均值 U_d 略微增大,U_d/U_2 与 α 的关系将介于图 2.18 中的曲线 1 和曲线 2 之间,曲线 3 给出了这种情况的一个例子。

输出电流平均值为

$$I_{\mathrm{d}} = \frac{U_{\mathrm{d}}}{R} = 1.17\,\frac{U_2}{R}\cos\alpha \tag{2.41}$$

流过晶闸管的电流平均值与有效值分别为

$$I_{\mathrm{dVT}} = \frac{1}{3}I_{\mathrm{d}} \tag{2.42}$$

$$I_{\mathrm{VT}} = \sqrt{\frac{1}{3}}\,I_{\mathrm{d}} = 0.577 I_{\mathrm{d}} \tag{2.43}$$

由此可求出晶闸管的额定电流为

$$I_{\mathrm{T(AV)}} = \frac{I_{\mathrm{VT}}}{1.57} = 0.368 I_{\mathrm{d}} \tag{2.44}$$

由图 2.19 可知,大电感负载当 $\alpha = 90°$ 时,晶闸管承受的最大正向峰值电压为 $\sqrt{6}\,U_2$,这是与电阻负载只承受 $\sqrt{2}\,U_2$ 的不同之处。

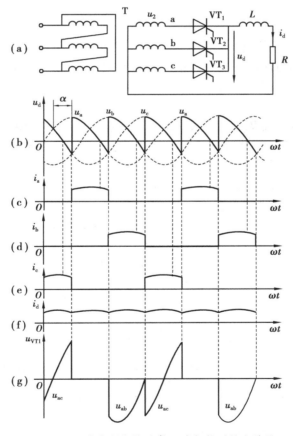

图 2.19　三相半波可控整流电路共阴极接法带阻感负载时的电路及 $\alpha = 60°$ 时的波形

由于变压器二次侧流过晶闸管电流为底部宽 120° 的矩形波电流,如图 2.19(c)所示,可分解为直流分量 $i_{2-} = I_{2-} = \dfrac{1}{3}I_{\mathrm{d}}$ 与交流分量 $i_{2\sim}$。由于直流分量只能产生直流磁势无法耦合到变压器一次绕组,只有交流分量能反映在一次侧。为说明问题,假设变压器一次侧、二次侧绕组匝数相同,忽略励磁电流则有 $i_1 = i_{2\sim}$,波形如图 2.20 所示。

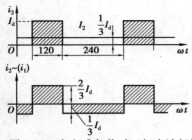

图 2.20　大电感负载时三相半波相控
整流电路变压器一、二次电流波形

一次侧电流有效值 I_1 为

$$I_1 = \sqrt{\frac{1}{2\pi}\left[\left(\frac{2}{3}I_d\right)^2 \times \frac{2\pi}{3} + \left(-\frac{1}{3}I_d\right)^2 \times \frac{4\pi}{3}\right]}$$

$$= 0.471I_d \qquad\qquad (2.45)$$

变压器一次侧、二次侧功率分别为

$$S_1 = 3U_1I_1 = 3 \times \frac{U_d}{1.17} \times 0.473I_d = 1.21P_d$$

$$\qquad\qquad (2.46)$$

$$S_2 = 3U_2I_2 = 3 \times \frac{U_d}{1.17} \times 0.577I_d = 1.48P_d \qquad (2.47)$$

由上述计算可见,变压器一次侧电流与功率小于二次侧是由于二次侧相电流存在直流分量的缘故。此时整流变压器的功率用平均值 S 来衡量

$$S = \frac{1}{2}(S_1 + S_2) = 1.35P_d \qquad\qquad (2.48)$$

为了扩大移相范围并使负载电流更为平稳,可在大电感负载两端并接续流二极管。接续流二极管后 U_d 的波形与计算公式与纯电阻负载时一样;$\alpha \leqslant 30°$ 时晶闸管承受反压波形与不接续流二极管一样;当 $\alpha > 30°$ 时晶闸管导通角 $\theta = 150° - \alpha$。由于一个周期内续流三次,续流二极管导通角 $\theta = 3(\alpha - 30°)$,波形与电流计算请自行分析。

例 2.6　某阻感性负载 $R = 2\ \Omega, \omega L \gg R$。要求输出电流 $I_d = 250\ A$ 维持不变,拟采用三相半波可控整流电路,整流变压器采用 △/Y 接线,考虑整流电路直流电压损失为 $\Delta U_d = 10\ V$、最小控制角 $\alpha_{min} = 30°$,试计算变压器、晶闸管有关额定值。若交流电源电压经常在 1~1.15 倍额定值范围变化时,求工作中控制角 α 的变化范围。

解　①先求整流变压器的参数。
考虑输出电压损失 $\Delta U_d = 10\ V$ 时,整流输出电压平均值为

$$U_d = RI_d + \Delta U_d = (2 \times 250 + 10)\ V = 510\ V$$

最小控制角 $\alpha_{min} = 30°$ 时,变压器的二次相电压、相电流为

$$U_2 = \frac{U_d}{1.17 \cos \alpha_{min}} = 503.3\ V$$

$$I_2 = \frac{I_d}{\sqrt{3}} = \frac{250}{\sqrt{3}}\ A = 144.3\ A$$

变压器初级相电压取 $U_{1L} = 380\ V$。由于初级线圈为 △ 接法,因此变压器变比为

$$k_n = \frac{N_1}{N_2} = \frac{380}{503.3} = 0.755$$

由于变压器只能将二次电流的交流分量感应到一次侧,所以

$$I_1 = \frac{\sqrt{2}}{3k_n}I_d = 156.1\ A$$

变压器的容量为

$$S_1 = 3U_1I_1 = 3 \times 380 \times 156.1\ V \cdot A \approx 178.0\ kV \cdot A$$

$$S_2 = 3U_2I_2 = 3 \times 503.3 \times 144.3\ V \cdot A \approx 217.9\ kV \cdot A$$

$$S = \frac{1}{2}(S_1 + S_2) = 198 \text{ kV} \cdot \text{A}$$

视在功率只是电压和电流有效值的乘积,它并不能反映能量消耗的程度,在一般电路中,特别是非正弦电路中,视在功率并不遵守能量守恒定律。此题中变压器绕组中的电流为方波,含有大量的谐波分量,特别是变压器的二次侧还有直流分量,所以,$S_1 < S_2$。

变压器二次侧输出的有功功率为

$$P = U_d I_d = 510 \times 250 \text{ W} = 127.5 \text{ kW}$$

变压器二次侧功率因数为

$$\cos \varphi = \frac{P}{S_2} = \frac{127.5}{217.9} \approx 0.585$$

②计算晶闸管参数。

流过晶闸管电流的有效值为

$$I_{VT} = \frac{I_d}{\sqrt{3}} = \frac{250}{\sqrt{3}} \approx 144.3 \text{ A}$$

则通态平均电流为

$$I_{T(AV)} = (1.5 \sim 2) \frac{I_{VT}}{1.57} = 137.9 \sim 183.9 \text{ A}$$

因电源电压常在 1 ~ 1.15 倍波动,所以晶闸管的额定电压应为

$$U_T = (2 \sim 3) U_m = (2 \sim 3) \times \sqrt{6} \times 1.15 U_2 = 2\,835.5 \sim 4\,253.3 \text{ V}$$

可选用 KP200-40 型晶闸管。

③计算控制角 α 的变化范围。

当电源电压为 $1.15 U_2$ 时,控制角 α 为

$$\cos \alpha = \frac{510}{1.17 \times 1.15 \times 503.3} = 0.753$$

所以

$$\alpha = 41.14°$$

即电路工作时控制角 α 在 30°~41.14°范围内变化。

(3)带反电动势阻感性负载

串联平波电抗器的电动机负载就是一种反电动势负载。当电感 L 足够大时,负载电流 i_d 的波形近似为一条直线,电路输出电压 U_d 的波形及计算与带电感性负载时一样。但是当 L 不够大或负载电流太小,L 中储存的磁场能量不足以维持电流连续时,则 U_d 的波形中会出现由反电动势 E 形成的阶梯,U_d 的计算不再符合前面的公式。由于本章篇幅有限,这里不再就此问题详述。

(4)共阳极接法的三相半波可控整流电路

图 2.21 所示电路为将三只晶闸管阳极联接在一起的三相半波可控整流电路,称为共阳极接法。由于螺栓型晶闸管的阳极接散热器,这种接法可以将散热器连成一体,使装置结构简化。但由于晶闸管阴极没有公共端,因此三个晶闸管的触发电路之间需要隔离,故应用较少。由于晶闸管只有在承受正向电压时才能导通,因此采用共阳极接法时,晶闸管只能在相电压的负半周工作,换流总是换到阴极更负的那一相去。其工作情况、波形及数量关系与共

阴极接法时相同,仅输出极性相反。对电感性负载,若电感较大时,U_d 的计算公式为

$$U_d = -1.17U_2\cos\alpha \tag{2.49}$$

式(2.49)中,负号表示电源零线是负载电压的正极端。具体电路分析与输出波形可参考相关教材,这里不再赘述。

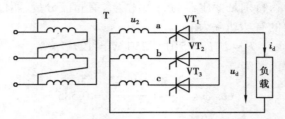

图 2.21　三相半波可控整流电路共阳极接法电路

三相半波可控整流电路只用三只晶闸管,接线简单,与单相电路比较,其输出电压脉动小、输出功率大、三相平衡。但是整流变压器次级绕组在一个周期内只有 1/3 时间流过整流变压器,因此利用率低。另外,变压器次级绕组中电流是单方向的,其直流分量在磁路中产生直流不平衡磁动势,会引起附加损耗。如不用变压器,则中线电流较大,同时交流侧的直流电流分量会造成电网的附加损耗。因此,这种电路多用于中等偏小容量的设备上。

2.2.2　三相桥式全控整流电路

为了克服三相半波整流电路的缺点,在生产实际中应用最广泛的是三相全控桥式整流电路。三相桥式全控整流电路是由一组共阴极接法的三相半波相控整流电路和一组共阳极接法的三相半波相控整流电路串联而成,如图 2.22 所示。习惯上希望晶闸管按从 1 到 6 的顺序导通。为此将晶闸管按图 2.22 示的顺序编号,即共阴极组中与 a、b、c 三相电源相接的三个晶闸管分别是 VT_1、VT_3、VT_5,共阳极组中与 a、b、c 三相电源相接的三个晶闸管分别是 VT_4、VT_6、VT_2。分析可知,按此编号,晶闸管的导通顺序为 VT_1—VT_2—VT_3—VT_4—VT_5—VT_6。下面首先分析带电阻负载时的工作情况。

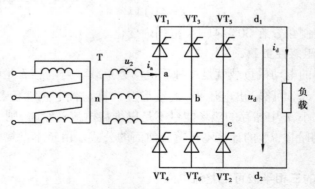

图 2.22　三相桥式全控整流电路原理图

(1)带电阻性负载的工作情况

1)工作原理

可以采用与分析三相半波可控整流电路时类似的方法,假设将电路中的晶闸管换成二极

管,这种情况也就相当于晶闸管触发角 $\alpha = 0°$ 时的情况。此时,对于共阴极组的三个晶闸管,阳极接交流电压值最大的一个导通;而对于共阳极组的三个晶闸管,则是阴极接交流电压值最小的一个导通。这样,任意时刻共阳极组和共阴极组中各有一个晶闸管处于导通状态,施加于负载上的电压是某一时刻的线电压。此时电路工作波形如图 2.23 所示。

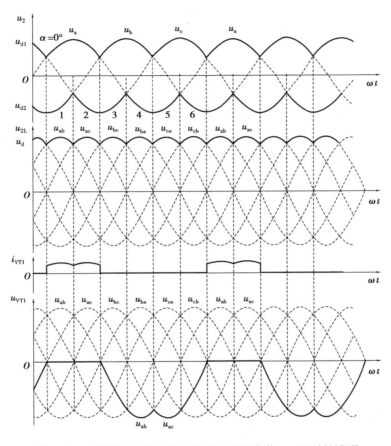

图 2.23　三相桥式全控整流电路带电阻性负载 $\alpha = 0°$ 时的波形

　　为了分析方便,把一个周期分成 6 段。在第 1 段期间,a 相电压 u_a 最高,共阴极组的 VT_1 被触发导通,b 相电压 u_b 最低,共阳极组的 VT_6 被触发导通,电流路径为 u_a—VT_1—R—VT_6—u_b。变压器 a、b 两相工作,共阴极组的 a 相电流 i_a 为正,共阳极组的 b 相电流 i_b 为负,输出电压为线电压 u_{ab}。在第 2 段期间,u_a 仍然最高,VT_1 继续导通,而 c 相电压 u_c 变为最低,电源电压过自然换相点时触发 VT_2 导通,c 相电压低于 b 相电压,VT_6 因承受反压而关断,电流即从 b 相换到 c 相。这时电流路径为 u_a—VT_1—R—VT_2—u_c。变压器 a、c 两相工作,共阴极组的 a 相电流 i_a 为正,共阳极组的 c 相电流 i_c 为负,输出电压为线电压 u_{ac}。在第 3 段期间,u_b 为最高,共阴极组在经过自然换相点时触发 VT_3 导通,由于 b 相电压高于 a 相电压,VT_1 承受反压而关断,电流从 a 相换到 b 相。VT_2 因 u_c 仍为最低而继续导通。这时电流路径为 u_b—VT_3—R—VT_2—u_c。变压器 b、c 两相工作,共阴极组的 b 相电流 i_b 为正,共阳极组的 c 相电流 i_c 为负,输出电压为线电压 u_{bc}。以下各段以此类推,可得到在第 4 段时输出电压为 u_{ba};在第 5 段时输出电压为 u_{ca};在第 6 段时输出电压为 u_{cb}。以后则重复上述过程。输出整流电压 u_d 波形为线电压在正半周期完整的包络线。

从触发角 $\alpha = 0°$ 时的情况可以总结出三相桥式全控整流电路的一些特点如下：

①每个时刻均需两个晶闸管同时导通，形成向负载供电的回路，其中一个晶闸管是共阳极组的，一个是共阴极组的，且不能为同一相的晶闸管。换流只在本组内进行，每隔 120° 换流一次。

②对触发脉冲的要求：6 个晶闸管的脉冲按 $VT_1—VT_2—VT_3—VT_4—VT_5—VT_6$ 的顺序依次触发，相位依次相差 60°。

③整流输出电压 u_d 一个周期脉动 6 次，每次脉动的波形都一样，故该电路为六脉波整流电路。其脉动频率为 300 Hz，比三相半波大一倍。

④在整流电路合闸启动过程中或电流断续时，为了确保电路的正常工作，需保证同时导通的两个晶闸管均有脉冲。为此，可采用两种方法：一种是宽脉冲触发；另一种是双(窄)脉冲触发。后者的触发电路虽然复杂，但是可以减少触发电路功率与脉冲变压器的体积，所以较多采用双(窄)脉冲。

⑤ $\alpha = 0°$ 时晶闸管承受的电压波形与三相半波时相同，晶闸管承受最大正、反向电压的关系也一样。

⑥由于流过变压器次级的电流和电源线电流的波形为交流。当变压器采用 △/Y 接法时，可使电源线电流为正、负面积相等的阶梯波，这样比较接近正弦波，谐波影响小，因此在整流电路中，三相变压器多采用 △/Y 接法。

图 2.23 还给出了晶闸管 VT_1 流过电流 i_{VT1} 的波形，由此波形可以看出，晶闸管一周期中有 120° 处于通态，240° 处于断态。由于负载是纯电阻，故晶闸管处于通态时的电流波形与相应时段的 u_d 波形相同。

当控制角 α 变化时，电路的工作情况也将发生变化。图 2.24 所示为 $\alpha = 60°$ 时三相桥式全控整流电路带电阻性负载时整流输出电压 u_d 和晶闸管 VT_1 两端承受的电压 u_{VT1} 的波形。从 $\omega t = 90°$ 开始，仍将一个电源周期等分为 6 份，晶闸管导通顺序与 $\alpha = 0°$ 相同，导通角 $\theta = 120°$，仅仅是导通时刻推迟了 60°，使得 u_d 平均值减小。通过波形还可以看出，u_d 出现了为零的点，如果继续增大控制角 α，u_d 波形将断续，i_d 波形也将断续。也就是说，$\alpha = 60°$ 是三相桥式全控整流电路带电阻性负载时电流连续与断续的分界点。

当 $\alpha > 60°$ 时，如 $\alpha = 90°$ 时电阻性负载情况下的工作波形如图 2.25 所示，此时 u_d 波形每 60° 中有 30° 为零，这是因为电阻性负载时 i_d 波形与 u_d 波形一致，一旦 u_d 降至零，i_d 也降至零，流过晶闸管的电流即降至零，晶闸管关断，输出整流电压 u_d 为零，因此 u_d 波形不能出现负值。图 2.25 还给出了晶闸管电流 i_{VT1} 和变压器二次电流 i_a 的波形。

如果继续增大控制角 α 至 120°，整流输出电压波形将全为零，其平均值也将减小为零，因此三相桥式全控整流电路带电阻性负载时控制角的移相范围是 120°。

2)主要数量关系

在以上的分析中已经说明，整流输出电压 u_d 的波形在一个周期内脉动 6 次，且每次脉动的波形相同，因此在计算其平均值时，只需对一个脉波(即 1/6 周期)进行计算即可。此外，以线电压的过零点为时间坐标的零点，可得到当整流输出电压连续时，即控制角 $\alpha \le 60°$ 时的平均值为

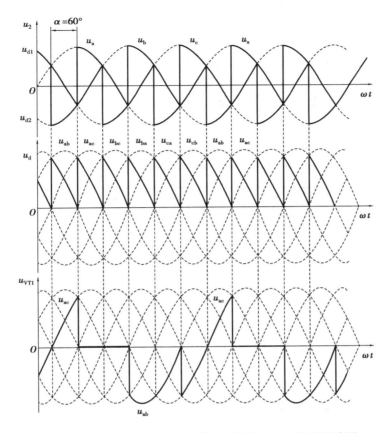

图 2.24　三相桥式全控整流电路带电阻负载 $\alpha = 60°$ 时的波形

$$U_{\mathrm{d}} = \frac{1}{\frac{\pi}{3}} \int_{\frac{\pi}{3}+\alpha}^{\frac{2\pi}{3}+\alpha} \sqrt{6} U_2 \sin \omega t \mathrm{d}(\omega t) = 2.34 U_2 \cos \alpha \tag{2.50}$$

控制角 $\alpha > 60°$ 时的平均值为

$$U_{\mathrm{d}} = \frac{3}{\pi} \int_{\frac{\pi}{3}+\alpha}^{\pi} \sqrt{6} U_2 \sin \omega t \mathrm{d}(\omega t) = 2.34 U_2 \left[1 + \cos\left(\frac{\pi}{3} + \alpha \right) \right] \tag{2.51}$$

整流输出电流平均值 I_{d} 为

$$I_{\mathrm{d}} = \frac{U_{\mathrm{d}}}{R} \tag{2.52}$$

晶闸管电流平均值 I_{dVT} 为

$$I_{\mathrm{dVT}} = \frac{I_{\mathrm{d}}}{3} \tag{2.53}$$

（2）带阻感性负载的工作情况

1）工作原理

三相桥式全控整流电路主要用于向电感性负载和串有平波电抗器的反电动势负载供电。这两种负载中，由于大电感的存在，负载电流连续且波形接近为直线。这里主要分析三相桥式全控整流电路带电感性负载时的情况，对于串有平波电抗器的反电动势负载，只需在掌握电感性负载工作基础上把握其工作情况。

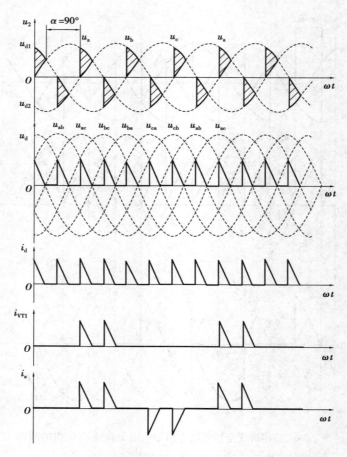

图 2.25　三相桥式全控整流电路带电阻负载 $\alpha = 90°$ 时的波形

当控制角 $\alpha \leqslant 60°$ 时,由于带电阻性负载时负载电流是连续的,因此带电感性负载时电路的工作情况与带电阻性负载时十分相似,除了电流波形以外,整流输出电压波形、晶闸管承受的电压波形以及各晶闸管的通断情况均与带电阻性负载时一致。图 2.26 为三相桥式全控整流电路带电感性负载时控制角 $\alpha = 30°$ 时的工作波形。

当控制角 $\alpha > 60°$ 以后,带电阻性负载时整流输出电压波形断续,电流断续,但在带电感性负载时,由于电感中反电动势的存在,当线电压进入负半周后,电感中储存的能量维持电流流通,晶闸管继续导通,直至下一个晶闸管的触发导通才使前一个晶闸管关断。这样,当 $\alpha > 60°$ 时,电流仍将连续。当 $\alpha = 90°$ 时,整流输出电压的波形正负部分面积相等,整流输出电压平均值为零。因此三相桥式全控整流电路带电感性负载时控制角 α 的移相范围是 $90°$。图 2.27 所示为三相桥式全控整流电路带电感性负载 $\alpha = 90°$ 时的工作波形。

2)主要数量关系

整流输出电压平均值 U_d 为

$$U_d = \frac{1}{\frac{\pi}{3}} \int_{\frac{\pi}{3}+\alpha}^{\frac{2\pi}{3}+\alpha} \sqrt{6}\,U_2 \sin \omega t\, \mathrm{d}(\omega t) = 2.34 U_2 \cos \alpha \tag{2.54}$$

整流输出电流平均值 I_d 为

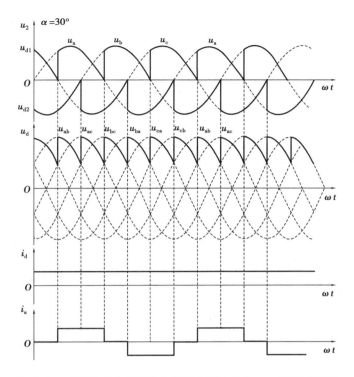

图 2.26　三相桥式全控整流电路带电感性负载 $\alpha = 30°$ 时的波形

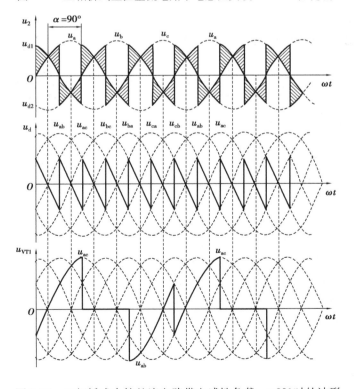

图 2.27　三相桥式全控整流电路带电感性负载 $\alpha = 90°$ 时的波形

$$I_{\mathrm{d}} = \frac{U_{\mathrm{d}}}{R} \tag{2.55}$$

晶闸管电流平均值 I_{dVT} 和有效值 I_{VT} 为

$$I_{\mathrm{dVT}} = \frac{I_{\mathrm{d}}}{3} \tag{2.56}$$

$$I_{\mathrm{VT}} = \frac{I_{\mathrm{d}}}{\sqrt{3}} \tag{2.57}$$

变压器二次侧电流有效值 I_2 为

$$I_2 = \sqrt{2} I_{\mathrm{VT}} = \sqrt{\frac{2}{3}} I_{\mathrm{d}} = 0.816 I_{\mathrm{d}} \tag{2.58}$$

从波形图中可以看出,晶闸管承受的最大正、反向电压均为 $\sqrt{6} U_2$。

三相桥式全控整流电路带反电动势负载时,通常串接保证负载电流连续的平波电抗器,因此电路的工作情况与带电感性负载时相似,电路中各处电压、电流波形均相同,仅在计算 I_{d} 时有所不同,带反电动势负载时 I_{d} 为

$$I_{\mathrm{d}} = \frac{U_{\mathrm{d}} - E}{R} \tag{2.59}$$

三相桥式全控整流电路带反电动势负载时,保证电流连续的电感量可以根据下式计算:

$$L = 0.693 \times 10^{-3} \frac{U_2}{I_{\mathrm{dmin}}} \tag{2.60}$$

式中, U_2 为相电压有效值; I_{dmin} 为最小负载电流,通常取电动机额定电流的 5% ~ 10% ; L 为主回路所需的总电感量,减去电动机的电枢电感,就是保证电流连续所需串联平波电抗器的电感量。

例 2.7 三相桥式全控整流电路中, $U_2 = 220$ V , $\alpha = 60°$。①电感性负载, $R = 20\ \Omega$, L 值极大;②反电动势负载, $E = 100$ V , $R = 20\ \Omega$, L 值极大。根据上述情况,计算直流输出电压 U_{d} 、电流 I_{d} 、变压器二次侧电流有效值 I_2。

解 ①带电感性负载时,直流输出电压平均值为

$$U_{\mathrm{d}} = 2.34 U_2 \cos \alpha = 2.34 \times 220 \times \cos 60° \text{ V} = 257.4 \text{ V}$$

直流输出电流平均值为

$$I_{\mathrm{d}} = \frac{U_{\mathrm{d}}}{R} = \frac{257.4}{20} \text{ A} = 12.87 \text{ A}$$

变压器二次侧电流有效值为

$$I_2 = 0.816 I_{\mathrm{d}} = 10.51 \text{ A}$$

②带反电动势负载时,直流输出电压平均值为

$$U_{\mathrm{d}} = 2.34 U_2 \cos \alpha = 2.34 \times 220 \times \cos 60° = 257.4 \text{ V}$$

直流输出电流平均值为

$$I_{\mathrm{d}} = \frac{U_{\mathrm{d}} - E}{R} = \frac{257.4 - 100}{20} \text{ A} = 7.87 \text{ A}$$

变压器二次侧电流有效值为

$$I_2 = 0.816 I_{\mathrm{d}} = 6.43 \text{ A}$$

2.3　大功率可控整流电路

在实际生产中,常常需要一些大功率整流装置,有的要求大电流,有的要求高电压,有的则既要求大电流又要求高电压。众所周知,整流电路接入电网会产生不利影响,显然大功率整流电路对电网危害将更加严重。因此,大功率整流电路必须从主电路结构着手,尽可能减少对电网的危害成分。在大电流场合,往往要多管并联使用;在高压场合,往往要多管串联使用。这将带来均流、均压与保护的复杂性,故也要求从主电路结构上适当解决。为此,大功率整流电路可根据负载要求采用并联或串联结构,构成多相电源可控整流电路。前面介绍的三相桥式全控整流电路适用于高电压而电流不太大的场合,低电压、大电流的场合则可选用带平衡电抗器的双反星形可控整流电路,而高电压、大电流则可用多重化整流电路。

2.3.1　带平衡电抗器的双反星形可控整流电路

在前面分析的相控整流电路中,虽然能够提供可调的脉动直流电源,但仍满足不了一些特定场合的生产要求。例如:在电解、电镀等工业中,常常使用低电压、大电流可调直流电源;一些大型生产机械,如用于轧钢机的传动系统、矿井提升机的拖动系统等功率可达数千千瓦。为了满足大电流或大功率的特殊要求,减轻电路工作对电网的干扰,常采用带平衡电抗器的双反星形可控整流电路来提供负载所需要的低电压和大电流。其主电路结构如图 2.28 所示。

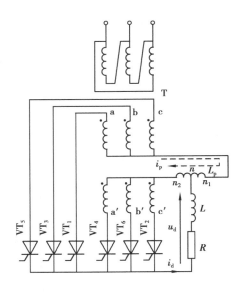

图 2.28　带平衡电抗器的
双反星形可控整流电路

整流变压器的二次侧每相有两个匝数相同、极性相反的绕组,分别接成两组三相半波电路,即 a、b、c 一组,a′、b′、c′ 一组。a 与 a′ 绕在同一相铁芯上,图 2.28 中 "·" 表示同名端。同样 b 与 b′,c 与 c′ 都绕在同一相铁芯上,故得名双反星形电路。变压器二次侧两绕组的极性相反,即电压相位相差 180°,可消除铁芯的直流磁化。设置电感量为 L_p 的平衡电抗器是为保证两组三相半波整流电路能同时导电,每组承担一半负载,这是理解双反星形电路工作原理的关键。因此,从结构上可以看出,与三相桥式电路比较,在采用相同晶闸管的条件下,双反星形电路的输出电流可增大一倍。

在图 2.28 所示电路中,如不接平衡电抗器,即成为六相半波整流电路。由于 6 个晶闸管为共阴极接法,因此在任一瞬间只能有一个晶闸管导电,其余 5 个晶闸管均承受反压而关断,每管最大的导通角为 60°,每管的平均电流为 $I_d/6$。当 $\alpha = 0°$ 时,六相半波整流电路的 u_d 为 $1.35U_2$,比三相半波时的 $1.17U_2$ 略大些,其 u_d 波形如图 2.29(a) 中的包络线所示。由于六相半波整流电路中晶闸管导电时间短,变压器利用率低,故极少采用。可见,双反星形电路与六相半波整流电路的区别就在于有无平衡电抗器。下面分析由于平衡电抗器的作用,使得两组三相半波整流电路同时导电的原理。

在图 2.29(a)中任取一瞬间如 ωt_1，这时 u'_b 及 u_a 均为正值，然而 u'_b 大于 u_a。如果两组三相半波整流电路中点 n_1 和 n_2 相连，则必然只有 b' 相的晶闸管导电。接了平衡电抗器后，n_1 和 n_2 之间的电位差加在了 L_p 的两端，它弥补了 u'_b 和 u_a 的电动势差，使得 u'_b 和 u_a 相的晶闸管能同时导电，如图 2.30 所示。由于在 ωt_1 时，电压 u'_b 大于 u_a，则 VT$_6$ 导通，此电流在流经 L_p 时，L_p 上要感应一电动势 u_p，它的方向是要阻止电流增大（见图 2.30 标出的极性）。可以导出平衡电抗器两端电压和整流输出电压的数学表达式如下：

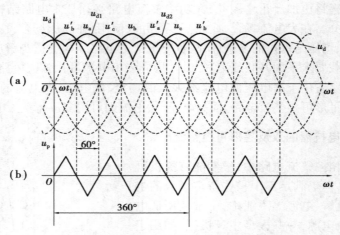

图 2.29　平衡电抗器作用下输出电压
波形和平衡电抗器上电压的波形

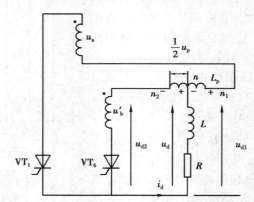

图 2.30　平衡电抗器作用下两个晶闸管同时导电的情况

$$u_d = u_{d2} - \frac{1}{2}u_p = u_{d1} + \frac{1}{2}u_p = \frac{1}{2}(u_{d1} + u_{d2}) \tag{2.61}$$

$$u_p = u_{d2} - u_{d1} \tag{2.62}$$

虽然 $u'_b > u_a$，导致 $u_{d1} < u_{d2}$，但是由于 L_p 的平衡作用，使得晶闸管 VT$_6$ 和 VT$_1$ 都承受正向电压而同时导通。随着时间的推移至 u'_b 与 u_a 的交点，由于 $u'_b = u_a$，两管继续导电，此时 $u_p = 0$。之后 $u'_b < u_a$，则流经 b' 相的电流减小，但 L_p 有阻止此电流减小的作用，u_p 的极性与图 2.30 所示的相反，L_p 仍起平衡的作用，使 VT$_6$ 继续导电，直到 $u'_c > u'_b$，电流才从 VT$_6$ 换至 VT$_2$。此时变成 VT$_1$、VT$_2$ 同时导通。每隔 60° 有一个晶闸管换相。每一组中的每一个晶闸管仍按三相半波的导电规律而各轮流导电 120°。这样，以平衡电抗器中点作为整流电压输出的负端,其输出的整流电压瞬时值为两组三相半波整流电压瞬时值的平均值,波形如图2.29(a)中粗线所示。

当需要分析各种控制角时的输出波形时,可根据式(2.61)先求出两组三相半波电路的u_{d1}和u_{d2}波形,然后画出波形$(u_{d1}+u_{d2})/2$。

图 2.31 画出了$\alpha = 30°$,$\alpha = 60°$,$\alpha = 90°$时输出电压的波形。从图中可以看出,双反星形可控整流电路的输出电压波形与三相半波电路比较,脉动程度减小了,脉动频率增加一倍,$f=300\ Hz$。在电感负载情况下,当$\alpha = 90°$时,输出电压波形正负面积相等,$U_d = 0$,因而移相范围是$90°$。如果是电阻负载,则u_d波形不应出现负值,仅保留波形中正的部分。同样可以得出,当$\alpha = 120°$时,$U_d = 0$,因而其移相范围是$120°$。

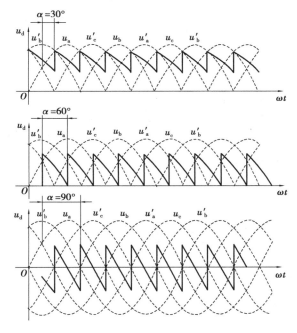

图 2.31　当$\alpha = 30°$、$\alpha = 60°$、$\alpha = 90°$时,
双反星形电路的输出电压波形

双反星形可控整流电路是两组三相半波电路的并联,所以整流电压平均值与三相半波整流电路的整流电压平均值相等,在不同控制角α时

$$U_d = 1.17U_2\cos \alpha \tag{2.63}$$

流过晶闸管的电流有效值为

$$I_{VT} = \sqrt{\frac{1}{3}\left(\frac{I_d}{2}\right)^2} = \frac{1}{\sqrt{12}}I_d \tag{2.64}$$

为了确保电流断续后,两组三相半波整流电路还能同时工作,与三相桥式全控整流电路一样,也要求采用双窄脉冲或宽脉冲触发,窄脉冲脉宽应大于$30°$。

在以上分析的基础上,将双反星形整流电路与三相桥式全控整流电路进行比较可得出以下结论:

①三相桥式全控整流电路是两组三相半波电路串联,而双反星形整流电路是两组三相半波电路并联,且后者需用平衡电抗器。

②当变压器二次电压有效值 U_2 相等时,双反星形整流电路的整流电压平均值 U_d 是三相桥式全控整流电路的 $1/2$,而整流电流平均值 I_d 是三相桥式全控整流电路的 2 倍。

③在两种电路中,晶闸管的导通及触发脉冲的分配关系是一样的,整流电压 u_d 和整流电流 i_d 的波形形状也一样。

2.3.2 多重化整流电路

随着整流装置功率的进一步加大,它所产生的谐波、无功功率等对电网的干扰也随之加大,为减轻干扰,可采用多重化整流电路。将几个整流电路多重联接可以减少交流侧输入电流谐波,在此,由于篇幅所限,只对带平衡电抗器的 12 脉波相控整流电路作简单介绍。

双反星形整流电路是两个三相半波整流电路并联,当负载更大且要求电压脉动更小时,多采用两个三相桥式全控整流电路并联,构成带平衡电抗器的 12 脉波相控整流电路,如图 2.32 所示。整流变压器采用三相三绕组变压器,一次侧绕组采用 Y 接法,二次侧绕组一组 a_1、b_1、c_1 采用 Y 接法,另一组 a_2、b_2、c_2 采用 △ 接法。如果同名端如图 2.32 所示,变压器 I 组为 Y/Y_{11} 接法,II 组为 $Y/\triangle_{12}$ 接法,因而二次侧线电压 u_{a1b1} 比 u_{a2b2} 超前 $30°$。每组桥均输出具有相位差为 $60°$ 的 6 个波头的输出电压,由于两组桥的波头在相位上差 $30°$,从而得到有 12 个波头的输出电压。为了使两组整流桥的输出电压相等,要求两组交流电源的线电压相等,因此 △ 接法的绕组线电压比 Y 接法的绕组相电压大 3 倍。

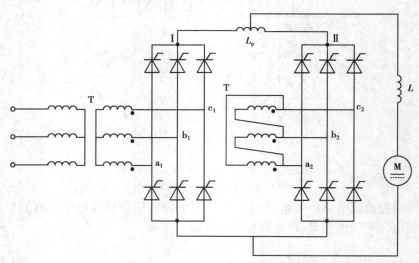

图 2.32　并联多重联接的 12 脉波整流电路

不接入平衡电抗器 L_p 时,同双反星形整流电路一样,两组桥不能同时向负载供电,而只能交替地向负载供电,不过交替导通的间隔是 $30°$。

接入平衡电抗器 L_p 后,当 I 组桥的瞬时线电压高于 II 组桥的瞬时线电压,并同时伴有整流电流输出时,会在平衡电抗器的两端就产生感应电动势。其一半减小 I 组桥的电动势,另一半则增加 II 组桥的电动势,通过电抗器的平衡作用,同时维持两组桥都工作在三相桥式全控整流状态。当 I 组桥的瞬时线电压等于 II 组桥的瞬时线电压时,两组桥并联运行,此时在平衡电抗器上产生的感应电动势为零,之后当 II 组桥的瞬时线电压大于 I 组桥的瞬时线电压时,则平衡电抗器上产生的感应电动势极性相反,继续维持两桥正常导通。图 2.33 所示为控

制角 α =0°时电路的整流输出电压波形。

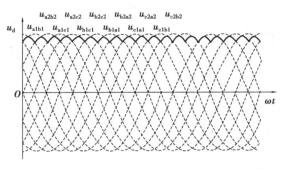

图 2.33 带平衡电抗器的 12 脉波相控整流电路 α =0°时的输出电压波形

2.4 交流侧电感对相控整流电路性能的影响

在前面的分析和计算中,均未考虑包括变压器漏感在内的交流侧电感对电路的影响,即认为换流是瞬间完成的。但实际上,变压器绕组总存在一定的漏感,交流回路中也有一定的电感。为了便于分析和讨论,将所有交流侧电感都折算到变压器二次侧,用一个集中电感 L_B 来表示。由于 L_B 对电流的变化起阻碍作用,使换流过程不可能瞬时完成,这样在换流过程中会出现两条支路同时导通的情况,这势必会影响整流输出电压。

2.4.1 换相过程中的输出电压

下面以三相半波相控整流电路带电感性负载为例(如图 2.34(a)所示),分析交流侧电抗对相控整流电路的影响,然后将结论推广到其他的电路形式。

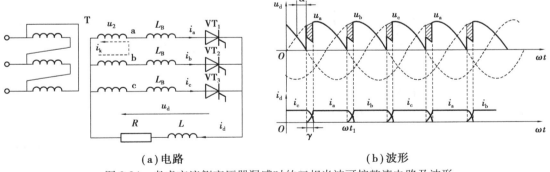

图 2.34 考虑交流侧变压器漏感时的三相半波可控整流电路及波形

由于是电感性负载,负载电流 i_d 近似为一条直线。在换流时,由于交流侧电感阻止电流变化,因此流经晶闸管的电流不可能突变,而是一个慢慢变化的过程。例如从 a 相换流到 b 相时,a 相电流从 i_d 逐渐减小到零。而 b 相电流则从零逐渐增大到 i_d,如图 2.34(b)所示。这个过程称为换流过程。换流过程所对应的时间以电角度计算,称为换相重叠角,以 γ 表示。

此电路在一个周期内有 3 次换流,因每次换流过程情况一样,这里只分析从 a 相换流至 b

相的过程。换流之前 VT_1 导通,流经晶闸管的电流为 I_d,换流开始时刻,VT_2 触发导通。此时由于两相都存在电感,因此 i_a、i_b 均不能突变,即流经 VT_1 的电流不能瞬间降至零,流经 VT_2 的电流也不能瞬时升高至 I_d。于是 VT_1、VT_2 同时导通,相当于 a、b 两相短路,两相之间电位差瞬时值为 u_b-u_a,此电压在换相回路中产生一个假想的环流 i_k,方向如图 2.34(a) 所示。因为晶闸管的单向导电性,实际电路中电流不能反向流过,只是相当于在原有电流的基础上叠加一个电流 i_k。所以,a 相电流 $i_a=I_d-i_k$ 逐渐减小;b 相电流 $i_b=i_k$ 逐渐增大。当 i_a 减小至零、i_b 增大至 I_d 时,换流过程结束,VT_1 关断,VT_2 完全开通。

在上述换流过程中,同时导通的 a、b 两相回路电压平衡方程式为

$$\begin{cases} u_d = u_a + L_B \dfrac{\mathrm{d}i_k}{\mathrm{d}t} \\ u_d = u_b - L_B \dfrac{\mathrm{d}i_k}{\mathrm{d}t} \end{cases} \tag{2.65}$$

由上式可得

$$L_B \frac{\mathrm{d}i_k}{\mathrm{d}t} = \frac{u_b - u_a}{2} \tag{2.66}$$

$$u_d = \frac{u_a + u_b}{2} \tag{2.67}$$

从式(2.67)可以看出,换流过程中加在负载上的电压既不是 a 相电压 u_a,也不是 b 相电压 u_b,而是换流两相相电压的平均值,其电压波形如图 2.34(b) 所示。与不考虑交流侧电感时的整流输出电压比较,波形出现缺口,减小了一块如图 2.34(b) 中阴影部分的面积。使整流输出电压平均值减小。电压减小的大小用 ΔU_d 表示,称为换相压降。

$$\begin{aligned} \Delta U_d &= \frac{1}{\dfrac{2\pi}{3}} \int_{\frac{5\pi}{6}+\alpha}^{\frac{5\pi}{6}+\alpha+\gamma} (u_b - u_d) \mathrm{d}(\omega t) \\ &= \frac{3}{2\pi} \int_{\frac{5\pi}{6}+\alpha}^{\frac{5\pi}{6}+\alpha+\gamma} \left[u_b - \left(u_b - L_B \frac{\mathrm{d}i_k}{\mathrm{d}t} \right) \right] \mathrm{d}(\omega t) \\ &= \frac{3}{2\pi} \int_{\frac{5\pi}{6}+\alpha}^{\frac{5\pi}{6}+\alpha+\gamma} L_B \frac{\mathrm{d}i_k}{\mathrm{d}t} \mathrm{d}(\omega t) = \frac{3}{2\pi} \int_0^{I_d} \omega L_B \mathrm{d}i_k = \frac{3}{2\pi} X_B I_d \end{aligned} \tag{2.68}$$

式中,$X_B = \omega L_B$,是交流侧电感 L_B 折算到变压器二次侧的电抗。

如果整流电路为 m 相整流,则换相压降为

$$\Delta U_d = \frac{m}{2\pi} \int_{\frac{5\pi}{6}+\alpha}^{\frac{5\pi}{6}+\alpha+\gamma} (u_b - u_d) \mathrm{d}(\omega t) = \frac{m}{2\pi} X_B I_d \tag{2.69}$$

式中,m 为一个电源周期内的换流次数,三相半波电路 $m=3$,三相桥式电路 $m=6$。比较特殊的是单相桥式电路,因为 X_B 在一个电源周期的两次换流中起作用,其电流变化是从 I_d 到 $-I_d$,所以 $m=4$。

对于 X_B 的计算,因为它主要是整流变压器每相绕组折算到二次侧的漏抗,所以可以根据变压器铭牌参数计算,有

$$X_B = \frac{U_2}{I_2} \cdot \frac{U_K\%}{100} \tag{2.70}$$

式中，U_2 为变压器二次侧绕组额定相电压；I_2 为变压器二次侧绕组相电流；$U_K\%$ 为变压器短路电压比。

换流压降可看作是在整流电路直流侧增加了阻值为 $\dfrac{mX_B}{2\pi}$ 的等效电阻后，负载电流在它上产生的压降，它与欧姆电阻的区别在于它不消耗有功功率。

2.4.2　换相重叠角的计算

此外还关心换相重叠角 γ 的计算，这可从下式开始：

$$\frac{\mathrm{d}i_k}{\mathrm{d}t} = \frac{u_b - u_a}{2L_B} = \frac{\sqrt{6}\,U_2\left(\sin\omega t - \dfrac{5\pi}{6}\right)}{2L_B} \tag{2.71}$$

由上式得

$$\frac{\mathrm{d}i_k}{\mathrm{d}\omega t} = \frac{\sqrt{6}\,U_2}{2X_B}\sin\left(\omega t - \frac{5\pi}{6}\right) \tag{2.72}$$

进而得出

$$i_k = \int_{\frac{5\pi}{6}+\alpha}^{\omega t} \frac{\sqrt{6}\,U_2}{2X_B}\sin\left(\omega t - \frac{5\pi}{6}\right)\mathrm{d}(\omega t) = \frac{\sqrt{6}\,U_2}{2X_B}\left[\cos\alpha - \cos\left(\omega t - \frac{5\pi}{6}\right)\right] \tag{2.73}$$

当 $\omega t = \alpha + \gamma + \dfrac{5\pi}{6}$ 时，$i_k = I_d$，于是

$$I_d = \frac{\sqrt{6}\,U_2}{2X_B}\left[\cos\alpha - \cos(\alpha + \gamma)\right] \tag{2.74}$$

$$\cos\alpha - \cos(\alpha + \gamma) = \frac{2X_B I_d}{\sqrt{6}\,U_2} \tag{2.75}$$

由此式即可计算换相重叠角 γ。对上式进行分析得出 γ 随其他参数变化的规律为：
①I_d 越大，则 γ 越大。
②X_B 越大，γ 越大。
③当 $\alpha \leqslant 90°$ 时，α 越小，γ 越大。

根据以上分析及结果，再经进一步分析可得出以下变压器漏感对整流电路影响的一些结论：
①出现换相重叠角 γ，整流输出电压平均值 U_d 降低。
②整流电路的工作状态增多，例如三相全控桥的工作状态由 6 种增加至 12 种。
③晶闸管的 $\mathrm{d}i/\mathrm{d}t$ 减小，有利于晶闸管的安全开通。有时人为串入进线电抗器以抑制晶闸管的 $\mathrm{d}i/\mathrm{d}t$。
④换相时晶闸管电压出现缺口，产生正的 $\mathrm{d}u/\mathrm{d}t$，可能使晶闸管误导通，为此必须加吸收电路。
⑤换相使电网电压出现缺口，成为干扰源。

例 2.8　某龙门刨床的直流电动机由三相半波可控整流电路供电，供电变压器二次侧相电压为 220 V，变压器每相绕组漏感折合到二次侧的 L_B 为 100 mH，负载电流为 300 A，求换相压降的等效内阻 R_B、ΔU_d 以及 $\alpha = 0°$ 时的换相角 γ。

解 因为

$$\Delta U_{\mathrm{d}} = \frac{3}{2\pi} X_{\mathrm{B}} I_{\mathrm{d}} = \frac{3}{2\pi} \times 300 \times 0.1 \times 10^{-3} \times 314 = 4.5 \text{ V}$$

换相压降的等效内阻

$$R_{\mathrm{B}} = \frac{\Delta U_{\mathrm{d}}}{I_{\mathrm{d}}} = \frac{4.5}{300} = 0.015 \ \Omega$$

又因为

$$\cos \alpha - \cos(\alpha + \gamma) = \frac{2 I_{\mathrm{d}} X_{\mathrm{B}}}{\sqrt{6} U_2} = \frac{2 \times 314 \times 0.1 \times 10^{-3} \times 300}{\sqrt{6} \times 220} = 0.035$$

当 $\alpha = 0°$ 时,$\cos \gamma = 1 - 0.035 = 0.965$,所以换相重叠角

$$\gamma = 15°$$

2.5 电容滤波的不可控整流电路

在可控整流电路中,可以通过控制触发角来调节整流输出电压的大小,而许多 AC/DC 的变换场合(比如交-直-交变频器、不间断电源、直流斩波器、开关电源等),不需要调节直流电压。在这些应用场合中,常采用大电容进行滤波,为后级电路(逆变器、斩波器等)提供稳定的直流电压。

把可控整流电路中的晶闸管用二极管替代,即组成了不可控整流电路。不可控整流电路不需要触发装置,故电路结构简单,故障率低,得到了广泛应用。本节主要讨论在实际应用中最常见的电容滤波的单相桥式不可控整流电路和三相桥式不可控整流电路的工作情况。

2.5.1 电容滤波的单相桥式不可控整流电路

(1) 工作原理及波形分析

在小功率场合(例如在计算机、电视机等家电产品中所采用的开关电源),整流部分大多采用电容滤波的单相不可控整流电路,其电路及波形如图 2.35 所示。

假设电路已稳定工作,由于在实际中流过后级电路(负载)的电流平均值是一定的,故在下面的分析中以电阻 R 作为负载进行分析,如图 2.35(a)所示。将时间坐标 $\omega t = 0$ 的时刻定在负载电压 u_{d} 与电源电压 u_2 正半周交点对应的时刻,参照图 2.35(b)。在电源电压 u_2 正半周过零点至 $\omega t = 0$ 期间,因为 $u_2 < u_{\mathrm{d}}$,故整流二极管都不导通,此阶段电容 C 向负载电阻 R 放电,为负载提供电流,同时负载电压 u_{d} 逐渐下降。至 $\omega t = 0$ 之后,$u_2 > u_{\mathrm{d}}$,整流二极管 VD$_1$ 和 VD$_4$ 因受正向电压开始导通,$u_{\mathrm{d}} = u_{\mathrm{c}} = u_2$。此时,电源电压 u_2 一方面向电容充电,另一方面向负载 R 供电,负载电压 u_{d} 又开始随着 u_2 上升。当 u_2 达到峰值后,开始回落,只有当 u_2 因下降太快(快于电容放电速度)而不能维持 VD$_1$ 和 VD$_4$ 导通时,i_{d} 减小为零,此时 $\omega t = \theta$,如图 2.35(c)所示。之后 u_{d} 靠 u_{c} 来保持,保持的情况与电容的大小及负载的大小有关,负载越大(即 R 的值越小),u_{d} 下降越快。u_{d} 按指数规律下降,时间常数为 RC。这个区间如图 2.35(b)中的 θ 到 π 这一阶段,与前述的 u_2 正半周过零点至 $\omega t = 0$ 的区间相同。下一个波头的工作情况发生在电源电压 u_2 的负半周,另一对二极管 VD$_2$ 和 VD$_3$ 导通,与上面所分析的 u_2 正半

周的工作情况相同,不再详细介绍。可见,每个波头电压波形分两段:第一段电容充电,二极管导通,i_d 不为零;第二段电容放电,二极管不导通,i_d 为零。

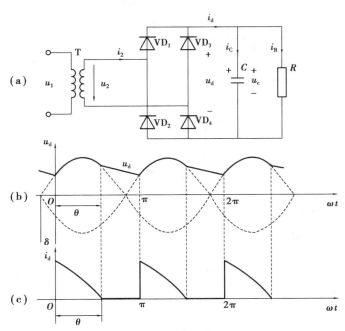

图 2.35　带电容滤波的单相桥式不可控整流电路及波形

(2) 基本数量关系

1)输出直流电压平均值 U_d

空载时,相当于开路,$R = \infty$,电容不放电,一直保持 u_2 峰值不变,$U_d = \sqrt{2}\,U_2$。重载(R 很小,接近短路)时,电容放电很快,几乎失去了保持的作用,u_d 跟着 u_2 变化,u_d 波形与电阻负载不可控整流电路相同,直流电压平均值 $U_d = 0.9U_2$。

除负载 R 外,电容 C 的大小同样影响 u_d 的保持情况。电容 C 越大,放电速度越慢,u_d 越稳。一般根据负载的大小选择电容 C 的值。通常满足 $RC \geqslant (3 \sim 5)T/2$,其中 T 为交流电周期,此时输出电压

$$U_d \approx 1.2U_2 \tag{2.76}$$

2)二极管承受的电压

从前述波形分析可知,二极管可能承受的最大反向电压为变压器二次相电压的峰值,即 $\sqrt{2}\,U_2$。

以上分析的是电路稳定时的工作情况。电路刚上电时,由于电容两端电压为零,会形成较大的冲击电流。为了抑制这个电流,在实际应用中,常在整流电路与电容之间串入电感,成为感容滤波电路。此时输出电压 u_d 变得更加平直,同时负载电流 i_d 的上升段不再陡峭,这对于负载和整流器件的正常工作是有利的。当 C 与 L 的取值变化时,电路的工作情况也会相应发生变化。

2.5.2　电容滤波的三相桥式不可控整流电路

在较大的功率场合,常采用电容滤波的三相不可控整流电路,最常用的是三相桥式结构,

图 2.36 给出了其结构图。

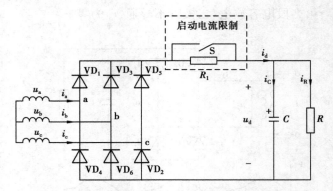

图 2.36 带电容滤波的三相桥式不可控整流电路

(1)工作原理及波形分析

根据负载大小的不同,整流电路输出电流有断续和连续两种情况,下面分别加以介绍。

1)电流断续的情况

三相桥式整流电路每周期输出 6 个波头,当所带负载较小时,即负载等效电阻 R 较大时,电路的输出电流 i_d 是断续的。其波形如图 2.37 所示,电路工作情况与单相桥式电路相同。电路稳定工作后,每个波头的波形分为两段。第一段,电容充电,有一对二极管导通,有电流从其中流过,整流电压($u_d = u_C$)等于电源线电压。第二段,电容放电,没有二极管导通,$i_d = 0$,u_d 靠 u_C 保持。

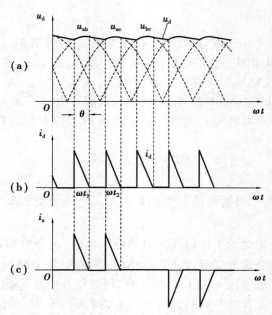

图 2.37 带电容滤波的三相桥式不可控整流电路轻载时的波形

三相桥式电路轻载时 $u_d(= u_C)$ 的波动较小,负载电阻 R 上流过的电流 i_R 波动也很小。在电容一定的情况下,电容电压 u_C 的波动程度取决于负载的大小,负载大时波动大,负载小时波动小。

2）电流连续时的情况

当整流电路所带的负载较大时，即负载等效电阻 R 较小时，整流电路的输出电流 i_d 变为连续，其原因是电容两端的电压 u_C 下降速度快于整流输出线电压，致使导通的一对二极管始终保持导通，直到下一个波头，电流 i_d 刚好连续了起来，工作情况与单相电路相同。这时整流电路的输出电压是三相线电压在正半周包络线，波形如图 2.38（a）所示。

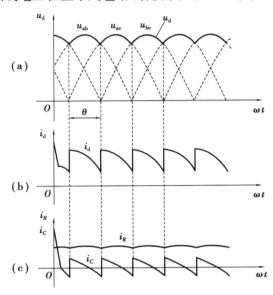

图 2.38　带电容滤波的三相桥式不可控整流电路重载时的波形

若整流电路是在电容初始电压为零的状态下启动，启动瞬间电容的充电电流会很大，如图 2.38（b）和（c）所示，可能会达到稳态电流的数倍甚至数十倍，从而损坏整流器件。为了避免这种情况的发生，可以在整流电路输出端串联电感或电阻来限制启动电流，如图 2.36 中虚线部分所示。串联电感的情况在前述的单相电路中有过介绍，不再重复。对于串联电阻的情况，需要与电阻并联开关 S。刚启动时，S 不闭合，靠电阻限流。启动过程结束后，S 闭合，短接电阻，避免电路进入稳态后在电阻上过多的消耗能量。

（2）基本数量关系

1）输出直流电压的平均值 U_d

空载时，$R = \infty$，放电时间常数为无穷大，输出电压为线电压峰值 $U_d = \sqrt{6} U_2 = 2.45 U_2$。随着负载的增加，输出电压的平均值逐渐减小。当电流连续后，输出电压波形成为三相线电压在正半周的包络线，其平均值为 $U_d = 2.34 U_2$。可见，与电容滤波的单相桥式不可控整流电路相比，输出直流电压平均值 U_d 的变化范围小了许多，在 $2.34U_2 \sim 2.45U_2$ 范围内变化。

2）负载电流的平均值 I_R

$$I_R = \frac{U_d}{R} \tag{2.77}$$

电路稳定工作时，电容 C 在一个电源周期内吸收和释放的能量相等，其电压平均值保持不变，在一个电源周期内流经电容 C 的充电和放电电流的平均值为零，故有

$$I_d = I_R \tag{2.78}$$

93

3）二极管电流平均值 I_{VD}

从上述波形可知，在一个电源周期内，流过一个二极管的电流为其中的两个波头，所以有

$$I_{VD} = \frac{I_d}{3} = \frac{I_R}{3} \tag{2.79}$$

4）二极管承受的电压

二极管可能承受的最大反向电压为变压器二次线电压的峰值，即 $\sqrt{6}\,U_2$。

2.6　全控整流电路的有源逆变

2.6.1　有源逆变的概念

（1）有源逆变的定义

前面讨论的是将交流电能通过晶闸管装置变换为直流电能供给负载的可控整流电路，但在生产实践中，常常有与整流过程相反的要求，即要求利用晶闸管电路将直流电变换为交流电。例如，晶闸管装置供电的电力机车，在机车下坡运行时，机车上的直流电动机将由于机械能的作用作为直流发电机运行，机车的位能转变为电能，回馈至交流电网，以实现电动机制动。又如，运转着的直流电动机，要让它迅速制动，也可让电动机作发电运行，把电动机的动能转变为电能送回电网。像这种把直流电转变为交流电的整流过程的逆过程，定义为逆变（Invertion）。把直流电能变成交流电能的电路称为逆变电路。同一套晶闸管装置，既可工作在整流状态，也可工作在逆变状态。

变流装置工作在逆变状态时，如果其交流侧接在交流电源上，即把直流电逆变为与电源同频率的交流电反送到电网中去，这样的逆变称为"有源逆变"。有源逆变常用于直流可逆调速系统、交流绕线转子异步电动机串级调速以及高压直流输电等方面。对于可控整流电路，只要满足一定条件便可工作于有源逆变状态，此时电路形式未作任何改变，只是工作条件发生变化。

如果变流装置的交流侧不是接到交流电网，而是接上负载，即把直流电逆变为某一频率或可调频率的交流电供给负载，这样的逆变称为"无源逆变"。无源逆变将在后面讨论，本节只讨论有源逆变。

（2）电源间能量的流转关系

在分析有源逆变电路的工作原理时，弄清电压之间能量的流转关系是非常重要的。整流与有源逆变的根本区别在于能量的传递方向不同。以直流发电机-电动机系统为例说明电能之间的流转关系，如图2.39所示。M为电动机，G为发电机，励磁回路未画出。控制发电机电动势的大小和极性，可实现电动机四象限的运转状态。

在图2.39（a）中，M作电动机运行，$E_G > E_M$，电流 I_d 从G流向M，I_d 的值为

$$I_d = \frac{E_G - E_M}{R_\Sigma}$$

式中，R_Σ 是主回路的电阻。由于 I_d 和 E_G 同方向，与 E_M 反方向，故G输出电功率为 $E_G I_d$，M吸收电功率为 $E_M I_d$。电能由G流向M，转变为M轴上输出的机械能，R_Σ 上是热损耗。

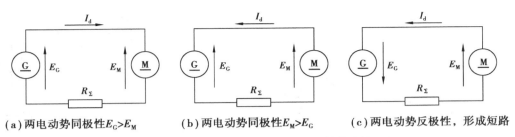

(a) 两电动势同极性E_G>E_M (b) 两电动势同极性E_M>E_G (c) 两电动势反极性，形成短路

图 2.39   直流发电机-电动机之间电能的流转

图 2.39(b) 是回馈制动状态，M 作发电机运行，此时，$E_M > E_G$，电流反向，从 M 流向 G，I_d 的值为

$$I_d = \frac{E_M - E_G}{R_\Sigma}$$

此时，I_d 和 E_M 同方向，与 E_G 反方向，故 M 输出电功率，G 吸收电功率，R_Σ 上是热损耗，M 轴上输入的机械能转变为电能反送给 G。

图 2.39(c) 中，两电动势顺向串联，向电阻 R_Σ 供电，G 和 M 均输出功率，由于 R_Σ 一般都很小，实际形成短路，在工作中必须严防这类事故发生。

根据以上分析，可得出下面结论：

①两个电动势同极性相接时，电流总是从电动势高的流向电动势低的，由于回路电阻很小，即使很小的电动势差值也能产生大的电流，使两个电动势之间交换很大的功率，这对分析有源逆变电路是十分有用的。

②电流从电源的正极流出者，该电源输出电能；而电流从电源的正极流入者，该电源吸收电能。

③两个电动势反极性联接时，若电路总电阻很小，会形成电源间短路，将损坏电路，这种情况应予避免。

(3) 有源逆变产生的条件

以单相全波整流电路对直流电动机供电的系统为例分析有源逆变的工作原理，如图 2.40 所示。为使电流连续且平稳，在回路中串接大电感作为平波电抗器，并忽略变压器漏抗，认为晶闸管工作在理想状态。

图 2.40(a) 中，晶闸管装置工作在整流状态，$0<\alpha<\pi/2$。对于单相全波可控整流电路，在 $0<\alpha<\pi/2$ 的任一时刻触发晶闸管导通，整流输出电压平均值为 $U_d = U_{d0}\cos\alpha$。在 $U_d > E_M$ 时，电枢回路电流为 $I_d = \dfrac{U_d - E_M}{R_\Sigma} > 0$，变流器输出电能供给电动机，电动机运行在电动状态。电能由交流电网流向直流电动机。

图 2.40(b) 中，电动机作发电回馈制动运行，由于晶闸管的单向导电性，电路中 I_d 方向不变，欲改变电能的输送方向，只能改变 E_M 的极性。为了防止两电动势顺向串联，U_d 极性也必须反过来，即 U_d 应为负值，且 $|E_M| > |U_d|$，才能把电能从直流侧送到交流侧，实现逆变。这时 $I_d = \dfrac{|E_M| - |U_d|}{R_\Sigma} > 0$。电路中电能的流向与整流时相反，电动机输出电功率，电网吸收电功率。U_d 可通过改变 α 来进行调节。逆变状态时，U_d 为负值，故逆变时 α 在 $\pi/2 \sim \pi$ 变化。

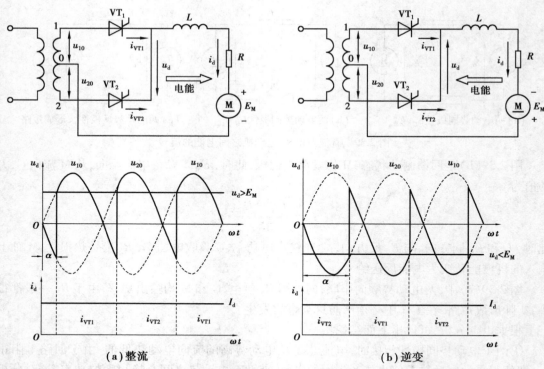

图 2.40 单相全波电路的整流和逆变

在逆变工作状态时,虽然晶闸管的阳极电位大部分处于交流电压为负的半周期,但由于有外接直流电动势 E_M 的存在,使晶闸管仍能承受正向电压而导通。

从上述分析可归纳出产生逆变的条件是:

①有直流电动势,其极性和晶闸管导通方向一致,其值大于变流器直流侧平均电压。

②晶闸管的控制角 $\alpha > \pi/2$,使 U_d 为负值。

以上两个条件必须同时满足,直流电路才能工作在有源逆变状态。

还应指出,并不是所有整流电路都可以工作在有源逆变状态。半控桥或有续流二极管的整流电路,因其整流电压 U_d 不能出现负值,也不允许直流侧出现负极性的电动势,故不能实现有源逆变。所以,只有全控方式的整流电路才能实现有源逆变。

2.6.2 三相桥式有源逆变电路

三相桥式全控整流电路工作在有源逆变状态时,就成为三相桥式有源逆变电路。三相桥式有源逆变电路的变流电路必须由三相桥式全控整流电路组成。

逆变和整流的区别是控制角 α 不同。当 $0 < \alpha < \pi/2$ 时,电路工作在整流状态;当 $\pi/2 < \alpha < \pi$ 时,电路工作在逆变状态。

可沿用整流的办法来处理逆变时有关波形与参数计算等各项问题,把 $\alpha > \pi/2$ 时的控制角用 $\pi - \alpha = \beta$ 表示,β 称为逆变角。控制角 α 是以自然换相点作为计量起始点的,由此向右方计量,而逆变角 β 和控制角 α 的计量方向相反,其大小自 $\beta = 0$ 的起始点向左方计量,两者的关系是 $\alpha + \beta = \pi$ 或 $\beta = \pi - \alpha$。三相桥式电路工作于有源逆变状态时的波形如图 2.41 所示。

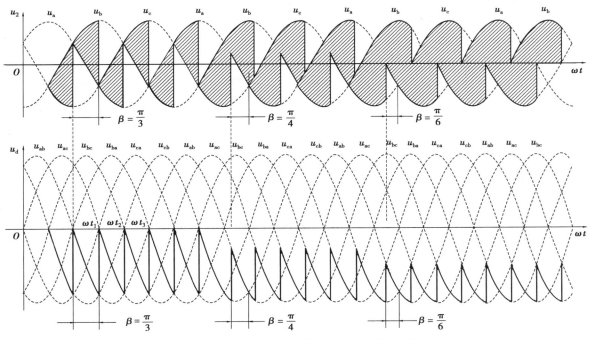

图 2.41　三相桥式整流电路工作于有源逆变状态时的电压

下面分析各数量关系：

①不考虑变压器漏抗时，输出电压 U_d 为

$$U_d = U_{d0}\cos\alpha = 2.34U_2\cos(\pi - \beta) = -2.34U_2\cos\beta \tag{2.80}$$

②负载电流平均值

$$I_d = \frac{U_d - E_M}{R_\Sigma} \tag{2.81}$$

注意，式中 U_d 和 E_M 的极性与整流状态时相反，均为负值。

③每个晶闸管一个周期仍导电 $2\pi/3$，所以流过晶闸管的电流有效值为

$$I_{VT} = \frac{1}{\sqrt{3}}I_d = 0.577I_d \tag{2.82}$$

流过晶闸管的电流平均值为

$$I_{dVT} = \frac{1}{3}I_d \tag{2.83}$$

④每个晶闸管一个周期导电 $2\pi/3$，而流经变压器绕组的电流所对应的电角度为 $4\pi/3$，因此变压器二次侧线电流的有效值为

$$I_d = \sqrt{2}I_{VT} = \sqrt{\frac{2}{3}}I_d = 0.816I_d \tag{2.84}$$

2.6.3　逆变失败与最小逆变角的限制

逆变运行时，一旦发生换相失败，外接的直流电源就会通过晶闸管电路形成短路，或者使变流器的输出平均电压和直流电动势变成顺向串联。由于逆变电路的内阻很小，就会形成很

大的短路电流,烧坏变流装置,这种情况称为逆变失败,或称为逆变颠覆。

(1)逆变失败的原因分析

造成逆变失败的原因很多,主要有下列几种情况:

1)触发电路发生故障

触发电路工作不可靠,不能适时、准确地给各晶闸管分配脉冲,如脉冲丢失、脉冲延时等,致使晶闸管不能正常换相,使交流电源电压和直流电动势顺向串联,形成短路,造成逆变失败。

2)晶闸管发生故障

由于各种原因晶闸管故障,在应该阻断期间,器件失去阻断能力,或在应该导通时,器件不能导通,造成逆变失败。

3)交流电源发生异常

在逆变工作时,交流电源突然停电、缺相或电源电压降低,由于直流电动势 E_M 的存在,晶闸管仍可导通,此时变流器的交流侧由于失去了同直流电动势极性相反的交流电压,因此直流电动势将通过晶闸管使电路短路。

4)换相的裕量角不足

换相的裕量角不足,引起换相失败,应考虑变压器漏抗引起重叠角对逆变电路换相的影响,如图 2.42 所示。

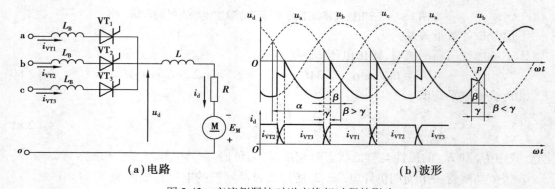

（a）电路　　　　　　　　　　　　　　（b）波形

图 2.42　交流侧漏抗对逆变换相过程的影响

由于换相有一过程,且换相期间的输出电压是相邻两电压的平均值,故逆变电压 U_d 要比不考虑漏抗时的更低(负的幅值更大)。存在重叠角会给逆变工作带来不利的后果,如以 VT$_3$ 和 VT$_1$ 的换相过程来分析,如图 2.42(b)所示。当逆变电路工作在 $\beta > \gamma$ 时,经过换相过程后,a 相电压 u_a 仍高于 c 相电压 u_c,所以换相结束时,能使 VT$_3$ 承受反压而关断。如果换相的裕量角不足,即当 $\beta < \gamma$ 时,从图 2.42(b)的波形中可清楚地看到,换相尚未结束,电路的工作状态到达自然换相点 p 点之后,u_c 将高于 u_a,晶闸管 VT$_1$ 承受反压而重新关断,使得应该关断的 VT$_3$ 不能关断却继续导通,且 c 相电压随着时间的推移越来越高,电动势顺向串联导致逆变失败。

综上所述,为了防止逆变失败,不仅逆变角 β 不能等于零,而且不能太小,必须限制在某一允许的最小角度内。

(2)确定最小逆变角 β_{min} 的依据

逆变时允许采用的最小逆变角 β 应为

$$\beta_{\min} = \delta + \gamma + \theta' \tag{2.85}$$

式中，δ 为晶闸管的关断时间 t_q 折合的电角度；γ 为换相重叠角；θ' 为安全裕量角。

晶闸管的关断时间 t_q 大的可达 $200\sim300\ \mu s$，折算到电角度 δ 为 $4°\sim5°$。至于重叠角 γ，它随直流平均电流和换相电抗的增加而增大。为对重叠角的范围有所了解，举例如下：

某装置整流电压为 220 V，整流电流为 800 A，整流变压器容量为 240 kV·A，短路电压比 $U_k\%$ 为 5% 的三相电路，其 γ 值为 $15°\sim20°$。设计变流器时，重叠角可查阅有关手册，也可根据式（2.86）计算，即

$$\cos\alpha - \cos(\alpha + \gamma) = \frac{I_d X_B}{\sqrt{2}\,U_2 \sin\dfrac{\pi}{m}} \tag{2.86}$$

根据逆变工作时 $\alpha = \pi - \gamma$，并设 $\beta = \gamma$，上式可改写成

$$\cos\gamma = 1 - \frac{I_d X_B}{\sqrt{2}\,U_2 \sin\dfrac{\pi}{m}} \tag{2.87}$$

重叠角 γ 与 I_d 和 X_B 有关，当电路参数确定后，重叠角就有定值。

安全裕量角 θ' 是十分需要的。当变流器工作在逆变状态时，由于种种原因，会影响逆变角，如不考虑裕量，有可能破坏 $\beta > \beta_{\min}$ 的关系，导致逆变失败。在三相桥式逆变电路中，触发器输出的 6 个脉冲，它们的相位角间隔不可能完全相等，有的比期望值偏前，有的偏后，这种脉冲的不对称程度一般可达 5°。若不设安全裕量角，偏后的那些脉冲相当于 β 变小，就有可能小于 $\beta_{\min}$，导致逆变失败。根据一般中小型可逆直流拖动的运行试验，θ' 值约取 10°。这样最小 β 一般取 $30°\sim35°$。设计逆变电路时，必须保证 $\beta \geqslant \beta_{\min}$，因此常在触发电路中附加一保护环节，保证触发脉冲不进入小于 $\beta_{\min}$ 的区域内。逆变角 $\beta_{\min}$ 太大，会使变流器在逆变时的输出电压过低，影响有源逆变的工作效率；逆变角 $\beta_{\min}$ 太小，会导致逆变失败，影响变流器的安全运行。除了限制最小逆变角 $\beta_{\min}$ 外，通常还应采取以下防护措施：

①正确选择晶闸管参数和缓冲保护电路。

②正确设计稳定可靠的触发电路。例如，要求触发电路不丢失脉冲、抗干扰能力强。

③设置完善的系统保护装置。例如，能对系统过电流、过电压、交流电源缺相、失压、断电等故障及时检测，并采取相应的保护动作。

2.7　整流电路的相位控制

晶闸管导通需要满足两个条件：一个是承受正向阳极电压；另一个是在门极施加触发电压。前面所讲述可控整流电路时，主要分析了晶闸管对第一个条件的满足情况，第二个条件总是在我们需要的时候立即满足，即触发脉冲"招之即来挥之即去"。实际上，触发脉冲是由专门的电路产生的，这个电路就是触发电路。

晶闸管触发电路的发展经历了分立电路、集成模块到数字化触发的发展过程，目前的主要应用产品为数字化触发器。为了便于说明触发电路的基本工作原理，本节以同步信号为锯齿波的触发电路为例进行讲解，然后对集成触发器和数字触发器作简单介绍。

2.7.1 同步信号为锯齿波的触发电路

图 2.43 是同步信号为锯齿波的触发电路。此电路输出可为单窄脉冲,也可为双窄脉冲,适用于有两个晶闸管同时导通的电路,例如三相全控桥。电路可分为三个基本的环节:脉冲的形成与放大环节、锯齿波的形成和脉冲移相环节、同步环节。此外,电路中还有强触发和双窄脉冲形成环节。其中,脉冲放大环节将在第 7 章讲述,这里重点讲述脉冲形成、脉冲移相、同步等环节。

(1)脉冲形成环节

脉冲形成环节由晶体管 V_4、V_5 组成,V_7、V_8 起脉冲放大作用。控制电压 u_{co} 加在 V_4 基极上,电路的触发脉冲由脉冲变压器 TP 二次侧输出,其一次绕组接在 V_8 集电极电路中。

当控制电压 $u_{co} = 0$ 时,V_4 截止。$+E_1(+15\ \text{V})$ 电源通过 R_{11} 供给 V_5 一个足够大的基极电流,使 V_5 饱和导通,所以 V_5 的集电极电压 U_{c5} 接近 $-E_1(-15\ \text{V})$。V_7、V_8 处于截止状态,无脉冲输出。另外,电源的 $+E_1(+15\ \text{V})$ 经 R_9、V_5 发射结到 $-E_1(-15\ \text{V})$,对电容 C_3 充电,充满电后电容两端电压接近 $2E_1(30\ \text{V})$,极性如图 2.43 所示。

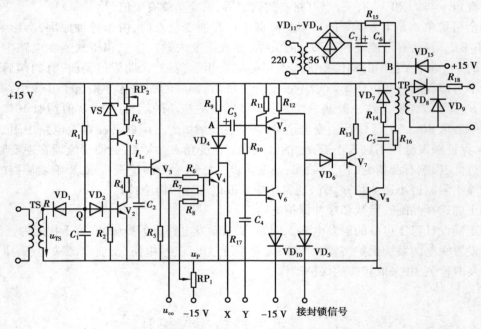

图 2.43 同步信号为锯齿波的触发电路

当控制电压 $u_{co} \approx 0.7\ \text{V}$ 时,V_4 导通,A 点电位由 $+E_1(+15\ \text{V})$ 迅速降低至 $1.0\ \text{V}$ 左右,由于电容 C_3 两端电压不能突变,所以 V_5 基极电位迅速降至约 $-2E_1(-30\ \text{V})$,由于 V_5 发射结反向偏置,V_5 立即截止。它的集电极电压由 $-E_1(-15\ \text{V})$ 迅速上升到钳位电压 $+2.1\ \text{V}$(VD_6、V_7、V_8三个 PN 结正向降压之和),于是 V_7、V_8 导通,输出触发脉冲。同时,电容 C_3 经电源 $+E_1$、R_{11}、VD_4、V_4 放电和反向充电,使 V_5 基极电位又逐渐上升,直到 $u_{b5} > -E_1(-15\ \text{V})$,$V_5$ 又重新导通。这时 u_{c5} 又立即降到 $-E_1$,使 V_7、V_8 截止,输出脉冲终止。可见,脉冲前沿由 V_4 导通时间确定,V_5(或 V_6)截止持续时间即为脉冲宽度。所以脉冲宽度与反向充电回路的时间常数 $R_{11}C_3$ 有关。

（2）锯齿波的形成和脉冲移相环节

锯齿波电压形成的方案较多，如采用自举式电路、恒流源电路等。图 2.43 所示为恒流源电路方案，由 V_1、V_2、V_3 和 C_2 等元件组成，其中 V_1、VS、RP_2 和 R_3 为一恒流源电路。

当 V_2 截止时，恒流源电流 I_{1c} 对电容 C_2 充电，所以 C_2 两端电压 u_c 为

$$u_c = \frac{1}{C} \int I_{1c} \mathrm{d}t = \frac{1}{C} I_{1c} t \tag{2.88}$$

u_c 按线性增长，即 V_3 的基极电位 u_{b3} 按线性增长。调节电位器 RP_2，即改变 C_2 的恒定充电电流 I_{1c}，可见 RP_2 是用来调节锯齿波斜率的。

当 V_2 导通时，由于 R_4 阻值很小，所以 C_2 迅速放电，使 u_{b3} 电位迅速降到零伏附近。当 V_2 周期性的导通和关断时，u_{b3} 便形成一锯齿波，同样 u_{e3} 也是一个锯齿波电压，如图 2.44 所示。射极跟踪器 V_3 的作用是减小控制回路的电流对锯齿波电压 u_{b3} 的影响。

V_4 管的基极电位由锯齿波电压、直流控制电压 u_{co}、直流偏移电压 u_p 三个电压作用的叠加值所确定，它们分别通过电阻 R_6、R_7 和 R_8 与基极相接。

设 u_h 为锯齿波电压 u_{e3} 单独作用在 V_4 基极 b_4 时的电压，其值为

$$u_h = u_{e3} \frac{R_7 /\!/ R_8}{R_6 + (R_7 /\!/ R_8)} \tag{2.89}$$

可见 u_h 仍为一锯齿波，但斜率比 u_{e3} 低。同理，偏移电压 u_p 单独作用时，b_4 的电压 u_p' 为

$$u_p' = u_p \frac{R_6 /\!/ R_7}{R_8 + (R_6 /\!/ R_7)} \tag{2.90}$$

可见 u_p' 仍为一条与 u_p 平行的直线，但绝对值比 u_p 小。

直流控制电压 u_{co} 单独作用时 b_4 的电压 u_{co}' 为

$$u_{co}' = u_{co} \frac{R_6 /\!/ R_8}{R_7 + R_6 + R_8} \tag{2.91}$$

可见 u_{co}' 仍为与 u_{co} 平行的一直线，但绝对值比 u_{co} 小。

如果 $u_{co} = 0$，u_p 为负值时，b_4 点的波形由 $u_h + u_p'$ 确定，如图 2.44 所示。当 u_{co} 为正值时，b_4 点的波形由 $u_h + u_p' + u_{co}'$ 确定。由于 V_4 的存在，上述电压波形与实际波形有出入，当 b_4 点电压等于 0.7 V 以后，V_4 导通，之后 u_{b4} 一直被钳位在 0.7 V 左右，波形如图 2.44 所示。图中 M 点是 V_4 由截止到导通的转折点。由前面分析可知，V_4 经过 M 点时使电路输出脉冲。因此当 u_p 为某固定值时，改变 u_{co} 便可改变 M 点的时间坐标，即改变了脉冲产生的时刻，脉冲移相。可见，加 u_p 的目的是为了确定控制电压 $u_{co} = 0$ 时脉冲的初始相位。当接阻感负载电流连续时，三相全控桥的脉冲初始相位应定在 $\alpha = 90°$；如果是可逆系统，需要在整流和逆变状态下工作，这时要求脉冲的移相范围理论上为 $180°$（由于考虑 α_{min} 和 β_{min}，实际一般为 $120°$）。由于锯齿波波形两端的非线性，因而要求锯齿波的宽度大于 $180°$，例如 $240°$。此时，令 $u_{co} = 0$，调节 u_p 的大小使产生脉冲的 M 点移至锯齿波 $240°$ 的中央（$120°$ 处），对应 $\alpha = 90°$ 的位置。这时，如 u_{co} 为正值，M 点就向前移，控制角 $\alpha < 90°$，晶闸管电路处于整流工作状态；如 u_{co} 为负值时，M 点就向后移，控制角 $\alpha > 90°$，晶闸管电路处于逆变状态。

（3）同步环节

在锯齿波同步的触发电路中，触发电路与主电路同步是指要求锯齿波的频率与主电路电

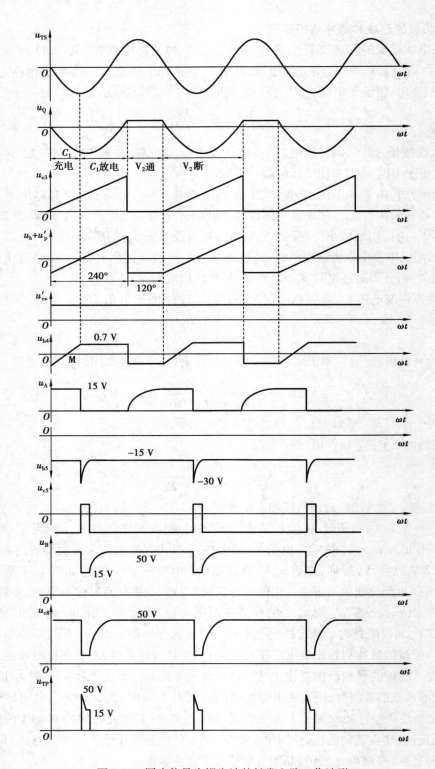

图 2.44 同步信号为锯齿波的触发电路工作波形

源的频率相同且相位关系确定。从图 2.43 可知,锯齿波是由开关 V_2 管来控制的。V_2 由导通变截止期间产生锯齿波,V_2 截止状态持续的时间就是锯齿波的宽度,V_2 开关的频率就是锯齿波的频率。要使触发脉冲与主电路电源同步,使 V_2 开关的频率与主电路电源频率同步就可达到。图 2.43 中的同步环节,是由同步变压器 TS 和作同步开关用的晶体管 V_2 组成的。同步变压器和整流变压器接在同一电源上,用同步变压器的二次电压来控制 V_2 的通断作用,这就保证了触发脉冲与主电路电源同步。

同步变压器 TS 二次电压 u_{TS} 经二极管 VD_1 间接加在 V_2 的基极上。当二次电压波形在负半周的下降段时,VD_1 导通,电容 C_1 被迅速充电。因 O 点接地为零电位,R 点为负电位,Q 点电位与 R 点相近,故在这一阶段 V_2 基极为反向偏置,V_2 截止。在负半周的上升段,$+E_1$ 电源通过 R_1 给电容 C_1 反向充电,u_Q 为电容反向充电波形,其上升速度比 u_{TS} 波形慢,故 VD_1 截止,如图 2.44 所示。当 Q 点电位达 1.4 V 时,V_2 导通,Q 点电位被钳位在 1.4 V。直到 TS 二次电压的下一个负半周到来时,VD_1 重新导通,C_1 迅速放电后又被充电,V_2 截止。如此周而复始。在一个正弦波周期内,V_2 包括截止与导通两个状态,对应锯齿波波形恰好是一个周期,与主电路电源频率和相位完全同步,达到同步的目的。可以看出,Q 点电位从同步电压负半周上升点开始时刻到达 1.4 V 的时间越长,V_2 截止时间就越长,锯齿波就越宽。可知锯齿波的宽度是由充电时间常数 R_1C_1 决定的。

(4) 双脉冲形成环节

本方案是采用性能价格比优越的、每一个触发单元的一个周期内输出两个间隔 60° 的脉冲的电路,称内双脉冲电路。

图 2.43 中 V_5、V_6 两个晶体管构成一个"或"门。当 V_5、V_6 都导通时,u_{c5} 约为 -15 V,使 V_7、V_8 都截止,没有脉冲输出。但只要 V_5、V_6 中有一个截止,都会使 u_{c5} 变为正电压,使 V_7、V_8 导通,就有脉冲输出。所以只要用适合的信号来控制 V_5 或 V_6 的截止(前后间隔 60°),就可以产生符合要求的双脉冲。其中,第一个脉冲由本相触发单元的 u_{co} 对应的控制角 α 所产生,使 V_4 由截止变为导通造成 V_5 瞬时截止,于是 V_8 输出脉冲。相隔 60° 的第二个脉冲是由滞后 60° 相位的后一相触发单元产生,在其生成第一个脉冲时刻将其信号引至本相触发单元 V_6 的基极,使 V_6 瞬时截止,于是本相触发单元的 V_8 管又导通。第二次输出一个脉冲,因而得到间隔 60° 的双脉冲。其中 VD_4 和 R_{17} 的作用,主要是防止双脉冲信号互相干扰。

在三相桥式全控整流电路中,器件的导通次序为 VT_1—VT_2—VT_3—VT_4—VT_5—VT_6,彼此间隔 60°,相邻器件成双接通。因此,触发电路中双脉冲环节的接线方式为:以 VT_1 器件的触发单元而言,图 2.43 电路中的 Y 端应该接 VT_2 器件触发单元的 X 端,因为 VT_2 器件的第一个脉冲比 VT_1 器件的第一个脉冲滞后 60°。所以当 VT_2 触发单元的 V_4 由截止变导通时,本身输出一个脉冲,同时使 VT_1 器件触发单元的 V_6 管截止,给 VT_1 器件补送一个脉冲。同理,VT_1 器件触发单元的 X 端应当接 VT_6 器件触发单元的 Y 端。依此类推,可以确定六个器件相应触发单元电路的双脉冲环节间的相互接线。

2.7.2　集成触发器

目前,采用分立元件组成的触发电路已很少有应用,取而代之的是集成触发器。与分立式触发电路相比,集成触发器具有可靠性高、技术性能好、体积小、功耗低、调试方便等优点。

集成触发电路把分立式触发电路中的大部分元器件集成在一个芯片内,只需在芯片外围增加少量元器件即可完成前述触发电路的功能。其具体工作情况可查阅相关产品的技术手册,参照分立式触发电路进行分析。

2.7.3 数字触发器

随着数字控制技术的发展,以微处理器为控制核心的数字控制系统广泛应用于电力电子装置中。微处理器功能强大,可完成包括触发电路功能在内的各种控制功能。由微处理器组成的数字触发器与分立式触发电路和集成触发器相比,其结构简单、控制灵活、控制精度和可靠性高。

图 2.45 是以 MCS-51 系列单片机 AT89C51 为控制核心构成的数字触发器的原理框图。该数字触发器也是由脉冲同步、脉冲移相、脉冲形成与输出等几部分组成的。

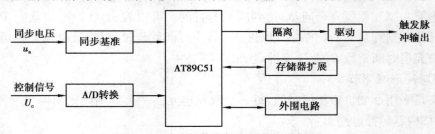

图 2.45 单片机数字触发器的原理框图

下面简要介绍各部分的工作原理:

(1)脉冲同步

以交流同步电压过零点作为计时的参考基准开始计时,当计时到触发角 α 所对应的数值时,通过外部电路给单片机 AT89C51 的 INT_0 口一个中断信号。触发器的同步不再需要用同步变压器的联接组来保证其相位差,而只需计算第一个脉冲的定时值,按照脉冲间的固定相位关系,再经过一定的软件计算,就可以完全解决同步的问题。由于三相电压中的线电压与相电压有固定的相位关系,所以,同步电压可以采用线电压,也可以采用相电压。

(2)脉冲移相

当移相控制电压 U_c 的大小发生变化时,通过单片机 AT89C51 的 INT_0 口线给单片机一个中断请求。单片机首先对当前输入的移相控制电压 U_c 进行 A/D 转换,再根据转换的结果计算出所需的触发角 α 的大小,从而最大限度地满足触发电路的移相控制的需要。

(3)脉冲的形成与输出

利用单片机 AT89C51 的 INT_0 作为外部同步信号中断,定时器 T_0、T_1 作为计时中断,同时结合软件定时,就可以根据实际晶闸管主电路的需要产生触发信号,再经过电气隔离、驱动放大,最终将触发脉冲依次施加于相应晶闸管的门极,实现触发功能。

2.8 整流电路的应用

2.8.1 直流可逆电力拖动系统

两套变流装置反并联联接的可逆电路如图 2.46 所示,图(a)为三相半波有环流可逆电路,图(b)为三相全控桥的无环流电路。

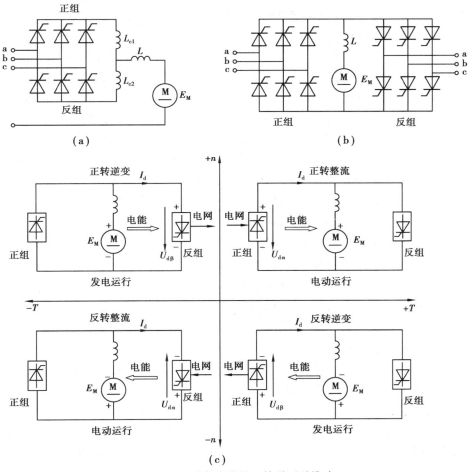

图 2.46 两种变流器的反并联可逆线路

环流是指只在两组变流器之间流动而不经过负载的电流。电动机正向运行时由正组变流器供电的;反向运行时,则由反组变流器供电。根据对环流的不同处理方法,反并联可逆电路又可分为不同的控制方案,如配合控制有环流(即 $\alpha = \beta$ 工作制)、可控环流、逻辑控制无环流和错位控制无环流等。

不论采用哪种反并联供电线路,都可使电动机在四个象限内运行。在任何时间内,两组变流器中只有一组投入工作,则可根据电动机所需运转状态来决定哪一组变流器工作及其工作状态(整流或逆变)。图 2.46(c)绘出了电动机四象限运行时两组变流器(简称正组桥、反

105

组桥)的工作情况：

第 1 象限：正转,电动机作电动运行,正组桥工作在整流状态, $\alpha_P < \pi/2$, $E_M < U_{d\alpha}$（下标中有 α 表示整流,P 表示正组）。

第 2 象限：正转,电动机作发电运行,反组桥工作在逆变状态, $\beta_N < \pi/2$（$\alpha_N > \pi/2$）, $E_M > U_{d\beta}$（下标中有 β 表示逆变,N 表示反组）。

第 3 象限：反转,电动机作电动运行,反组桥工作在整流状态, $\alpha_N < \pi/2$, $E_M < U_{d\alpha}$。

第 4 象限：反转,电动机作发电运行,正组桥工作在逆变状态, $\beta_P < \pi/2$（$\alpha_P > \pi/2$）, $E_M > U_{d\beta}$。

直流可逆拖动系统,除能方便地实现正反转外,还能实现电动机的回馈制动,把电动机轴上的机械能（包括惯性能、位能）变为电能回送到电网中去,此时电动机的电磁转矩由拖动转矩变成制动转矩。图 2.46(c)所示电动机在第 1 象限正转,电动机从正组桥取得电能,如果需要反转,应先使电动机迅速制动,就必须改变电枢电流的方向。但对正组桥来说,电流不能反向,需切换到反组桥工作在逆变状态,并要求反组桥在逆变状态下工作,保证 $U_{d\beta}$ 与 E_M 同极性相接,使得电动机的制动电流 $I_d = (E_M - U_{d\beta})/R_\Sigma$ 限制在容许范围内。此时电动机进入第 2 象限作正转发电运行,电磁转矩由拖动转矩变成制动转矩,电动机轴上的机械能经反组桥逆变为交流电能回馈电网。改变反组桥的逆变角 β ,就可改变电动机制动转矩。为了保持电动机在制动过程中有足够的转矩,一般应随着电动机转速的下降,不断地调节 β ,使之由小变大直至 $\beta = \pi/2$（$n=0$）。如继续增大 β ,即 $\alpha < \pi/2$,反组桥将转入整流状态下工作,电动机开始反转进入第 3 象限的电动运行。以上就是电动机由正转到反转的全过程。同样,电动机从反转到正转,其过程则由第 3 象限经第 4 象限最终运行在第 1 象限上。

(1) $\alpha = \beta$ 配合控制的有环流可逆系统

当系统工作时,对正、反两组变流器同时输入触发脉冲,并严格保证 $\alpha = \beta$ 的配合控制关系,假设正组为整流,反组为逆变,即有 $\alpha_P = \beta_N$, $U_{d\alpha P} = U_{d\beta N}$,且极性相抵,两组变流器之间没有直流环流,但两组变流器的输出电压瞬时值不等,会产生脉动环流。为防止环流只经晶闸管流过而使电源短路,必须串入环流电抗器 L_C 限制环流。

(2) 逻辑无环流可逆系统

逻辑无环流可逆系统在工程上使用较广泛,不需设置环流电抗器,如图 2.46(b)所示。其控制原则是在任何时刻只有一组桥投入工作（另一组关断）,所以两组桥之间不存在环流。

两组桥之间的切换不能简单地把原来工作着的一组桥的触发脉冲立即封锁,而同时把原来封锁着的另一组桥立即开通,因为已导通的晶闸管并不能在触发脉冲取消的那一瞬间立即被关断,必须待晶闸管承受反压时才能关断。如果对两组桥的触发脉冲的封锁和开放是同时进行,原先导通的那组桥不能立即关断,而原先封锁的那组桥却已经开通,出现两组桥同时导通的情况,因没有环流电抗器,将会产生很大的短路电流,把晶闸管烧毁。为此首先应使已导通桥的晶闸管断流,要妥当处理主回路内电感储存的电磁能量,使其以续流的形式释放,通过原工作桥本身处于逆变状态,把电感储存的一部分能量回馈给电网,其余部分消耗在电机上,直到储存的能量释放完,主回路电流变为零,使原导通晶闸管恢复阻断能力。随后再开通原封锁着的那组桥的晶闸管,使其触发导通。

这种无环流可逆系统中,变流器之间的切换过程由逻辑单元控制,称为逻辑控制无环流系统。

2.8.2 交流串级调速系统

串级调速是利用有源逆变的原理对绕线式异步电动机进行调速的一种方法,这种调速方法具有结构简单、效率高、节能等优点,其调速范围宽,加之价格低廉,因此在风机和泵类负载方面应用较多。

绕线式异步电动机晶闸管串级调速系统原理图如图 2.47 所示。它是在转子回路中串入晶闸管变流电路,借以引入附加可调电动势,从而控制电动机的转速。图中,M 为三相绕线式异步电动机,其转子相电动势 sE_{r0} 经三相不可控整流装置 UR 整流,输出直流电压 U_d。工作在有源逆变状态的三相可控整流装置 UI 除提供可调的直流电压 U_i 作为电动机调速所需的附加电动势外,还可将经 UR 整流后输出的异步电动机转差功率变换成交流功率回馈到电网。L 为平波电抗器,TI 为逆变变压器。整流装置电压 U_d 和逆变装置电压 U_i 的极性以及直流电路电流 I_d 的方向如图 2.47 所示。显然,系统在稳定工作时,必有 $U_d > U_i$。

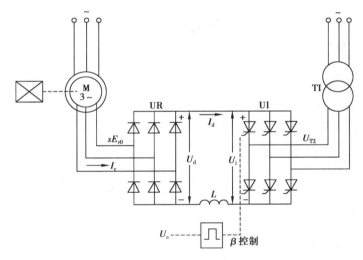

图 2.47 串级调速系统原理图

整流后的直流回路电压平衡方程式为

$$U_d = U_i + I_d R \tag{2.92}$$

或

$$2.34 s E_{r0} = 2.34 U_{T2} \cos \beta + I_d R \tag{2.93}$$

式中,U_{T2} 为逆变变压器的二次相电压;β 为逆变装置的逆变角;R 为转子直流回路的总电阻。

式(2.93)可以看作在串级调速系统中异步电动机机械特性的间接表达式 $s = f(I_d, \beta)$。

下面分析启动、调速与停车三种工作状况,假设电动机轴上带有反抗性恒转矩负载。

(1)启动

电动机能从静止状态启动的必要条件是能够产生大于轴上负载转矩的电磁转矩。对串级调速系统而言,启动应有足够大的转子电流 I_r 或足够大的整流后直流电流 I_d。为此,转子整流电压 U_d 与逆变电压 U_i 间应有较大的差值。控制逆变角 β,使在启动开始的瞬间,U_d 与 U_i 的差值能产生足够大的 I_d,以满足所需的电磁转矩,但又不超过允许的电流值,这样电动机就可在一定的动态转矩下加速启动。随着转速的增高,其转子电动势减少,为了维持加速过程中的动态转矩基本恒定,必须相应地增大 β 角以减小值 U_i,从而维持加速过程中动态转矩基本恒定。当电动机加速到所需转速时,不再调整 β,电动机即在此转速下稳定运行。

(2)调速

改变 β 角的大小就可以调节电动机的转速。当增大 β 使 $\beta = \beta_2 > \beta_1$ 时,逆变电压 U_i 减小,但电动机的转速不能立即改变,所以 I_d 将增大,电磁转矩增大,使电动机加速。随着电动机转速的增高,$2.34sE_{r0}$ 减小,I_d 回降,直到新的平衡状态,电动机在增高的转速下稳定运行。同理,减小 β 时,可使电动机在降低了的转速下稳定运行。

(3)停车

在串级调速系统中与转子联接的是不可控整流装置,它只能从电动机转子侧输出电功率,而不能向转子输入电功率。因此串级调速系统没有制动停车功能,只能靠减小 β 角逐渐减速,并依靠负载阻转矩的作用自由停车。

根据以上对串级调速系统工作原理的分析可得出下列结论:

①串级调速系统能够靠调节逆变角 β 实现平滑无级调速。

②系统能把异步电动机的转差功率回馈给交流电网,从而使扣除装置损耗后的转差功率得到有效利用,大大提高了调速系统的效率。

2.8.3　高压直流输电

高压直流输电(High Voltage Direct Current Transmission——HVDC)是电力电子技术在电力系统中最早开始的应用领域。众所周知,电的发展首先是从直流电开始的,但很快就被交流电所取代,并且在相当长的一段时间内,在发电、输电和用电各个领域,都是交流电一统天下的格局。20 世纪 50 年代以来,当电力电子技术的发展带来了可靠的高压大功率交直流转换技术之后,高压直流输电越来越受到人们的关注。由于高压直流输电在远距离大容量输电、电力系统非同步联网和海底电缆送电等方面具有独特的优势,作为交流输电的有力补充,在世界范围内得到了广泛的应用。

(1)高压直流输电系统的构成

如图 2.48 所示是一个常规的两端双极高压直流输电系统换流站的结构图。下面分别对各个部件进行说明。

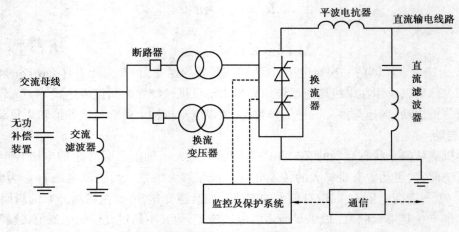

图 2.48　高压直流输电系统换流站的结构图

1）换流器

换流器完成交-直和直-交的变换,它是直流输电系统最关键的设备,由阀桥和有抽头切换器的换流变压器构成。换流变压器为换流器提供适当大小和相位的换相电压,在直流系统发生短路故障时,其阻抗还起限制短路电流、避免换流器损坏的作用。

2）直流平波电抗器

高压直流输电系统中的直流平波电抗器具有高达 1 H 的电感,在每个换流站与每极串联。其用途有:

①平抑直流线路中的谐波电流。

②减少逆变器的换相失败次数。

③防止轻载时的电流不连续。

④在直流线路短路时限制换流器的峰值电流。

3）交流滤波器和直流滤波器

在交流和直流两侧会产生谐波电压和谐波电流,交流和直流滤波器的用途就是滤除换流器产生的谐波电流,另外交流滤波器还兼有提供换流所需部分无功功率的作用。

4）无功补偿装置

换流器内部要吸收无功功率,稳态条件下,所消耗的无功功率约是传输功率的 50%,所以需要在交流母线上接无功补偿装置。

5）直流输电线路

直流输电线路可以是架空线,也可以是电缆线。除了导体数和间距的要求有差异外,直流输电线路与交流输电线路十分相似。

6）接地电极

大多数高压直流输电系统的设计采用大地作为系统的中性导线。与大地相连的接地电极导体需要较大的表面积,以使电流密度和表面电压梯度在允许的范围内。

7）交流断路器

为了切除发生故障时的换流变压器,在交流母线与变压器之间设置交流断路器。该断路器不是用来切除高压直流输电系统直流侧故障的,因为直流侧的故障可以用闭锁换流阀触发脉冲的方法更快地清除。

（2）高压直流输电技术的特点

与高压交流输电相比,高压直流输电具有以下优点:

1）线路造价低、损耗少

双极高压直流输电系统只需正极和负极两条输电线路,在输送相同功率的情况下,高压直流输电的线路造价及损耗均约为交流输电的 2/3,也无须装设并联电抗器。

2）不存在稳定性问题

直流输电没有相位和功角关系,当然也就不存在稳定问题,只要电压降、网损等技术指标符合要求,就可以达到传输的目的。无须考虑稳定问题,这是直流输电的重要特点,也是主要优势。

3）可实现非同步联网

由于整流和逆变的隔离作用,用高压直流输电联接的系统之间无须同步运行,被联系统不仅可以是额定频率相同的系统,也可以是额定频率不同的系统（如 50 Hz 和 60 Hz）,彼此可以保持各自的频率和电压而独立运行,不受联网影响,同时也不会发生由于故障传递而导致的大面积停电事故。

4）快速可控

高压直流输电输送的有功功率的大小和方向以及换流器消耗的无功功率均可由控制系统实现快速控制，从而改善交流系统的运行性能。另外，两个系统以交流互联时，将增加两侧系统的短路容量，有时会造成部分原有断路器不能满足开端电流要求而需要更换设备。直流互联时，对两个交流电网有很好隔离作用，无论在哪里发生故障，都不必增加交流系统的断流容量。

同样，高压直流输电也具有显著的缺点：

1）换流站造价高

高压直流输电换流站由于设备种类繁多，其造价比交流变电所要高很多，而且运行维护也比较复杂，对运行人员的要求较高。这是限制高压直流输电应用的最主要原因。

2）换流器消耗的无功多

目前，在高压直流输电中广泛使用的晶闸管换流器在换流过程中要消耗大量的无功功率，用占所输送有功功率的百分数来表示，整流器为 $40\% \sim 50\%$，逆变器为 $50\% \sim 60\%$。通常，变流滤波器提供一部分换流所需的无功，不足部分需另装无功补偿装置来满足。

3）产生大量谐波

换流器在交流侧和直流侧都产生一系列的高次谐波电流，会出现电容器和发电机过热、换流器控制不稳定和对通信系统产生干扰等问题。因此，在换流站内必须装设交流滤波器、直流滤波器和直流平波电抗器进行滤波，从而增加了换流站的造价。

(3) 高压直流输电技术的应用

1）大容量远距离输电

高压直流输电的线路造价低而换流站造价高，因而就有一个"等价距离"的概念：输电距离大于"等价距离"时，采用高压直流输电较为经济；输电距离小于"等价距离"时，采用交流输电较为经济；架空线的"等价距离"为 $600 \sim 800$ km，电缆线的"等价距离"为 $20 \sim 40$ km。

2）两个交流系统的非同步联接

采用高压直流输电联网，既可获得联网效益，又可以避免交流电网带来的大电网问题，如稳定问题、故障连锁反应而引起的大面积停电问题和短路容量增加问题等。对于额定频率不同的电网，采用交流联网在技术上无法实行，只能采用高压直流输电联网。

3）超过 30 km 的水下电缆输电

由于电缆具有大容量的容性充电无功功率，需要在线路中间设置并联电抗器补偿。因此，对交流输电是不切实际的。远距离大容量的海底电缆送电一般采用高压直流输电。

目前，高压直流输电方式使用了瑞典 ASEA 于 1930 年代开发的技术，早期的系统包括苏联于 1951 年在莫斯科与卡希拉之间建造的直流输电系统，及瑞典于 1954 年在该国内陆与哥德兰岛之间建造的 $10 \sim 20$ MW 直流输电系统。2009 年，瑞士 ABB 集团和西班牙 Abengoa 集团合作，开始建设连接巴西西北部两座新水电站和圣保罗的超过 2 500 km 输电线路。

高压直流输电在我国是从 20 世纪 80 年代末开始应用的，起步虽然较晚，但发展很快。现在全球输电距离最长的高压直流输电系统，是位于我国境内的向家坝水电站至上海之间的 ± 800 kV，6 400 MW 输电系统，全长 2 071 km。向家坝—上海 ± 800 kV 特高压直流输电示范工程是我国首个特高压直流输电示范工程。工程由我国自主研发、设计、建设和运行，是目前世界上运行直流电压最高、技术水平最先进的直流输电工程。向家坝—上海 ± 800 kV 特高压直流输电示范工程包括二站一线，起于四川省宜宾复龙换流站，经四川、重庆、湖北、湖南、安徽、江苏、浙江、上海，止于上海市奉贤换流站，工程先后跨越长江四次。换流容量为

6 400 MW,直流电流为 4 000 A,每极采用两组 12 脉冲换流器串联(400 kV+400 kV)。换流变压器容量(24+4)×297.1(321.1)MV · A(其中 4 台备用);换流变形式为单相双绕组有载调压;±800 kV 直流开关场采用双极接线,并按每 12 脉冲阀组装设旁路断路器及隔离开关回路;±800 kV 特高压直流线路一回,复龙换流站交流 500 kV 出线 9 回,奉贤换流站交流 500 kV出线 3 回。国家发改委于 2007 年 4 月以发改能源【2007】871 号文件核准,2008 年 5月开工建设,2009 年 12 月 12 日通过竣工验收并单极投入运行,2010 年整体工程完成试运行,投入商业运行,实际动态总支出 190.2 亿元,比批复动态总投资节省 42.5 亿元。

　　随着我国直流高压输电技术的日益完善,输电设备价格的下降和可靠性的提高,以及运行管理经验的不断积累,直流输电必将得到很快的发展和大量的应用。

2.9　整流电路的仿真

　　整流电路是电力电子电路中出现最早的一种,它将交流电变为直流电,应用十分广泛,下面就介绍几种典型整流电路模型的搭建与仿真。

2.9.1　单相桥式全控整流电路的仿真

(1)带电阻性负载

在 MATLAB 中搭建如 2.49 所示的仿真电路模型。图中各部分参数设置如下:

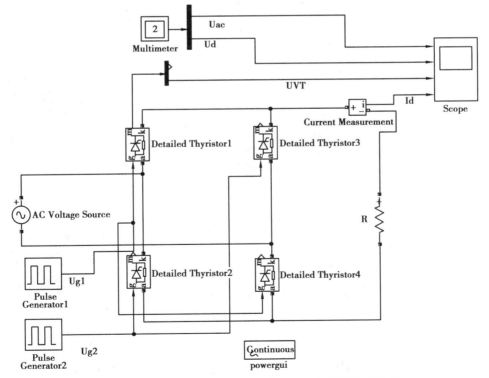

图 2.49　单相桥式全控整流电路带电阻性负载的仿真模型

①交流电压源参数设置,如图 2.50 所示。

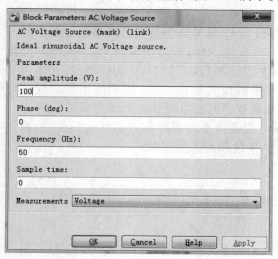

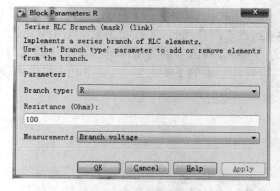

图 2.50　交流电压源参数设置

图 2.51　串联 RLC 参数设置

②串联 RLC 参数设置,如图 2.51 所示。

③脉冲发生器参数设置,如图 2.52 所示。这里触发延迟角设置为 45°,另一个设置为45 * 0.02/360+0.01。

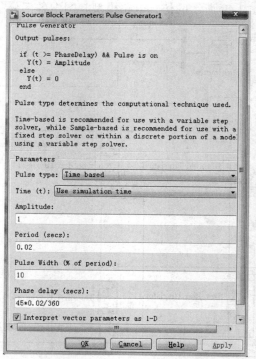

图 2.52　脉冲发生器参数设置

在仿真模型中,Uac 为电源电压,Ud 为电阻负载电压,Uvt 为晶闸管两端电压,Id 为负载电流。单相桥式全控整流电路电阻性负载仿真波形($\alpha = 45°$)如图 2.53 所示。

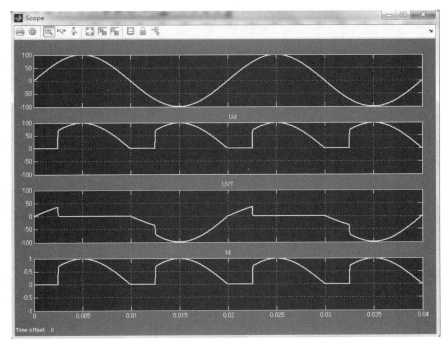

图 2.53　单相桥式全控整流电路带电阻性负载的仿真波形（α=45°）

（2）带阻感性负载

在 MATLAB 中搭建如图 2.49 所示的仿真电路模型，与电阻性负载相比，各部分参数设置与电阻性负载基本相同，只需把串联 RLC 支路中的电阻参数改为 1 Ω，电感参数改为 2 H。单相半波可控整流电路阻感性负载仿真波形（α=45°、90°）如图 2.54、图 2.55 所示。

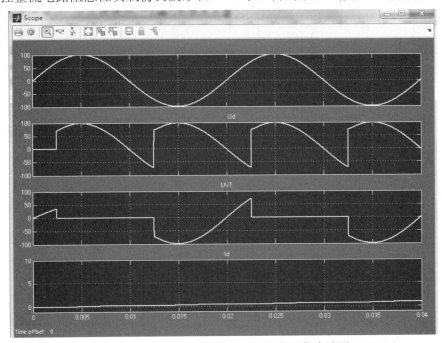

图 2.54　单相桥式全控整流电路带阻感性负载的仿真波形（α=45°）

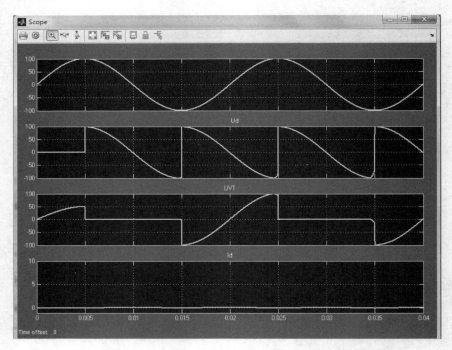

图 2.55　单相桥式全控整流电路带阻感性负载的仿真波形($\alpha = 90°$)

(3)带反电动势阻感性负载

在 MATLAB 中搭建如图 2.56 所示的仿真电路模型,与阻感性负载相比,增加了直流电压源,其参数为 20 V,其他各部分参数设置阻感性负载基本相同。单相桥式全控整流电路带反电动势阻感性负载仿真波形($\alpha = 60°$)如图 2.57 所示。

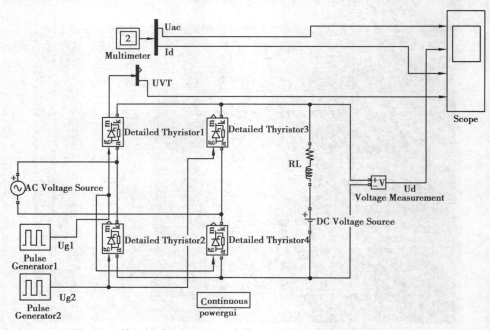

图 2.56　单相桥式全控整流电路带反电动势阻感性负载的仿真模型

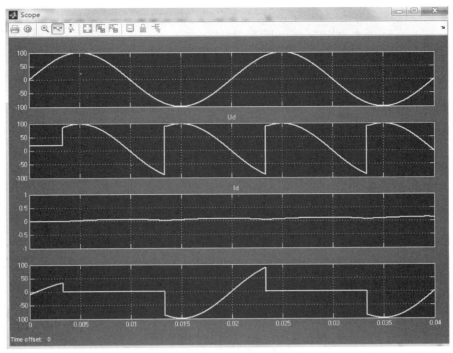

图 2.57　单相桥式全控整流电路带反电动势阻感性负载的仿真波形（$\alpha=60°$）

2.9.2　单相全波可控整流电路的仿真

在 MATLAB 中搭建如图 2.58 所示的仿真电路模型。图中各部分参数设置如下：

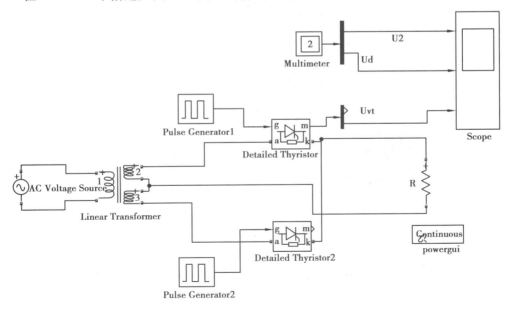

图 2.58　单相全波可控整流电路带电阻性负载的仿真模型

①交流电压源参数设置，如图 2.59 所示。

图 2.59 交流电压源参数设置

②变压器参数设置,如图 2.60 所示。

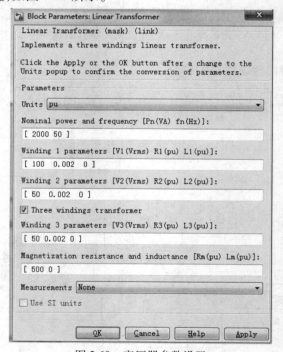

图 2.60 变压器参数设置

③脉冲发生器参数设置,如图 2.61 所示。这里触发延迟角设置为 60°,另一个设置为 $60*0.02/360+0.01$。

在仿真模型中,U2 为电源电压,Ud 为电阻负载电压,Uvt 为晶闸管两端电压。单相全波可控整流电路电阻性负载仿真波形($\alpha = 60°$)如图 2.62 所示。

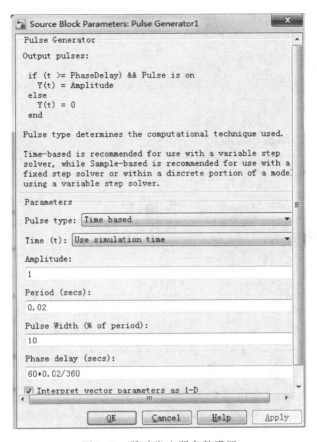

图 2.61 脉冲发生器参数设置

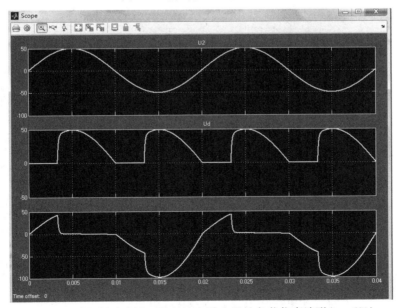

图 2.62 单相桥式全波可控整流电路电阻性负载仿真波形（$\alpha = 60°$）

2.9.3　三相半波可控整流电路的仿真

(1)带电阻性负载

在 MATLAB 中搭建如图 2.63 所示的仿真电路模型。图中各部分参数设置如下：

Pulse Generator1
Pulse Generator2
Pulse Generator3
AC Voltage Source1
AC Voltage Source2
AC Voltage Source3
Detailed Thyristor1
Detailed Thyristor2
Detailed Thyristor3
g
m
a
k
Multimeter1
Multimeter2
3
1
U2
Ug
Ud
Ivt
Uvt
Scope
Continuous
powergui
R

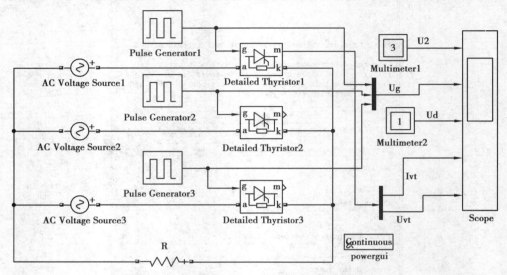

图 2.63　三相半波可控整流电路电阻性负载仿真模型

①交流电压源参数设置，如图 2.64 所示，其余两相相位分别设为“-120”和“120”。

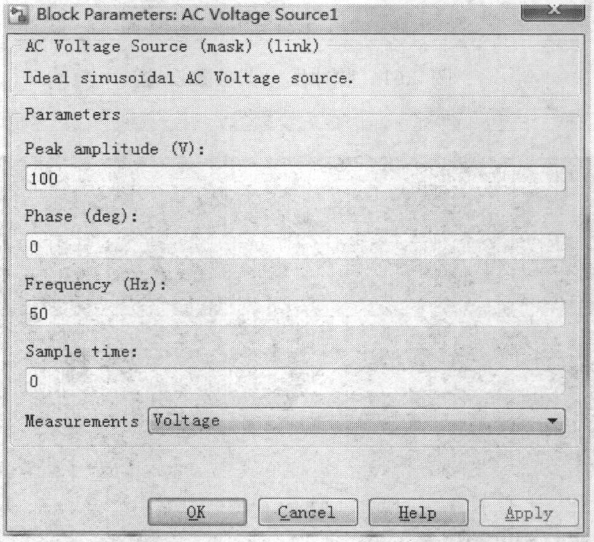

Block Parameters: AC Voltage Source1
AC Voltage Source (mask) (link)
Ideal sinusoidal AC Voltage source.
Parameters
Peak amplitude (V):
100
Phase (deg):
0
Frequency (Hz):
50
Sample time:
0
Measurements
Voltage
OK
Cancel
Help
Apply

图 2.64　交流电压源参数设置

②脉冲发生器参数设置，如图 2.65 所示。这里触发延迟角设置为 0°，另两个设置为150 * 0.02/360 和 270 * 0.02/360。

在仿真模型中，U2 为三相电源相电压，Ug 为脉冲电压，Ud 为电阻负载电压，Ivt 为流过晶闸管的电流，Uvt 为晶闸管两端电压。三相半波可控整流电路电阻性负载仿真波形如图 2.66 所示。

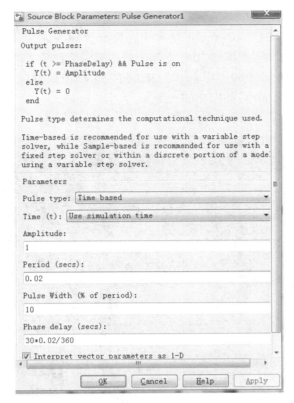

图 2.65　脉冲发生器参数设置

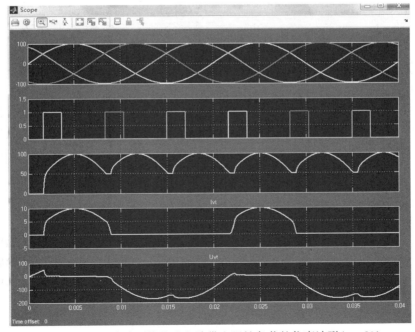

图 2.66　三相半波可控整流电路带电阻性负载的仿真波形（$\alpha = 0°$）

（2）带阻感性负载

在 MATLAB 中搭建如图 2.63 所示的仿真电路模型，与电阻性负载相比，各部分参数设置与电阻性负载基本相同，只需把串联 RLC 支路中的电阻参数改为 1，电感参数改为 0.2。脉冲发生器参数分别为 $90*0.02/360$、$210*0.02/360$ 和 $330*0.02/360$。三相半波可控整流电路阻感性负载仿真波形（$\alpha=60°$），如图 2.67 所示。

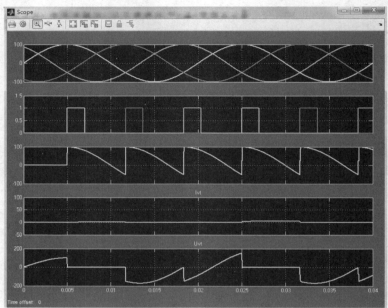

图 2.67　三相半波可控整流电路阻感性负载仿真波形（$\alpha=60°$）

2.9.4　三相半波可控整流电路有源逆变的仿真

在 MATLAB 中搭建如图 2.68 所示的仿真电路模型。图中各部分参数设置如下：

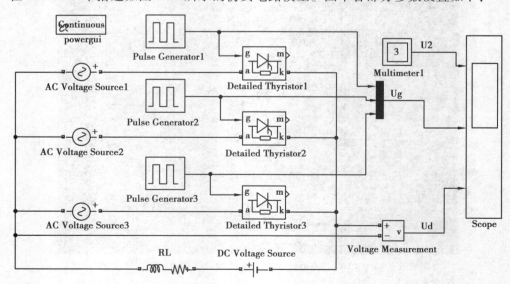

图 2.68　三相半波可控整流电路有源逆变的仿真模型

①直流电源参数设置,如图 2.69 所示。

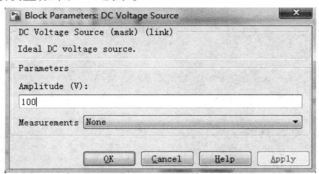

图 2.69　直流电源参数设置

②脉冲发生器参数设置,如图 2.70 所示。这里触发角设置为 150 ∗ 0.02/360,另两个设置为 270 ∗ 0.02/360 和 30 ∗ 0.02/360。

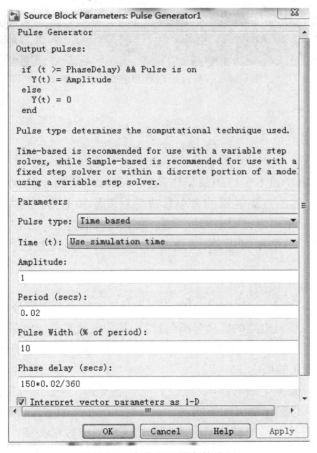

图 2.70　脉冲发生器参数设置

在仿真模型中,U2 为电源电压,Ug 为触发电压,Ud 为电阻负载电压。三相半波可控整流电路有源逆变的仿真波形($\alpha = 120°$)如图 2.71 所示。

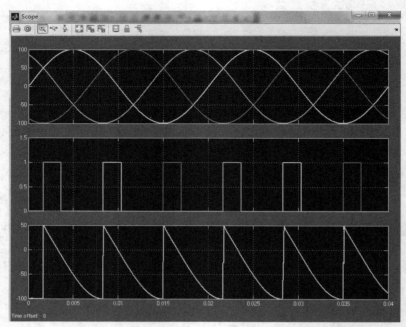

图 2.71　三相半波可控整流电路有源逆变的仿真波形($\alpha = 120°$)

本章小结

整流电路是电力电子技术中应用最早也是使用最为广泛的一种变流电路。可控整流电路由于采用了晶闸管,输出直流电压的大小靠改变触发脉冲的出现时刻来控制,属于相位控制。不可控整流电路简单可靠,应用极为广泛。复杂的整流电路是由基本整流电路组成,因此重点掌握基本电路。不管哪种电路,着重掌握三方面内容:电路结构及工作原理、波形分析、基本数量关系。

本章主要内容及要求包括:

(1)可控整流电路,重点掌握电力电子电路作为分段线性电路进行分析的基本思想、单相可控整流电路和三相可控整流电路的原理分析与计算、各种负载对整流电路工作情况的影响。

(2)了解大功率可控整流电路的接线形式及特点,熟悉双反星形可控整流电路的工作情况,建立整流电路多重化的概念。

(3)变压器漏抗对整流电路的影响,重点建立换相压降、重叠角等概念,并掌握相关的计算,熟悉漏抗对整流电路工作情况的影响。

(4)掌握电容滤波的不可控整流电路的工作情况和简单数量关系。

(5)掌握可控整流电路的有源逆变工作原理,重点掌握产生有源逆变的条件、三相可控整流电路有源逆变工作状态的分析、数量关系的计算、逆变失败及最小逆变角的限制等。

(6)熟悉锯齿波移相的触发电路的原理,了解数字触发的工作原理。

(7)了解整流电路的应用情况,特别掌握晶闸管直流电动机传动系统。

(8)掌握用仿真的方法分析整流电路。

习　题

1.整流电路有哪些主要类型?

2.单相全波可控整流电路对电感负载供电,$L = 20$ mH,$R = 1$ Ω,$U_2 = 100$ V,求当 $\alpha = 0°$ 时和 $60°$ 时的负载电流 I_d,并画出 u_d 与 i_d 的波形。

3.图 2.11 为具有变压器中心抽头的单相全波可控整流电路,问该变压器还有直流磁化问题吗? 试说明:

(1)晶闸管承受的最大反向电压为 $2\sqrt{2} U_2$;

(2)当负载是电阻或电感时,其输出电压和电流的波形与单相全控桥时相同。

4.单相桥式全控整流电路,$U_2 = 200$ V,负载中 $R = 10$ Ω,L 值极大。当 $\alpha = 60°$ 时,要求:

(1)作出 u_d、i_d 和 i_2 的波形;

(2)求整流输出平均电压 U_d、电流 I_d,变压器二次电流有效值 I_2;

(3)考虑安全裕量,确定晶闸管的额定电压和额定电流。

5.什么是桥式半控整流电路的"失控现象"? 是如何发生的? 如何避免"失控现象"的发生?

6.对于单相桥式半控整流电路,电阻性负载,画出整流二极管在一周内承受的电压波形。

7.单相桥式全控整流电路,$U_2 = 100$ V,负载中 $R = 20$ Ω,L 值极大,反电势 $E = 60$ V,当 $\alpha = 30°$ 时,要求:

(1)作出 u_d、i_d 和 i_2 的波形;

(2)求整流输出平均电压 U_d、电流 I_d,变压器二次电流有效值 I_2;

(3)考虑安全裕量,确定晶闸管的额定电压和额定电流。

8.晶闸管串联的单相半控桥(桥中 VT_1、VT_2 为晶闸管),电路如图 2.14 所示。$U_2 = 200$ V,电阻电感负载,$R = 20$ Ω,L 值极大。当 $\alpha = 30°$ 时求流过晶闸管的电流有效值,并作出 u_d、i_d、i_{VT1}、i_{D3} 的波形。

9.单相全波可控整流电路与单相桥式全控整流电路相比有何特点?

10.三相整流电路的自然换相点是如何确定的?

11.三相半波整流电路的共阴极接法与共阳极接法,a 相的自然换相点是同一点吗? 如果不是,它们在相位上差多少度?

12.有两组三相半波可控整流电路,一组是共阴极接法,一组是共阳极接法。如果它们的触发角都是 α,那么共阴极组的触发脉冲与共阳极组的触发脉冲对同一相来说,例如都是 a 相,在相位上差多少度?

13.三相半波可控整流电路,$U_2 = 100$ V,带电阻电感负载,$R = 20$ Ω,L 值极大。当 $\alpha = 60°$ 时,要求:

(1)画出 u_d、i_d 和 i_{VT1} 的波形;

(2)计算 U_d、I_d、I_{dVT} 和 I_{VT}。

14.在三相桥式全控整流电路中,电阻负载,如果有一个晶闸管不能导通,此时的整流电压 u_d 波形如何? 如果有一个晶闸管被击穿而短路,其他晶闸管受什么影响?

15.三相桥式全控整流电路, $U_2 = 300$ V,带电阻电感负载 $R = 30$ Ω, L 值极大。当 $\alpha = 30°$ 时,要求:

(1)画出 u_d、i_d 和 i_{VT1} 的波形;

(2)计算 U_d、I_d、I_{dVT} 和 I_{VT}。

16.在三相半波整流电路中,如果 a 相的触发脉冲消失,试绘出在电阻性负载和电感性负载下,且 $\alpha = 0°$ 整流电压 u_d 的波形,并画出 $\alpha = 30°$ 时 b 相晶闸管两端电压 u_{VT2} 的波形。

17.换相重叠角是如何产生的? 变压器漏感对整流电路有哪些影响?

18.单相全控桥,反电动势阻感负载, $R = 5$ Ω, L 值极大, $E = 40$ V, $U_2 = 100$ V, $L_B = 0.5$ mH。当 $\alpha = 60°$ 时,求 U_d、I_d 和 γ 的数值,并画出整流电压 u_d 的波形。

19.三相半波可控整流电路,反电动势阻感负载, $U_2 = 200$ V, $R = 10$ Ω, $L_B = 1$ mH, $E = 50$ V。当 $\alpha = 30°$ 时,求 U_d、I_d、γ 的值并作出 u_d 与 i_{VT1} 和 i_{VT2} 的波形。

20.续流二极管在全控整流电路和半控整流电路中的作用有何不同?

21.带平衡电抗器的双反星形可控整流电路与三相桥式全控整流电路相比有何异同?

22.什么是有源逆变和无源逆变? 全控整流电路有源逆变产生的条件是什么?

23.造成有源逆变的原因有哪些? 为了避免逆变失败的产生,通常对逆变角有何限制?

24.单相桥式全控整流电路、三相桥式全控整流电路中,当负载分别为电阻负载或电感负载时,要求的晶闸管移相范围分别是多少?

25.整流电路多重化的主要目的是什么?

第 **3** 章

无源逆变电路

逆变电路,是直流-交流变换电路,即 DC-AC 变换电路。它与整流电路相反,实现的是直流电能到交流电能的转换。如果把逆变电路的交流侧接到交流电网上,把直流电逆变成交流电后送到电网中,称为有源逆变。这种逆变电路输出的电压和频率就是电网电压和频率。如果逆变电路的交流侧不与电网联接,而是接到负载,即把直流电逆变成某一频率的交流电供给负载,称为无源逆变。无源逆变电路输出的交流电大小及频率与电网交流电的大小和频率无关,可以得到任意频率和电压的交流电。有源逆变在第 2 章已讲述过,本章只讨论无源逆变电路。

3.1 逆变电路概述

3.1.1 无源逆变电路的分类

逆变电路的分类方式很多,根据逆变的交流电的相数可分为单相逆变电路和三相逆变电路两大类。单相逆变电路适用于中小功率的场合;三相逆变电路适用于中大功率的场合。单相和三相逆变电路按不同的特点又可分为:

①按输入电源特点,输入直流侧为恒压源的电路称为电压源型逆变电路(Voltage Source Type Inverter,VSTI)或电压型逆变电路,输入直流侧为恒流源的电路称为电流源型逆变电路(Current Source Type Inverter,CSTI)或电流型逆变电路。

②按电路结构特点,可分为半桥式、全桥式、推挽式和单管逆变电路。

③按器件的换流特点,可分为强迫换流和自然换流逆变电路。

④按负载特点,可分为谐振式和非谐振式逆变电路。

⑤按输出波形特点,可分为正弦和非正弦逆变电路。

逆变电路在电力电子电路中占有十分突出的位置,应用非常广泛,其应用有两方面:一种是用于直接将直流电能转换为交流电能,称为直接变换,如蓄电池、干电池、太阳能电池等直流电源逆变向交流负载供电。另一种称为间接变换,指在多级转换系统中承担将直流转换为交流的变换任务,如感应加热电源、变压变频电压源(VVVF)、恒压恒频电压源(CVCF)、不间断电源(UPS)等工业交流电源均采用 AC-DC-AC 结构,其核心部分都是逆变电路。

3.1.2 逆变电路的工作原理

下面以单相桥式逆变电路为例说明其基本工作原理,其原理如图 3.1(a)所示。图中 $S_1 \sim S_4$ 是桥式电路的 4 个臂,它们由电力电子器件及其辅助电路组成。当开关 S_1、S_4 闭合,S_2、S_3 断开时,负载电压 u_o 为正;当开关 S_1、S_4 断开,S_2、S_3 闭合时,u_o 为负,其波形如图 3.1(b)所示。这样,就把直流电变成了交流电,改变两组开关的切换频率,即可改变输出交流电的频率。这就是逆变电路最基本的工作原理。

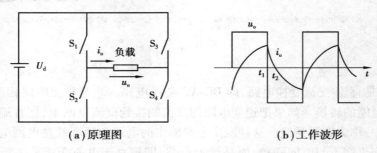

(a)原理图   **(b)工作波形**

图 3.1 逆变电路原理图及工作波形

当负载为电阻时,负载电流 i_o 和电压 u_o 的波形形状相同,相位也相同。当负载为阻感时,i_o 的基波相位滞后于 u_o 的基波相位,两者波形的形状也不同,图 3.1(b)给出的就是阻感负载时的 i_o 波形。设 t_1 时刻以前 S_1、S_4 导通,u_o 和 i_o 均为正。在 t_1 时刻断开 S_1、S_4,同时合上 S_2、S_3,则 u_o 的极性立刻变为负。但是,因为负载中有电感,其电流极性不能立刻改变而仍维持原方向。这时,负载电流 i_o 从直流电源正极流入,经 S_2、负载和 S_3 流回正极,负载电感中储存的能量向直流电源回馈,负载电流逐渐减小,到 t_2 时刻降为零,之后 i_o 才反向并逐渐增大。S_2、S_3 断开,S_1、S_4 闭合时的情况与之类似。上面是 $S_1 \sim S_4$ 均为理想开关时的分析,实际电路的工作过程要复杂一些。

当逆变电路负载为感性或容性负载时,其输出电压将超前或滞后电流,输出功率的瞬时值将会有正有负。正的功率表明逆变电路输出功率,即能量从逆变电路向负载传输;负的输出功率表明逆变电路吸收功率,即负载向逆变电路回馈能量。因此,逆变电路必须能够在四象限工作才能适应各种不同的负载情况。

为了使逆变电路能够在四象限工作,理想开关上的电流需要双向流动,由于开关器件的单向导电性,所以需要在开关器件上反并联二极管,以保证反向电流的流通。

3.1.3 逆变系统的基本结构

上面分析的是逆变器的主电路,要构成一个完整的逆变器系统,除了主电路之外还要有输入、输出、驱动与控制、保护等电路,其基本结构如图 3.2 所示。

逆变器系统各个部分功能如下:

(1)输入电路

逆变主电路输入为直流电,如直流电网或蓄电池供电,若是交流电网,首先必须有整流电路。

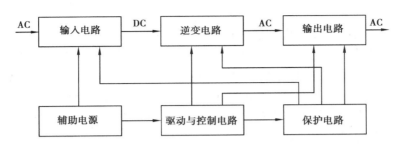

图 3.2　逆变器系统基本结构框图

（2）输出电路

输出电路一般都包括输出滤波电路。对于隔离逆变器,在输出电路的前面还有逆变变压器。对于开环控制的逆变系统,输出量不用反馈到控制电路,而对于闭环控制的逆变系统,输出量还要反馈到控制电路。

（3）驱动和控制电路

驱动控制电路的功能是按照要求产生和调节一系列的控制脉冲来控制开关管的导通和关断,从而配合逆变主电路完成逆变功能。在逆变系统中,控制电路和逆变电路具有同样的重要性。

（4）辅助电源

辅助电源的功能是将逆变器的输入电压变换成适合控制电路工作的直流电压。

（5）保护电路

保护电路主要有以下几种:

①输入过电压保护、欠电压保护。因为是电网问题,一般可以自恢复。

②输出过电压保护、欠电压保护。因为是故障问题,最好不可以自恢复。

③过载保护。有时是瞬间过载,通常可自恢复。

④过电流和短路保护。属于故障,通常不可以自恢复。

3.1.4　换流方式

电流从一个支路向另一个支路转移的过程称为换流,换流也常被称为换相。在换流过程中,有的支路要从通态转移到断态,有的支路要从断态转移到通态。从断态向通态转移时,无论支路是由全控型还是半控型电力电子器件组成,只要给门极适当的驱动信号,就可以使其开通。但从通态向断态转移的情况就不同。全控型器件可以通过对门极的控制使其关断,而对于半控型器件晶闸管来说,就不能通过门极的控制使其关断,必须利用外部条件或采取其他措施才能使其关断。一般来说,要在晶闸管电流过零后再施加一定时间的反向电压,才能使其关断。因为使器件关断,主要是使晶闸管关断,要比使其开通复杂得多,因此,研究换流方式主要是研究如何使器件关断。

一般来说,换流方式可分为以下几种:

（1）器件换流

利用全控型器件的自关断能力进行换流,称为器件换流（Device Commutation）。在采用IGBT、电力 MOSFET、GTO、GTR 等全控型器件的电路中,其换流方式即为器件换流。

(2) 电网换流

由电网提供换流电压称为电网换流(Line Commutation)。第 2 章讲述的相控整流电路,无论其工作在整流状态还是有源逆变状态,都是借助于电网电压实现换流的,都属于电网换流。后面第 5 章要讲到的三相交流调压电路和采用相控方式的交-交变频电路中的换流方式也都是电网换流。在换流时,只要把负的电网电压施加在想要关断的晶闸管上即可使其关断。这种换流方式不需要器件具有门极可关断能力,也不需要为换流附加任何元件,但是不适合用于没有交流电网的无源逆变电路。

(3) 负载换流

由负载提供换流电压称为负载换流(Load Commutation)。凡是负载电流的相位超前于负载电压的场合,都可以实现负载换流。当负载为电容性负载时,就可实现负载换流。负载换流适用于负载及频率变化不大的逆变电路,如冶炼用的中频电源。另外,当负载为同步电动机时,由于可以控制励磁电流使负载呈现为容性,因而也可以实现负载换流。

(4) 强迫换流

设置附加的换流电路,给欲关断的晶闸管强迫施加反向电压或反向电流的换流方式称为强迫换流(Forced Commutation)。强迫换流通常利用附加电容上所存储的能量来实现,因此也称为电容换流。

在强迫换流的方式中,由换流电路内电容直接提供换流电压的方式称为直接耦合式强迫换流,如图 3.3 所示。图 3.3 中,在晶闸管 VT 处于通态时,预先给电容 C 按图中所示极性充电。如果合上开关 S,就可以使晶闸管被施加反向电压而关断。

如果通过换流电路内的电容和电感的耦合来提供换流电压或换流电流,则称为电感耦合式强迫换流。图 3.4(a) 和(b) 是两种不同的电感耦合式强迫换流原理图。图 3.4(a) 中晶闸管在 LC 振荡第一个半周期内关断,图 3.4(b) 中晶闸管在 LC 振荡第二个半周期内关断。因为在晶闸管导通期间,两图中电容所充的电压极性不同。在图 3.4(a) 中,接通开关 S 后,LC 振荡电流将反向流过晶闸管 VT,与 VT 的负载电流相减,直到 VT 合成正向电流减至零后,再流过二极管 VD。在图 3.4(b) 中,接通 S 后,LC 振荡电流先正向流过 VT 并和 VT 中原有负载电流叠加,经半个振荡周期 $\pi\sqrt{LC}$ 后,振荡电流反向流过 VT,直到 VT 的合成正向电流减至零后再流过二极管 VD。这两种情况下,晶闸管都是在正向电流减至零且二极管开始流过电流时关断。二极管上的管压降就是加在晶闸管上的反向电压。

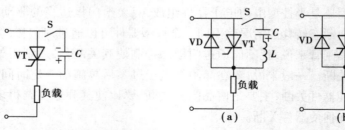

图 3.3　直接耦合式强迫换流原理图　　图 3.4　电感耦合式强迫换流原理图

像图 3.3 那样给晶闸管加上反向电压而使其关断的换流称为电压换流,而图 3.4 那样先使晶闸管电流减为零,然后通过反并联二极管使其加上反向电压的换流称为电流换流。

上述四种换流方式中,器件换流只适用于全控型器件,其余三种方式主要是针对晶闸管的。器件换流和强迫换流都是因为器件或变流器自身的原因而实现换流的,两者都属于自换流;电网换流和负载换流不是依靠变流器内部的原因,而是借助于外部手段(电网电压或负载电压)来实现换流的,它们属于外部换流。采用自换流方式的逆变电路称为自换流逆变电路,采用外部换流方式的逆变电路称为外部换流逆变电路。

3.2　电压型逆变电路

逆变电路根据直流侧电源性质的不同可分为两种:直流侧是电压源的称为电压型逆变电路;直流侧是电流源的称为电流型逆变电路。这里主要介绍几种电压型逆变电路的基本构成、工作原理和特性。为了与后面的 PWM 逆变电路区别,这里讨论的所有逆变电路均是指方波逆变电路,即输出电压是方波而不是 PWM 波。电压型逆变电路在实际中应用很多,如 UPS、有源滤波器、不可逆传动或稳速系统以及对快速要求不高的场合。

电压型逆变电路有以下特点:

①直流侧为电压源或并联有大电容,相当于电压源。直流侧电压基本无脉动,直流回路呈现低阻抗。

②由于直流电压的钳位作用,交流侧输出电压波形为矩形波,并且和负载阻抗角无关。而交流侧输出电流波形和相位因负载阻抗情况的不同而不同。

③当交流侧为阻感负载时需要提供无功功率,直流侧电容起缓冲无功能量的作用。为了给交流侧向直流侧反馈的无功能量提供通道,逆变桥各臂都并联了反馈二极管。

3.2.1　单相电压型逆变电路

(1)单相半桥电压型逆变电路

单相半桥电压型逆变电路原理图如图 3.5 所示,它有两个桥臂,每个桥臂有一个可控器件和一个反并联的二极管组成。在直流侧有两个互相串联的足够大的电容,两个电容的联接点便成为直流电源的中点。负载联接在直流电源中点和两个桥臂联接点之间。

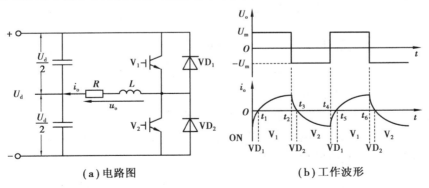

(a)电路图　　　　　(b)工作波形

图 3.5　单相半桥电压型逆变电路及其工作波形

设开关器件 V_1 和 V_2 的栅极信号在一个周期内各有半周正偏,半周反偏,其二者互补。当负载为感性时,其工作波形如图 3.5(b)所示。输出电压 u_o 为矩形波,其幅值为 $U_m = U_d/2$。输出电流 i_o 随负载情况而异。设 t_2 时刻以前 V_1 为通态,V_2 为断态。t_2 时刻给 V_1 关断信号,

给 V_2 开通信号,则 V_1 关断,但感性负载中的电流 i_o 不能立刻改变方向,于是 VD_2 导通续流。当 t_3 时刻 i_o 降为零时,VD_2 截止,V_2 导通,i_o 开始反向。同样,在 t_4 时刻给 V_2 关断信号,给 V_1 开通信号,V_2 关断,VD_1 先导通续流,t_5 时刻 V_1 才开通。各段时间内导通器件的名称标于图 3.5(b) 的下部。

当 V_1 或 V_2 为通态时,负载电流和电压同方向,直流侧向负载提供能量;而当 VD_1 或 VD_2 为通态时,负载电压和电流反向,负载电流中储存的能量向直流侧回馈,即负载电感将其吸收的无功能量回馈到直流侧。回馈能量暂时存储在直流侧电容器中,直流侧电容器起着缓冲无功能量的作用。因为二极管 VD_1、VD_2 是负载向直流侧回馈能量的通道,故称为反馈二极管;又因为 VD_1、VD_2 起着使负载电流连续的作用,因此又称为续流二极管。

当可控器件是不具有门极可关断能力的晶闸管时,必须附加强迫换流电路才能正常工作。

半桥逆变电路的优点是电路结构简单,使用器件少。其缺点是输出交流电压的幅值 U_m 仅为 $U_d/2$,且直流侧需要两个电容器串联,工作时还要控制两个电容器电压的均衡。因此,半桥电路常用于几 kW 以下的小功率逆变电路。

(2)单相全桥电压型逆变电路

单相全桥电压型逆变电路如图 3.6(a) 所示,它共有 4 个桥臂,可以看成由两个半桥电路组合而成。把桥臂 1 和 4 作为一对,桥臂 2 和 3 作为一对,成对的两个桥臂同时导通,两对交替各导通 $180°$。其输出电压 u_o 的波形如图 3.6(b) 所示,也是矩形波,但其幅值比单相半桥电压型逆变电路高出一倍,$U_m = U_d$。在直流电压和负载都相同的情况下,其输出电流 i_o 的波形当然也和图 3.5(b) 中 i_o 形状相同,其幅值增加一倍。关于无功能量的交换,对于半桥逆变电路的分析也完全适用于全桥逆变电路。

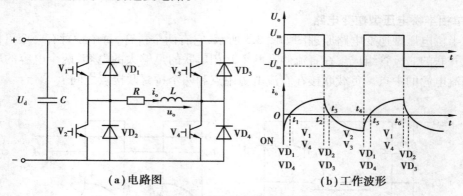

(a)电路图　　　(b)工作波形

图 3.6　单相全桥电压型逆变电路

全桥逆变电路是单相逆变电路中应用最多的。下面对其电压波形进行定量分析,把幅值为 U_d 的矩形波 u_o 展开成傅里叶级数得

$$u_o = \frac{4U_d}{\pi}\left(\sin \omega t + \frac{1}{3}\sin 3\omega t + \frac{1}{5}\sin 5\omega t + \cdots\right) \tag{3.1}$$

其中,基波的幅值和基波有效值分别为

$$U_{o1m} = \frac{4U_d}{\pi} = 1.27U_d \tag{3.2}$$

$$U_{o1} = \frac{2\sqrt{2}\,U_d}{\pi} = 0.9U_d \tag{3.3}$$

上述公式对于半桥逆变电路也是适用的,只是公式中的 U_d 要换成 $U_d/2$。

前面分析的都是 u_o 为正负电压各为 180°导通时的情况。在这种情况下,要改变输出交流电压的有效值只能通过改变电压 U_d 来实现。

在阻感负载时,还可以采用移相的方式来调节逆变电路的输出电压,这种方式称为移相调压。移相调压实际上就是调节输出电压脉冲的宽度。在图 3.7(a) 的单相全桥逆变电路中,各 IGBT 的栅极信号仍为 180°正偏,180°反偏,并且 V_1 和 V_2 的栅极信号互补,V_3 和 V_4 的栅极信号互补,但 V_3 的基极信号不是比 V_1 落后 180°,而是只落后 $\theta(0 < \theta < 180°)$。也就是说,$V_3$、$V_4$ 的栅极信号不是分别和 V_2、V_1 同相位,而是前移了 $180° - \theta$。这样输出电压 u_o 就不再是正负各为 180°的脉冲宽度,而是正负各为 θ 的脉冲宽度,各 IGBT 的栅极信号 $u_{G1} \sim u_{G4}$ 及输出电压 u_o、输出电流 i_o 的波形如图 3.7(b) 所示。下面对其工作过程进行具体分析。

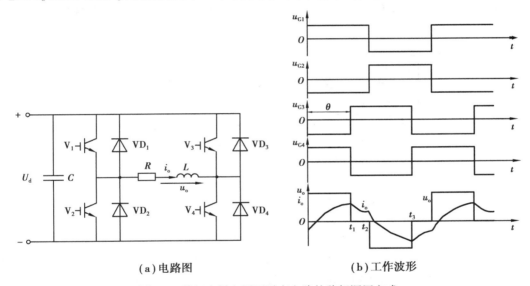

(a) 电路图　　　　　　　　(b) 工作波形

图 3.7　单相全桥电压型逆变电路的移相调压方式

设在 t_1 时刻前 V_1 和 V_4 导通,其输出电压 u_o 为 U_d,t_1 时刻 V_3 和 V_4 栅极信号反向,V_4 截止,而因负载电感中的电流 i_o 不能突变,V_3 不能立刻导通则 VD_3 续流导通。因为 V_1 和 VD_3 同时导通,所以输出电压为零。到 t_2 时刻 V_1 和 V_2 栅极信号反向,V_1 截止,而 V_2 不能立刻导通,VD_2 导通续流,和 VD_3 构成电流通道,输出电压为 $-U_d$。到负载电流过零并开始反向时,VD_2 和 VD_3 截止,V_1 和 V_3 开始导通,u_o 仍为 $-U_d$,t_3 时刻 V_3 和 V_4 栅极信号再次反向,V_3 截止,而 V_4 不能立刻导通,VD_4 导通续流,u_o 再次为零。以后的过程和前面的类似。这样其输出电压 u_o 的正负脉冲宽度各为 θ。改变 θ,这样可以调节输出电压。

在纯电阻负载时,采用上述移相方法也可以得到相同的结果,只是 $VD_1 \sim VD_4$ 不再导通,不起续流作用。在 u_o 为零期间,四个桥臂均不导通,负载也没有电流。

显然,上述移相调压方式并不适用于半桥逆变电路。不过在纯电阻负载时,仍可采用改变正负脉冲宽度的方法来调节半桥逆变电路的输出电压。这时,上下两臂的栅极信号不再各是 180°正偏、180°反偏并且互补,而是正偏宽度为 θ、反偏的宽度为 $180° - \theta$,二者相位差为

180°。这时输出电压 u_o 也是正负脉冲的宽度各为 θ。

移相调压控制方案用于电压调节,控制较复杂,在功率器件开关容量低、最高电机容量小的时候有其实用价值。相反,若只为实现电压调节显然得不偿失。要使输出电压调节更方便,谐波含量更低,更好的方式是采用后面第 6 章介绍的 SPWM 控制方式。

3.2.2 三相电压型逆变电路

用三个单相逆变电路可以组合成一个三相逆变电路。但在三相逆变电路中,应用最广的还是三相桥式逆变电路。采用 IGBT 作为开关器件的三相桥式电压型逆变电路如图 3.8 所示,可以看成由三个单相半桥逆变电路组成。

图 3.8 电路的直流侧通常只有一个电容器就可以了,但为了分析方便,画作串联的两个电容器并标出假想中点 N′。三相桥式电压型逆变电路的基本工作方式也是 180°导电方式,即每个桥臂的导电角度为 180°,同一相(即同一半桥)上下两臂交替导电,各相开始导电的角度彼此相差 120°。任一瞬间有三个桥臂同时导通,每次换流都是在同一相上下两个桥臂之间进行,因此也称为纵向换流。

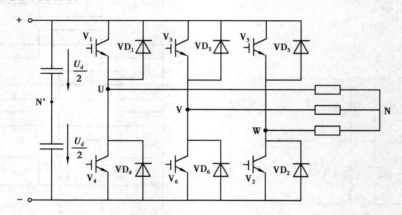

图 3.8　三相桥式电压型逆变电路

下面分析三相电压型桥式逆变电路的工作原理。对于 U 相输出来说,当桥臂 1 导通时,$u_{UN'} = U_d/2$;当桥臂 4 导通时,$u_{UN'} = -U_d/2$。因此,$u_{UN'}$ 的波形是幅值为 $U_d/2$ 的矩形波。V、W 两相和 U 相类似,$u_{VN'}$、$u_{WN'}$ 的波形形状和 $u_{UN'}$ 相同,只是相位依次相差 120°。$u_{UN'}$、$u_{VN'}$、$u_{WN'}$ 的波形如图 3.9(a)、(b)、(c)所示。

负载线电压 u_{UV}、u_{VW}、u_{WU} 可由下式求出:

$$\left.\begin{aligned} u_{UV} &= u_{UN'} - u_{VN'} \\ u_{VW} &= u_{VN'} - u_{WN'} \\ u_{WU} &= u_{WN'} - u_{UN'} \end{aligned}\right\} \tag{3.4}$$

依照式(3.4)画出 u_{UV} 的波形如图 3.9(d)所示。

设负载中点 N 与直流电源假想中点 N′ 之间的电压为 $u_{NN'}$,则负载各相的相电压分别为

$$\left.\begin{aligned} u_{UN} &= u_{UN'} - u_{NN'} \\ u_{VN} &= u_{VN'} - u_{NN'} \\ u_{WN} &= u_{WN'} - u_{NN'} \end{aligned}\right\} \tag{3.5}$$

把式(3.5)相加并整理可得

$$u_{NN'} = \frac{1}{3}(u_{UN'} + u_{VN'} + u_{WN'}) - \frac{1}{3}(u_{UN} + u_{VN} + u_{WN}) \qquad (3.6)$$

设负载为三相对称负载,则有 $u_{UN} + u_{VN} + u_{WN} = 0$,所以有

$$u_{NN'} = \frac{1}{3}(u_{UN'} + u_{VN'} + u_{WN'}) \qquad (3.7)$$

$u_{NN'}$ 的波形如图 3.9(e)所示,它也是矩形波,但其频率为 $u_{UN'}$ 频率的 3 倍,幅值为其 1/3,即为 $U_d/6$。同理可画出 u_{VN}、u_{WN} 的波形,只是相位依次相差 120°。

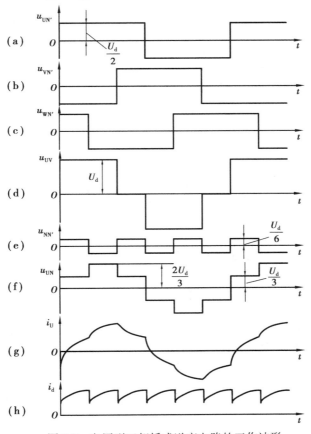

图 3.9 电压型三相桥式逆变电路的工作波形

当负载为三相对称负载 RL 时,可由 u_{UN} 的波形求出 i_U 的波形。负载的阻抗角 φ 不同,i_U 的波形形状和相位都不相同。图 3.9(g)所示给出的是阻感负载下 $\varphi < \pi/3$ 时 i_U 的波形。桥臂 1 和 4 之间的换流过程和半桥电路相似。上桥臂 1 中的 V_1 从通态转换到断态时,因负载电感中的电流不能突变,下桥臂 4 中的 VD_4 先导通续流,待负载电流降到零,桥臂 4 中的电流反向时,V_4 才开始导通。负载阻抗角 φ 越大,VD_4 导通的时间就越长。$u_{UN'} > 0$ 即为桥臂 1 导电的区间,其中 $i_U < 0$ 时为 VD_1 导通,$i_U > 0$ 时为 V_1 导通;$u_{UN'} < 0$ 即为桥臂 4 导电的区间,其中 $i_U > 0$ 时为 VD_4 导通,$i_U < 0$ 时为 V_4 导通。

i_V、i_W 的波形和 i_U 形状相同,相位依次相差 120°。把桥臂 1、3、5 的电流相加可得直流侧电流 i_d 的波形,如图 3.9(h)所示。可以看出,i_d 每隔 60° 脉动一次,而直流侧电压基本无脉

133

动,因此逆变器从直流侧向交流侧传送的功率是脉动的,且脉动的情况和 i_d 脉动的情况大体相同。这也是电压型逆变电路的一个特点。

下面对三相电压型桥式逆变电路的输出电压进行定量分析。把输出线电压 u_{UV} 展开成傅里叶级数得

$$u_{UV} = \frac{2\sqrt{3}\,U_d}{\pi}\left(\sin \omega t - \frac{1}{5}\sin 5\omega t - \frac{1}{7}\sin 7\omega t + \frac{1}{11}\sin 11\omega t + \frac{1}{13}\sin 13\omega t - \cdots\right)$$

$$= \frac{2\sqrt{3}\,U_d}{\pi}\left[\sin \omega t + \sum_n \frac{1}{n}(-1)^k \sin n\omega t\right] \tag{3.8}$$

式中, $n = 6k \pm 1$, k 为自然数。

输出线电压有效值 U_{UV} 为

$$U_{UV} = \sqrt{\frac{1}{2\pi}\int_0^{2\pi} u_{UV}^2 \mathrm{d}\omega t} = 0.816U_d \tag{3.9}$$

基波幅值为 U_{UV1m} 为

$$U_{UV1m} = \frac{2\sqrt{3}\,U_d}{\pi} = 1.1U_d \tag{3.10}$$

基波有效值 U_{UV1} 为

$$U_{UV1} = \frac{U_{UV1m}}{\sqrt{2}} = \frac{\sqrt{6}}{\pi}U_d = 0.78U_d \tag{3.11}$$

把负载相电压 u_{UN} 展开成傅里叶级数得

$$u_{UN} = \frac{2U_d}{\pi}\left(\sin \omega t + \frac{1}{5}\sin 5\omega t + \frac{1}{7}\sin 7\omega t + \frac{1}{11}\sin 11\omega t + \frac{1}{13}\sin 13\omega t + \cdots\right)$$

$$= \frac{2U_d}{\pi}\left(\sin \omega t + \sum_n \frac{1}{n}\sin n\omega t\right) \tag{3.12}$$

式中, $n = 6k \pm 1$, k 为自然数。

负载相电压有效值 U_{UN} 为

$$U_{UN} = \sqrt{\frac{1}{2\pi}\int_0^{2\pi} u_{UN}^2 \mathrm{d}\omega t} = 0.471U_d \tag{3.13}$$

基波幅值为 U_{UN1m} 为

$$U_{UN1m} = \frac{2U_d}{\pi} = 0.637U_d \tag{3.14}$$

基波有效值 U_{UN1} 为

$$U_{UN1} = \frac{U_{UN1m}}{\sqrt{2}} = 0.45U_d \tag{3.15}$$

在180°导电方式逆变器中,为了防止同一相上下两桥臂的开关器件同时导通而引起直流侧电源的短路,要采取"先断后通"的方法。即先给应关断的器件发出关断信号,待其关断后留一定的时间裕量,然后再给应导通的器件发出开通信号,即在两者之间留一个短暂的死区时间。死区时间的长短要视器件的开关速度而定,器件的开关速度越快,所留的死区时间就越短。这一"先断后通"的方法对于工作在上下桥臂通断互补方式下的其他电路也是适用的。显然,前述的单相半桥和全桥逆变电路也必须采用这一方法。

例 3.1　三相桥式电压型逆变电路,180°导电方式,$U_d = 200$ V。试求输出相电压的基波幅值 U_{UN1m} 和有效值 U_{UN1}、输出线电压的基波幅值 U_{UV1m} 和有效值 U_{UV1}、输出线电压中 7 次谐波的有效值 U_{UV7}。

解:

$$U_{UN1} = \frac{U_{UN1m}}{\sqrt{2}} = 0.45 U_d = 0.45 \times 200 \text{ V} = 90 \text{ V}$$

$$U_{UN1m} = \frac{2 U_d}{\pi} = 0.637 U_d = 0.637 \times 200 \text{ V} = 127.4 \text{ V}$$

$$U_{UV1m} = \frac{2\sqrt{3}\, U_d}{\pi} = 1.1 U_d = 1.1 \times 200 \text{ V} = 220 \text{ V}$$

$$U_{UV1} = \frac{U_{UV1m}}{\sqrt{2}} = \frac{\sqrt{6}}{\pi} U_d = 0.78 U_d = 0.78 \times 200 \text{ V} = 156 \text{ V}$$

$$U_{UV7} = \frac{U_{UV1}}{7} = \frac{\sqrt{6}}{7\pi} U_d = 0.11 U_d = 0.11 \times 200 \text{ V} = 22 \text{ V}$$

3.3　电流型逆变电路

直流侧电源为电流源的逆变电路称为电流型逆变电路。一般在直流侧串联大电感,电流脉动很小,可近似看成直流电流源。电流型逆变电路用于加减速频繁或需要经常反向的电力传动系统。

电流型逆变电路主要特点:

①直流侧串大电感,相当于电流源。直流侧电流基本无脉动。

②交流输出电流为矩形波,输出电压波形和相位因负载不同而不同。

③直流侧电感起缓冲无功能量的作用,不必给开关器件反并联二极管。

电流型逆变电路中,采用半控型器件的电路仍应用较多。换流方式有负载换流、强迫换流。下面讨论单相和三相电流型逆变电路的基本工作原理。

3.3.1　单相电流型逆变电路

图 3.10 所示是一种并联谐振式单相桥式电流型逆变电路的原理图。电路由四个桥臂构成,每个桥臂的晶闸管各串联一个电抗器 L_T。L_T 用来限制晶闸管开通时的 di/dt,各桥臂的 L_T 之间不存在互感。使桥臂 1、4 和桥臂 2、3 以 1 000 ~ 2 500 Hz 的中频轮流导通,就可以在负载上得到中频交流电。

该电路是采用负载换流方式工作的,要求负载电流略超前于负载电压,即负载略呈容性。实际负载一般是电磁感应线圈,用来加热置于线圈内的钢料。图 3.10 中 R 和 L 串联即为感应线圈的等效电

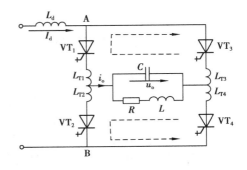

图 3.10　单相桥式电流型
（并联谐振式）逆变电路

路。因为功率因数很低,故并联补偿电容器 C。电容 C 和 L、R 构成并联谐振电路,故这种逆变电路也被称为并联谐振式逆变电路。负载换流方式要求负载电流超前于电压,因此补偿电容应使负载过补偿,使负载电路总体上工作在容性并略失谐的情况下。

因为是电流型逆变电路,故其交流输出电流波形接近矩形波,其中包含基波和各奇次谐波,且谐波幅值远小于基波。因基波频率接近负载电路谐振频率,故负载电路对基波呈现高阻抗,而对谐波呈现低阻抗。谐波在负载电路上产生的压降很小,因此负载电压的波形接近正弦波。

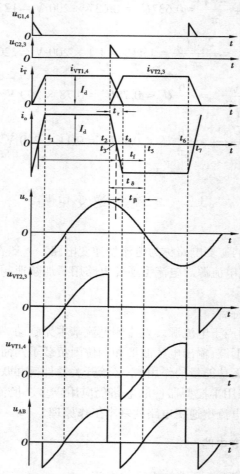

图 3.11　单相桥式电流型(并联谐振式)逆变电路的工作波形

图 3.11 是单相桥式电流型逆变电路的工作波形。在交流电流的一个周期内,有两个稳定导通阶段和两个换流阶段。

$t_1 \sim t_2$ 阶段:晶闸管 VT_1 和 VT_4 稳定导通阶段,负载电流 $i_o = I_d$,近似为恒值,t_2 时刻之前在电容 C 上,即负载上建立了左正右负的电压。

$t_2 \sim t_4$ 阶段:在 t_2 时刻触发晶闸管 VT_2 和 VT_3,因为 t_2 时 VT_2 和 VT_3 的阳极电压等于负载电压,为正值,故 VT_2 和 VT_3 导通,开始进入换流阶段。$t_4 - t_2 = t_\gamma$ 称为换流时间。由于每个晶闸管都串有换流电抗器 L_T,故 VT_1 和 VT_4 在 t_2 时刻不能立刻关断,其电流有一个减小过程。同样,VT_2 和 VT_3 的电流也有一个增大的过程。t_2 时刻后,四个晶闸管全部导通,负载电容电压经两个并联的放电回路同时放电。其中一个回路是经 L_{T1}、VT_1、VT_3、L_{T3} 回到电容 C;另

一个回路是经 L_{T2}、VT_2、VT_4、L_{T4} 回到电容 C，如图 3.10 中虚线所示。在这个过程中，VT_1、VT_4 电流逐渐减小，VT_2、VT_3 电流逐渐增大。当 $t=t_4$ 时，VT_1、VT_4 电流减至零而关断，直流侧电流 I_d 全部从 VT_1、VT_4 转移到 VT_2、VT_3，换流阶段结束。因为负载电流 $i_o = i_{VT_1} - i_{VT_2}$，所以 i_o 在 t_3 时刻，即 $i_{VT_1} = i_{VT_2}$ 时刻过零，t_3 时刻大体位于 t_2 和 t_4 的中点。

　　$t_4 \sim t_5$ 阶段：晶闸管在电流减小到零后，尚需一段时间才能恢复正向阻断能力。因此，在 t_4 时刻换流结束后，还要使 VT_1、VT_4 承受一段反压时间 t_β 才能保证其可靠关断。$t_\beta = t_5 - t_4$ 应大于晶闸管的关断时间 t_{off}。如果 VT_1、VT_4 尚未恢复阻断能力就被加上正向电压，将会重新导通，使逆变失败。为了保证可靠换流，应在负载电压 u_o 过零前 $t_\delta = t_5 - t_2$ 时刻去触发 VT_2、VT_3。t_δ 称为触发引前时间。

　　图 3.11 中 $t_4 \sim t_6$ 是 VT_2、VT_3 的稳定导通阶段。t_6 以后又进入从 VT_2、VT_3 导通向 VT_1、VT_4 导通的换流阶段，其过程和前面的分析类似。

　　在换流过程中，上下桥臂的 L_T 上的电压极性相反，如果不考虑晶闸管压降，则 A、B 间的电压 $u_{AB} = 0$。可以看出，u_{AB} 的脉动频率为交流输出电压频率的两倍。在 u_{AB} 为负的部分，逆变电路从直流电源吸收的能量为负，即补偿电容 C 的能量向直流电源反馈。这实际上反映了负载和直流电源之间无功能量的交换。在直流侧，L_d 起到缓冲这种无功能量的作用。

　　如果忽略换流过程，i_o 可近似看成矩形波，展开成傅里叶级数可得

$$i_o = \frac{4I_d}{\pi}\left(\sin \omega t + \frac{1}{3}\sin 3\omega t + \frac{1}{5}\sin 5\omega t + \cdots \right) \tag{3.16}$$

其基波电流有效值 I_{o1} 为

$$I_{o1} = \frac{4I_d}{\sqrt{2}\,\pi} = 0.9I_d \tag{3.17}$$

　　下面再来看负载电压有效值 U_o 和直流电压 U_d 的关系。如果忽略电抗器 L_d 的损耗，则 u_{AB} 的平均值应等于 U_d。再忽略晶闸管压降，则从图 3.11 的 u_{AB} 波形可得

$$U_d = \frac{1}{\pi}\int_{-\beta}^{\pi-(\gamma+\beta)} u_{AB}\,\mathrm{d}\omega t = \frac{1}{\pi}\int_{-\beta}^{\pi-(\gamma+\beta)} \sqrt{2}\,U_o \sin \omega t\,\mathrm{d}\omega t$$

$$= \frac{\sqrt{2}\,U_o}{\pi}\left[\cos(\beta+\gamma) + \cos\beta \right] = \frac{2\sqrt{2}\,U_o}{\pi}\cos\left(\beta + \frac{\gamma}{2}\right) \cos\frac{\gamma}{2} \tag{3.18}$$

　　一般情况下 γ 值较小，可近似认为 $\cos(\gamma/2) \approx 1$，可得

$$U_d = \frac{2\sqrt{2}}{\pi}U_o \cos \varphi \tag{3.19}$$

或

$$U_o = \frac{\pi U_d}{2\sqrt{2}\,\cos\varphi} = 1.11\frac{U_d}{\cos\varphi} \tag{3.20}$$

　　以上讨论的是由晶闸管组成的单相电流型逆变电路，从上面的分析知道，此电路晶闸管换流承受的反向电压由负载电压提供，所以要求负载必须呈容性，即负载电流波形超前电压波形，超前的角度一定要满足晶闸管关断时所对应的时间要求。

3.3.2　三相电流型逆变电路

　　图 3.12 是典型的三相桥式电流型逆变电路，这种电路的基本工作方式是 120° 导电方式。即每个臂一周期内导电 120°，按 VT_1 到 VT_6 的顺序每隔 60° 依次导通。这样，每个时刻上桥

臂组的三个臂和下桥臂组的三个臂都各有一个臂导通。换流时,是在上桥臂组或下桥臂组的组内依次换流,为横向换流。输出交流电流波形和负载性质无关,是正负脉冲宽度各为120°的矩形波。图3.13给出了逆变电路的三相输出交流电流波形及线电压 u_{UV} 的波形。输出电流波形和三相桥式可控整流电路在大电感负载下的交流输入电流波形形状相同。输出线电压波形和负载性质有关,图3.13中给出的波形大体为正弦波,但叠加了一些脉冲,这是由逆变器中的换流过程而产生的。

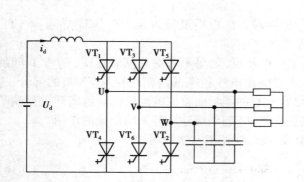

图3.12 电流型三相桥式逆变电路

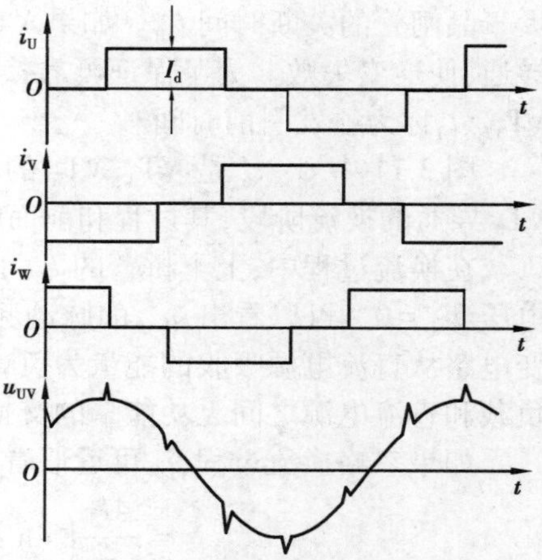

图3.13 电流型三相桥式逆变电路的输出波形

输出交流电流的基波中 I_{U1} 和直流电流 I_d 的关系为

$$I_{U1} = \frac{\sqrt{6}}{\pi}I_d = 0.78I_d \tag{3.21}$$

式(3.21)和三相桥式电压型逆变电路中求输出线电压有效值的式(3.11)相比,因两者波形形状相同,所以两个公式的系数相同。

随着全控型器件的不断进步,晶闸管逆变电路的应用已越来越少,但图3.14所示的串联二极管式晶闸管逆变电路仍应用较多。这种电路主要应用于中大功率交流电机调速系统。

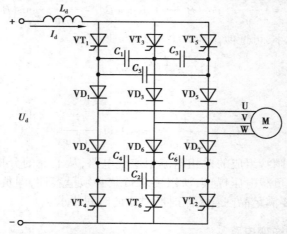

图3.14 串联二极管式晶闸管三相电流型逆变电路

可以看出,这是一个三相桥式电流型逆变电路,因为各桥臂的晶闸管和二极管串联使用而得名。电路仍为前述的120°导电工作方式,输出波形和图3.13的波形大体相同。各桥臂之间换流采用强迫换流方式,联接于各桥臂之间的电容 $C_1 \sim C_6$ 即为换流电容。下面主要对其换流过程进行分析。

设逆变电路已进入稳定工作状态,换流电容已充上电压。电容所充电压的规律是:对于共阳极晶闸管来说,电容器与导通晶闸管相联接的一端极性为正,另一端为负,不与导通晶闸管相联接的另一电容器电压为零;共阴极晶闸管与共阳极晶闸管情况类似,只是电容电压相反。在分析换流过程时,常用等效换流电容的概念。例如在分析以晶闸管 VT_1 向 VT_3 换流时,换流电容 C_{13} 就是 C_3 与 C_5 串联后再与 C_1 并联的等效电容。设 $C_1 \sim C_6$ 的电容量均为 C,则 $C_{13}=3C/2$。

下面分析从 VT_1 向 VT_3 换流的过程。假设换流前 VT_1 和 VT_2 导通,C_{13} 电压 U_{C_0} 左正右负,如图 3.15(a)所示。换流过程可分为恒流放电和二极管换流两个工作阶段。

在 t_1 时刻给 VT_3 以触发脉冲,由于 C_{13} 电压的作用,使 VT_3 导通,而 VT_1 被施以反向电压而关断。直流电流 I_d 从 VT_1 换到 VT_3 上,C_{13} 通过 VD_1、U 相负载、W 相负载、VD_2、VT_2、直流电源和 VT_3 放电,如图 3.15(b)所示。因放电电流恒为 I_d,故称恒流放电阶段。在 C_{13} 电压 $u_{C_{13}}$ 降到零之前,VT_1 一直承受反向,只要反压时间大于晶闸管关断时间 t_q,就能保证可靠关断。

设 t_2 时刻 $u_{C_{13}}$ 降到零,之后在 U 相负载电感的作用下,开始对 C_{13} 反向充电。如忽略负载中电阻的压降,则在 t_2 时刻 $u_{C_{13}}=0$ 后,二极管 VD_3 受到正向偏置而导通,开始流过电流 i_V,而 VD_1 流过的充电电流为 $i_U=I_d-i_V$。两个二极管同时导通,进入二极管换流阶段,如图 3.15(c)所示。随着 C_{13} 充电电压不断增高,充电电流减小,i_V 逐渐增大,到 t_3 时刻充电电流 i_U 减到零,$i_V=I_d$,VD_1 承受反压而关断,二极管换流阶段结束。

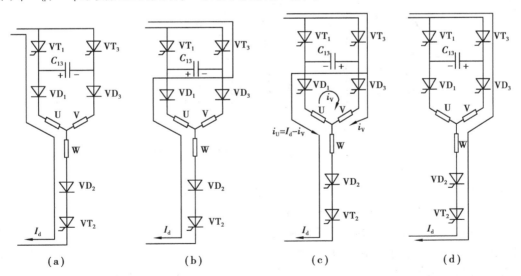

图 3.15   换流过程各阶段的电流路径

t_3 时刻以后,进入 VT_2、VT_3 稳定导通阶段,电流路径如图 3.15(d)所示。

如果负载为交流电动机,则在 t_2 时刻 $u_{C_{13}}$ 降至零时,如电动机反电动势 $e_{VU} > 0$,则 VD_3 仍承受反向电压而不能导通。直到 $u_{C_{13}}$ 升高到与 e_{VU} 相等后,VD_3 才承受正向电压而导通,进入 VD_3 和 VD_1 同时导通的二极管换流阶段。此后的过程与前面分析的完全相同。

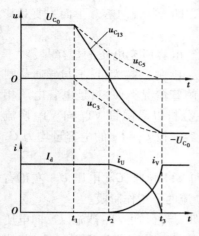

图 3.16 串联二极管晶闸管逆变
电路换流过程波形

图 3.16 给出了电感负载时 $u_{C_{13}}$、i_U 和 i_V 的波形。图中还给出了各换流电容电压 u_{C_1}、u_{C_3} 和 u_{C_5} 的波形。u_{C_1} 的波形当然和 $u_{C_{13}}$ 完全相同，在换流过程，u_{C_1} 从 U_{C_0} 降为 $-U_{C_0}$。C_3 和 C_5 是串联再和 C_1 并联的，因它们的充放电电流均为 C_1 的一半，故换相过程电压变化的幅度也是 C_1 的一半。换流过程中，$u_{C_{13}}$ 从零变到 $-U_{C_0}$，u_{C_5} 从 U_{C_0} 变到零。这些电压恰好符合相隔 120° 后从 VT_3 到 VT_5 换流时要求，为下次换流准备好了条件。

当用三相桥式电流型逆变器驱动同步电动机时，是利用滞后于电流相位的反电动势实现换流的，因为同步电动机是逆变器的负载，因此这种换流方式也属于负载换流。

从图 3.17 中可以看出，由三相可控整流电路为逆变器提供直流电源，逆变器采用 120° 导电方式，利用电动机反电动势实现换流。例如，从 VT_1 向 VT_3 换流时，因 V 相电压高于 U 相，VT_3 导通时 VT_1 就被关断，这和有源逆变电路的工作情况十分相似。图 3.18 是在电动状态下电路的工作波形。

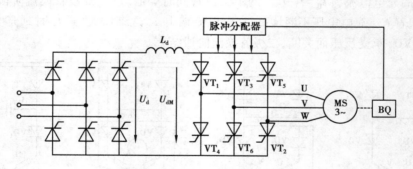

图 3.17 无换相器电动机的基本电路

图 3.17 中，BQ 是转子位置检测器，与电动机同轴联接，用来检测磁极位置以决定什么时候给哪个晶闸管发出触发脉冲。

由位置检测器检出的信号经逻辑电路处理后给逆变器的 6 个晶闸管顺次送出一个周期的 6 个触发脉冲。对于两极电动机而言，转子旋转一周，逆变器正好工作一周期，定子磁场也正好旋转一周。定子旋转磁场的转速或逆变器的触发周期不是独立的，而是直接由转子的转速来控制的。电动机的转速降低了，检测器输出的信号频率随之降低。逆变器输出频率也降低，定子旋转磁场转速也相应降低，所以不存在失步问题。因此，无换向器电动机调速实质上是自控式同步机变频调速。

逆变器 $V_1 \sim V_6$ 各管的触发时刻由位置检测装置的初始位置来决定，改变位置检测器的初始位置就可以改变相电流或相电压（或反电动势）的相位关系。因此，适当调节位置检测器的初始位置就可以获得超前电流，使同步电动机成为容性负载。

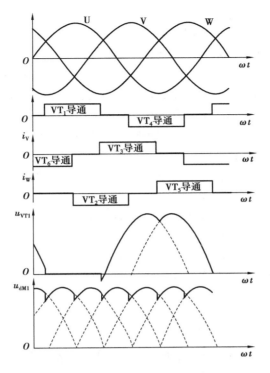

图 3.18　无换相器电动机电路工作波形

3.4　逆变电路的应用

3.4.1　多电平逆变电路

前面讨论的逆变电路的相电压只有 $U_d/2$ 和 $-U_d/2$ 两种电平,因而称为二电平逆变电路。该电路结构简单、控制容易,但也有诸多限制:

①来自器件方面的限制。在传统的二电平三相桥式逆变器中,开关器件在关断过程中所承受的最高电压要高于直流环节的电源电压,而逆变电路的输出线电压峰值正比于 U_d ,因此要想提高逆变器的输出电压就必须提高中间环节电压,这会受到开关器件最高允许电压的限制。常用的 IGBT 最高允许电压一般小于 3 300 V,即使是耐压能力较高的 GTO,一般也不超过 6 000 V。因此受当前电力电子器件生产和制造技术的限制,二电平逆变电路难以满足中高压逆变器的需要。

②来自输出电压波形的限制。二电平输出相电压只有两种电平状态,输出电压波形的谐波含量较高,电磁干扰比较严重。

如果使逆变电路的输出的相电压有 3 种以上的电平状态,既减小开关器件的电压应力,又减小输出电压谐波含量,则可在中高压变频器中获得广泛应用,这种逆变电路就是多电平逆变电路。

多电平逆变电路主要结构有二极管钳位型逆变电路和电容钳位型逆变电路。

（1）中压电压等级

输电系统的电压等级的划分国内与国际上略有区别。国际上，对于交流输电系统有如下电压等级：超高压（Extra High Voltage，EHV）为 330～750（765）kV；高压（High Voltage，HV）为 10 kV 以上（35～220 kV）；中压为 1～10 kV；低压为 1 kV 以下。而直流输电系统一般采用高压直流输电（High Voltage Directcurrent，HVDC），电压等级为 ±500 kV。我国输电电压等级：高压电网为 110 kV 和 220 kV；超高压为 330 kV、500 kV、750 kV；特高压为 1 000 kV 交流、±800 kV 直流。电气传动电压等级的划分，国外：10 kV 以上为高压；1～10 kV 为中压；1 kV 以下为低压。我国称 1～10 kV 变频器为高压变频器。

中高压逆变电路主要应用于大功率电机的变频调速，比如钢铁企业的轧钢机（功率在 500 kW 以上）、大功率风机、水泵、电动车辆（电力机车、地铁无轨电车等）、船舰（功率均为 MW 级）等。大功率电机均采用中高压供电，一方面可以限制电动机直接启动时的母线压降，另一方面可以减少供电线路损耗。

在我国，一般情况下 200 kW 以上电动机用中压，400 V 以上只采用 10 kV 这一等级的电压，6 kV 的电压等级正在淘汰，使得中压这一范围的电压等级变高，影响了大中功率中压变频器的推广。

由于电压等级高，使得变频器中器件串联数增多，电流利用率降低，价格升高，可靠性降低。以 630 kW 变频器为例，若电压为 10 kV 电流仅为 45 A，H 桥级联变频器需要用 1 700 V、100 A（或 150 A）的 IGBT 桥 10 串，三相共 120 个器件。现在 IGBT 的电流等级已达 2 400 A，采用大电流器件更为合理。如果改用 690 V 电压，变频器仅需 12 个 1 700 V、1 000 A 的 IGBT，器件大大减少，电路简化。

国外的情况与我国不同。在国外，在 400 V 和 10 kV 之间还有如下电压等级：低压690 V、中压 2.3 kV、3（3.3）kV、4.16kV、6（6.9）kV，低压电动机（400 V 和 690 V）功率扩展至 1 000 kW，中压电动机的电压等级随功率增加而升高；除特大功率外，不生产 10 kV 变频器。因此，在我国需要把供电和用电的电压等级分开，在中压变频器的输入端配输入变压器，一次侧接 10 kV 电网，二次侧根据功率大小，选择合适的变频器和电动机的电压等级。

电动机采用变频调速后，启动电流减小，低压电动机的功率可以扩展至 800～1 000 kW，500 kW 以下用 400 V，500 kW 以上用 690 V。功率大于 800 kW 的场合宜用 6 kV 或 3（3.3）kV，尽量避免选用 10 kV 的变频器。

（2）二极管钳位型三电平逆变电路

二极管钳位型三电平逆变电路（也称中性点钳位逆变电路）主电路如图 3.19 所示。从图中可以看出，该电路在传统二电平三相桥式逆变电路 6 个主开关管（V_{11}～V_{61}）的基础上，分别在每个桥臂上增加两个辅助开关管（V_{12}～V_{62}）和两个中性点钳位二极管（VD_{01}～V_{06}），直流侧用两个串联的电容（C_1、C_2）将直流母线电压分为 $+U_d/2$、0、$-U_d/2$ 三个电平，钳位二极管（VD_{01}～VD_{06}）和内侧开关管（V_{12}、V_{41}、V_{32}、V_{61}、V_{52}、V_{21}）并联，其中心抽头和零电平 N′ 联接，实现中性点钳位。

下面以 U 相为例说明该电路的工作原理。

当逆变电路中 V_{11} 和 V_{12} 导通而 V_{41} 和 V_{42} 关断时，U 相的输出相电压（相对于中间直流环节的中心点 N′）$U_{UN'} = U_d/2$，此时电流 i_U 的流通路径为：$U_d(+) \rightarrow V_{11} \rightarrow V_{12} \rightarrow U$，$i_U > 0$，设该状态为"1"。当逆变电路中 V_{41} 和 V_{42} 导通而 V_{11} 和 V_{12} 关断时，U 相的输出相电压

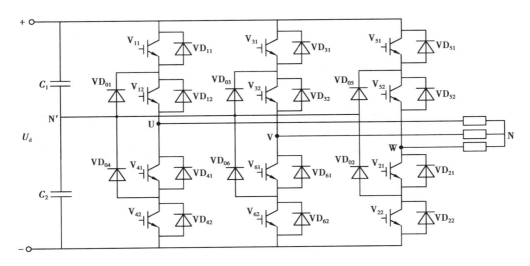

图 3.19　二极管钳位型三电平逆变电路

$U_{UN'} = -U_d/2$, 此时电流 i_U 的流通路径为: $U \rightarrow V_{41} \rightarrow V_{42} \rightarrow U_d(-)$, $i_U < 0$, 设该状态为 "-1"。这两种状态与传统的二电平逆变电路无太大区别, 只是每半桥臂由两个开关器件相串联。该电路的第三种状态为 "0" 状态, 在这种状态下, 使 V_{11}、V_{42} 关断而 V_{12} 或 V_{41} 导通。因负载电流方向的不同, 电流在 U 相桥臂内的流通路径也不同。当 $i_U > 0$ 时, 流通路径为: $N' \rightarrow VD_{01} \rightarrow V_{12} \rightarrow U$, $U_{UN'} = 0$; 当 $i_U < 0$ 时, 流通路径为: $U \rightarrow V_{41} \rightarrow VD_{04} \rightarrow N'$, $U_{UN'} = 0$。可见, 不论 i_U 的方向如何, 逆变电路输出相电压总为零, 从而得到第三种电平。这样, 通过辅助开关管和钳位二极管的共同作用, 可以使逆变电路输出 $U_d/2$、0、$-U_d/2$ 三种电平的相电压, 线电压则为 $\pm U_d$、0、$\pm U_d/2$ 五电平。与二电平电路输出线电压波形相比, 三电平电路输出线电压谐波含量更小, 波形更接近正弦波。而且每个主开关器件关断时所承受的电压仅为直流侧电压的一半, 故可以用低耐压的器件实现高压大功率的场合。

　　用与三电平电路类似的方法, 可构成五电平、七电平等更多电平的电路。随着大功率可控器件容量等级的不断提高, 以及智能控制芯片的迅速普及, 关于多电平逆变电路的研究和应用有了迅猛的发展, 应用领域从最初的 DC-AC 变换(如大功率电机驱动)拓展到 AC-DC 变换(如电力系统无功补偿)和 DC-DC 变换(如高压直流变换)。电路系统中的无功补偿和高压直流输电以及高压大电机变频调速是目前多电平变流电路应用的主要领域。

　　(3)电容钳位型三电平逆变电路

　　电容钳位型三电平逆变电路原理图如图 3.20 所示。它是采用跨接在串联开关器件之间的电容实现钳位功能的。与二极管钳位的三电平逆变电路相比较, 可以看出, 该电路用钳位电容器 C_U、C_V、C_W 取代钳位二极管, 而直流侧的分压电容器不变, 工作原理与二极管钳位型逆变电路相似。该电路可以输出 $U_d/2$、0、$-U_d/2$ 三种电平。在图中, 当 V_{11} 和 V_{12} 导通而 V_{41} 和 V_{42} 关断时, 逆变电路 U 相的输出相电压 $U_{UN'} = U_d/2$; 当逆变电路中 V_{41} 和 V_{42} 导通而 V_{11} 和 V_{12} 关断时, 逆变电路 U 相的输出相电压 $U_{UN'} = -U_d/2$; 当 V_{11} 和 V_{41} 导通而 V_{12} 和 V_{42} 关断时, 钳位电容 C_U 充电, 或者当 V_{11} 和 V_{41} 关断而 V_{12} 和 V_{42} 导通时, 钳位电容 C_U 放电。此时, 逆变电路的输出电压等于 0, 通过选择合适的 0 电平开关状态, 可以实现钳位电容的充放电平衡。其输出波形与二极管钳位型三电平逆变电路完全一样。

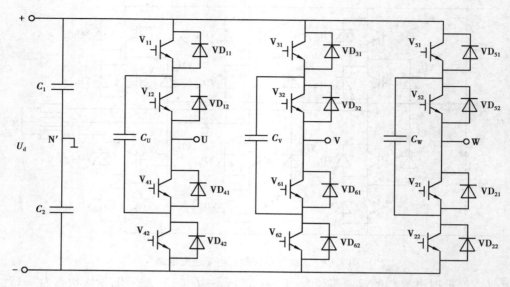

图 3.20　电容钳位型三电平逆变电路原理图

电容钳位型三电平逆变电路与二极管钳位型三电平逆变电路相比较,具有以下特点:

①电容体积大,占地多,成本高。

②在电压合成时,开关状态的选择较多,可使电容电压保持平衡。

③控制复杂,开关频率增高,开关损耗增大,效率随之降低。

电容钳位型三电平逆变电路还可以构成四电平、五电平及更多电平的逆变电路,这些电路控制复杂,实用性差,应用较少。

3.4.2　感应加热电源

感应加热是利用电磁感应原理把电能传递到工件中并转化为热。被加热的金属工件放置在感应线圈中,当感应加热电源为感应线圈供电时,感应线圈中有交流电流流通,感应线圈内产生交变的磁通,使感应线圈中的金属工件受到电磁感应而产生感应电动势并产生感应电流,由于工件本身具有电阻而发热,金属工件因此而被加热。

实际应用中,根据工件的大小和生产工艺的不同,要求感应加热电源输出的交流电频率和功率也不相同。功率范围一般在几 kW 到几万 kW,频率范围为 50 Hz~几百 kHz。感应加热电源一般分为工频感应加热电源(50 Hz)、中频感应加热电源(几百 Hz~10 kHz)、高频感应加热电源(10 kHz~几百 kHz)。其中,10 kHz~100 kHz 又称为超音频感应加热电源。

除工频感应加热可以采用公共电网交流电能外,其他频率的感应加热电源都需要将电网 50 Hz 交流电变换为所需频率的交流电。目前,感应加热电源主要由电力电子电路组成。

并联逆变电路感应加热电源主电路结构如图 3.21 所示。图中整流电路将工频交流电整流成直流 U_d,滤波电感 L_d 将直流电滤波成平滑的直流电流 I_d,单相桥式逆变电路将直流电流 I_d 逆变成频率为 f 的交流方波电流 i_o,并输出到负载电路。电容 C 与负载相并联,形成振荡电路。通过调节整流电路触发角的大小可以调节直流电流 I_d 的大小,从而实现逆变电路输出功率的调节。逆变电路中的开关器件如果采用 IGBT,则可以工作于几十 kHz 的高频范围。

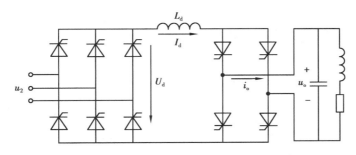

图 3.21　并联逆变电路感应加热电源主电路

串联逆变电路感应加热电源主电路如图 3.22 所示。整流电路直流侧滤波电容 C_d 将脉动的直流电压滤波成平滑的直流电压 U_{do},单相桥式逆变电路将直流电压逆变成交流方波电压,并输出到负载电路,负载与电容相串联形成串联谐振电路,负载电流波形接近正弦波。该电路可以通过改变逆变器的工作频率等参数来调节输出功率,故整流电路一般采用不可控整流电路,不采用调节 U_d 的方法来调节输出功率。

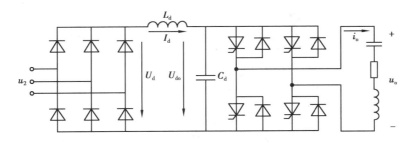

图 3.22　串联逆变电路感应加热电源主电路

将上述逆变电路中的晶闸管用电力 MOSFET 或 IGBT 代替,则可使电源的工作频率达到 10 kHz 以上,从而得到高频感应加热电源。

3.5　逆变电路的仿真

3.5.1　电压型逆变电路的仿真

(1)单相半桥电压型逆变电路的仿真

在 MATLAB 中搭建如图 3.23 所示的仿真电路模型。图中各部分参数设置如下:

①直流电源参数设置为 100 V。

②串联 RLC 参数设置:电阻为 1 Ω,电感为 0.5 H。

③脉冲发生器参数设置如图 3.24 所示。另一个脉冲发生器 1 的延迟时间设置为 1 s。

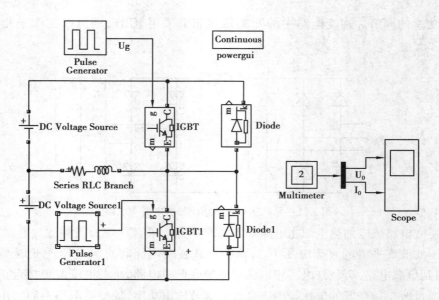

图 3.23　单相半桥电压型逆变电路的仿真模型

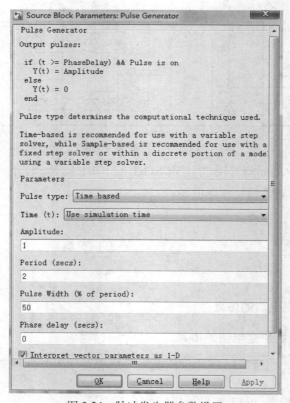

图 3.24　脉冲发生器参数设置

仿真电路图中，U_0 为负载电压，I_0 为负载电流，其仿真波形如图 3.25 所示。

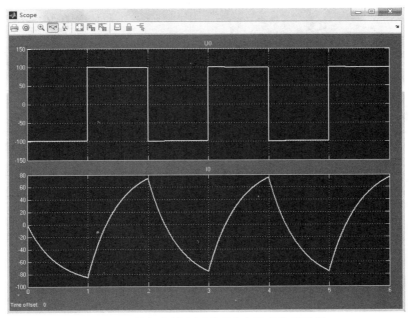

图 3.25　单相半桥电压型逆变电路的仿真波形

（2）单相全桥电压型逆变电路的仿真

在 MATLAB 中搭建如图 3.26 所示的仿真电路模型。图中各部分参数设置与单相半桥电压型逆变电路仿真模型的参数相同,其仿真波形如图 3.27 所示。

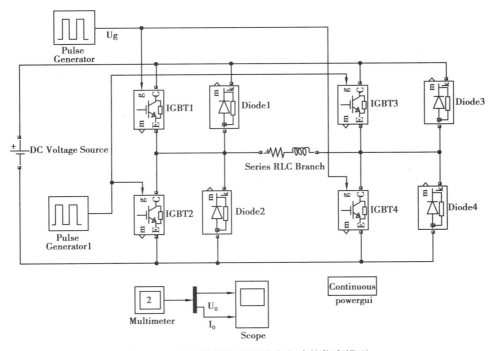

图 3.26　单相全桥电压型逆变电路的仿真模型

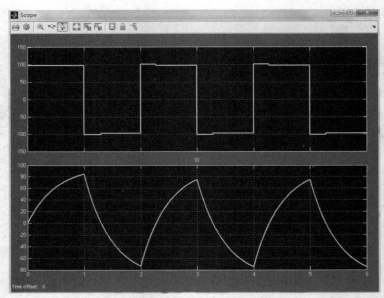

图 3.27 单相全桥电压型逆变电路的仿真波形

（3）三相桥式电压型逆变电路的仿真

在 MATLAB 中搭建如图 3.28 所示的仿真电路模型。图中各部分参数设置如下：

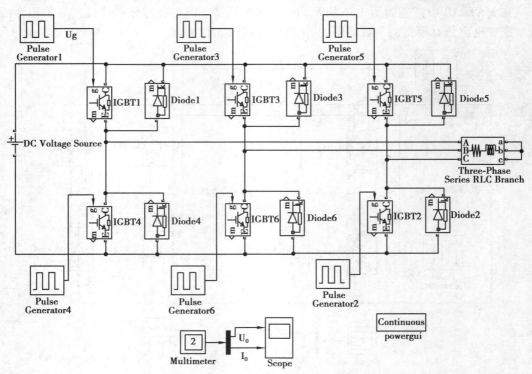

图 3.28 三相半桥电压型逆变电路的仿真模型

①直流电源参数设置为 100 V。

②三相串联 RLC 参数设置：电阻为 1 Ω，电感为 0.1 H。

③脉冲发生器延迟时间设置:上桥臂的分别为 $0,120*2/360,240*2/360$;下桥臂的分别为 $1,1+120*2/360,1+240*2/360$。

仿真电路图中 U_0 为负载电压,I_0 为负载电流,三相桥式电压型逆变电路的仿真波形如图 3.29 所示。

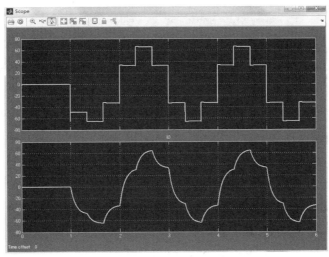

图 3.29　三相桥式电压型逆变电路的仿真波形

3.5.2　电流型逆变电路的仿真

(1)单相电流型逆变电路的仿真

在 MATLAB 中搭建如图 3.30 所示的仿真电路模型。图中各部分参数设置如下:

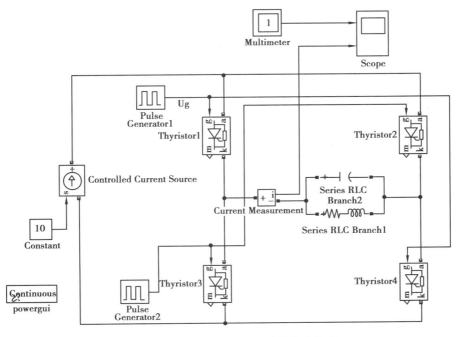

图 3.30　单相电流型逆变电路的仿真模型

①可控电流源参数设置如图 3.31 所示。

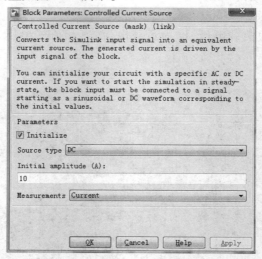

图 3.31　可控电流源参数设置

②串联 RLC1 参数设置:电阻为 1(Ω),电感为 1e-2(H)。

③串联 RLC2 参数设置:电容为 1e-2/3(F),

④脉冲发生器参数设置如图 3.32 所示。另一个脉冲发生器 2 的延迟时间设置为 0.01 s。

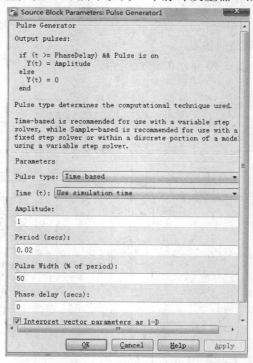

图 3.32　脉冲发生器 1 参数设置

仿真电路图中 U_o 为负载电压,I_o 为负载电流,单相电流型逆变电路的仿真波形如图3.33所示。

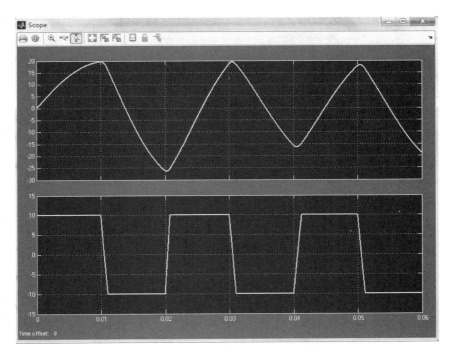

图 3.33 单相电流型逆变电路的仿真波形

（2）三相电流型逆变电路的仿真

在 MATLAB 中搭建如图 3.34 所示的仿真电路模型。图中各部分参数设置如下：

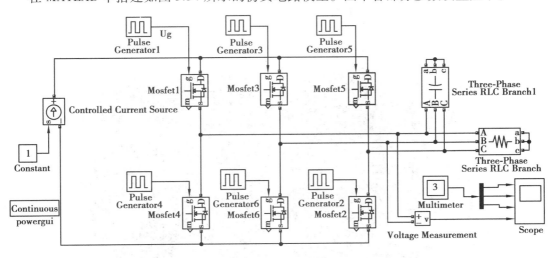

图 3.34 三相电流型逆变电路的仿真模型

①可控电流源参数设置为 DC 1（A）。

②三相串联 RLC 参数设置：电阻为 1（Ω）。

③三相串联 RLC1 参数设置：电容为 1e-3（F）。

④脉冲发生器 1 参数设置如图 3.35 所示。脉冲发生器 3、5 的延迟时间分别为 0.03 s、0.05 s，脉冲发生器 4、6、2 的延迟时间分别为 0.04 s、0、0.02 s。

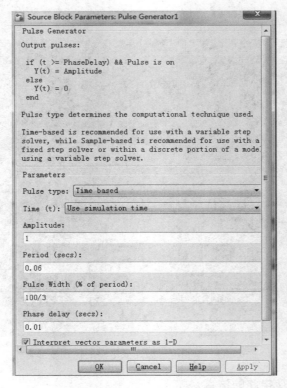

图 3.35　脉冲发生器 1 参数设置

　　仿真电路图中，Ia、Ib、Ic 为三相输出交流电流，Uab 为负载线电压，三相电流型逆变电路的仿真波形如图 3.36 所示。

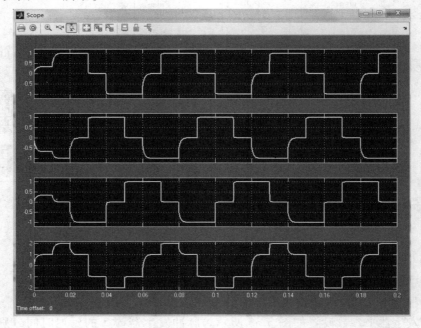

图 3.36　三相电流型逆变电路的仿真波形

本章小结

晶闸管是半控型器件,没有自关断能力,工作过程中的换流只能借助外部力量,由电网电压、负载或外加电路使其关断。相应的换流方式为电网换流、负载换流和强迫换流。全控型器件则可通过控制信号实现自关断,相应的换流方式为器件换流。

逆变电路的主电路可以是半桥、全桥或三相全桥结构,取决于应用要求。随着电力电子器件的发展,逆变器中的开关器件越来越多地采用全控型器件,从而使得逆变器的高频化得以实现,同时各种先进的控制技术得以应用。为了提高逆变器的输出功率并改善逆变器输出谐波分布、降低开关器件的开关应力,在中高压场合采用三电平、五电平等多电平电路和级联型逆变电路。

逆变电路的应用极为广泛,本章在介绍逆变电路工作原理的基础上,对其在电气传动和电源技术两方面的应用作了介绍。尽管目前的逆变电路主要采用第 6 章介绍的 PWM 控制技术,但其电路结构不变,基本工作原理相同。

习　　题

1.无源逆变电路和有源逆变电路有何不同?

2.换流方式各有哪几种? 各有什么特点?

3.什么是电压型逆变电路? 什么是电流型逆变电路? 二者各有什么特点?

4.电压型逆变电路中反馈二极管的作用是什么? 为什么电流型逆变电路中没有反馈二极管?

5.分析单相半桥电压型逆变电路的工作原理,说明负载电流与负载电压极性相反时电流的流通路径。

6.分析单相全桥电压型逆变电路的工作原理,比较固定脉冲控制方式与移相控制方式的区别及二者的优缺点。

7.三相桥式电压型逆变电路,180° 导电方式,$U_d = 100$ V。试求输出相电压的基波幅值 U_{UN1m} 和有效值 U_{UN1}、输出线电压的基波幅值 U_{UV1m} 和有效值 U_{UV1}、输出线电压中 5 次谐波的有效值 U_{UV5}。

8.并联谐振式逆变电路利用负载电压进行换相,为保证换相应满足什么条件?

9.串联二极管式电流型逆变电路中,二极管的作用是什么? 试分析换流过程。

10.电压等级是如何划分的? 调速系统的电压等级的选择需要考虑哪些因素?

11.分析二极管钳位型和电容钳位型多电平逆变电路,比较二者各自的特点。

第 4 章
直流-直流变换电路

直流-直流变换电路(DC-DC Converter)的功能是将直流电变为另一固定电压或可调电压的直流电,包括直接直流变换电路和间接直流变换电路。直接直流变换电路也称斩波电路(DC Chopper),它的功能是将直流电变为另一固定电压或可调电压的直流电,一般是指直接将直流电变为另一直流电。这种情况下,输入与输出之间不隔离。间接直流变换电路是在直流变流电路中增加了交流环节,在交流环节中通常采用变压器实现输入输出间的隔离,因此也称为带隔离的直流-直流变换电路或直-交-直电路。

直流-直流变换电路具有效率高、体积小、质量轻及成本低等优点,较多用于直流牵引调速系统,如电力机车、地铁、城市电车等,也可用于直流电动机拖动系统、直流电焊机和电解电镀电源、开关电源等场合。

直流-直流变换电路主要以全控型器件作为电路主开关器件,开关频率越高,斩波电路输出电压纹波越小,滤波越容易,电力公害越小。近年来,电力电子器件及控制技术的迅速发展也极大地促进了直流变换技术的发展,各种新型斩波电路不断出现,为进一步提高直流变换电路的动态性能、降低开关损耗、减小电磁干扰开辟了新途径。

直流-直流变换电路的拓扑结构种类较多,根据输入输出是否隔离可分为非隔离型斩波电路和隔离型斩波电路。根据电路形式不同,非隔离型斩波电路包括六种基本斩波电路:降压斩波电路、升压斩波电路、升降压斩波电路、Cuk 斩波电路、Sepic 斩波电路和 Zeta 斩波电路,其中前两种是最基本的电路,本章将对其作重点介绍。隔离型斩波电路可分为正激型变换电路、反激型变换电路、半桥型变换电路、全桥型变换电路和推挽型变换电路等几种形式。近年来,各种新型斩波电路拓扑也不断涌现。本章主要介绍非隔离性基本斩波电路和隔离性直流-直流变流电路的电路结构、特点和工作原理。

4.1 基本斩波电路

4.1.1 降压斩波电路

降压斩波电路(Buck Chopper)的原理图如图 4.1 所示。该电路使用一个全控型开关器件 V,图中为 IGBT,此开关一般都采用全控型器件;若采用晶闸管,需设置使晶闸管关断的辅助电路。除此之外,电路中还设置了续流二极管 VD,在 V 关断时给负载中电感电流提供通道。斩波电路主要用于电子电路的供电电源,也可拖动直流电动机或带蓄电池负载等,后两种情况下负载中均会出现反电动势,如图中 E_m 所示。

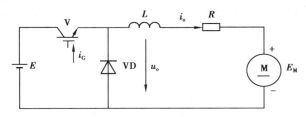

图 4.1　降压斩波电路原理图

该降压斩波电路的工作原理为:$t=0$ 时刻驱动 V 导通,电源 E 向负载供电,负载电压 $u_o=E$,负载电流 i_o 按指数曲线上升;$t=t_1$ 时控制 V 关断,二极管 VD 续流,负载电压 u_o 近似为零,负载电流呈指数曲线下降。通常,串联较大的电感 L 使负载电流连续且脉动小。降压斩波电路电流连续时的工作波形如图 4.2 所示。

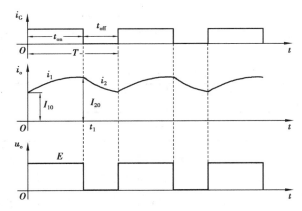

图 4.2　降压斩波电路电流连续时的工作波形

该降压斩波电路的基本数量关系为:当电流连续时,负载电压的平均值为

$$U_o = \frac{t_{on}}{t_{on} + t_{off}}E = \frac{t_{on}}{T}E = \alpha E \tag{4.1}$$

式中,t_{on} 为 V 处于通态的时间;t_{off} 为 V 处于断态的时间;α 为导通占空比;T 为开关周期。

由式(4.1)可知,输出到负载的电压平均值 U_o 最大为 E,减小占空比 α,U_o 随之减少。由于这种变换是将恒定的直流电压"斩"变成断续的方波电压输出,所以将实现这种功能的电路称为直流降压斩波电路。

负载电流平均值为

$$I_o = \frac{U_o - E_m}{R} \tag{4.2}$$

以上关系还可从能量传递关系简单地推得,一个周期中,忽略电路中元件的损耗,则电源提供的能量与负载消耗的能量相等,即

$$EI_o t_{on} = RI_o^2 T + E_m I_o T \tag{4.3}$$

则

$$I_o = \frac{\alpha E - E_m}{R} \tag{4.4}$$

上述情况中,均假设 L 值为无穷大,负载电流平直的情况。这种情况下,假设电源电流平均值为 I_1,则有

$$I_1 = \frac{t_{on}}{T} I_o = \alpha I_o \tag{4.5}$$

其值小于等于负载电流 I_o,由上式得

$$E I_1 = \alpha E I_o = U_o I_o \tag{4.6}$$

即输出功率等于输入功率,可将降压斩波器看作直流降压变压器。

若负载中 L 值较小,则会出现电流断续的情况。当电流断续时,负载电压 u_o 平均值会被抬高,一般不希望出现电流断续的情况。降压斩波电路电流断续时的工作波形如图 4.3 所示。

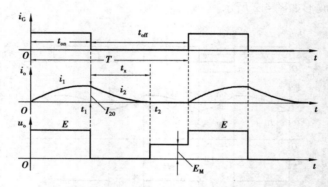

图 4.3 降压斩波电路电流断续时的工作波形

降压斩波电路常用于降压型直流开关电源稳压器、不可逆直流调速系统等场合。

对于斩波电路,改变开关导通时间即改变占空比就可以改变直流输出电压的大小。根据对输出电压平均值进行调制的方式不同,斩波电路有三种控制方式:

(1)定频调宽控制(脉冲宽度调制,PWM)

定频调宽控制是保持斩波开关周期 T 不变,只改变开关导通时间 t_{on},则输出电压脉冲宽度随之改变。

(2)定宽调频型(脉冲频率调制,PFM)

定宽调频型控制是保持开关导通时间 t_{on} 不变,只改变开关周期 T,达到改变占空比的目的,从而改变斩波电路输出电压平均值。

(3)调频调宽型(混合型)

t_{on} 和 T 都可调,改变占空比。

以上三种控制方式中,使用最普遍的是脉冲宽度调制控制方式,即 PWM 控制方式。

例 4.1 在图 4.1 所示的降压斩波电路中,已知 $E = 200$ V,$R = 10$ Ω,L 值极大,$E_m = 30$ V,$T = 50$ μs,$t_{on} = 20$ μs,计算输出电压平均值 U_o,输出电流平均值 I_o。

解 由于 L 值极大,故负载电流连续,于是输出电压平均值为

$$U_o = \frac{t_{on}}{T}E = \frac{20 \times 200}{50}\ V = 80\ V$$

输出电流平均值为

$$I_o = \frac{U_o - E_m}{R} = \frac{80 - 30}{10}A = 5\ A$$

4.1.2　升压斩波电路

升压斩波电路的电路原理图如图 4.4 所示。分析升压斩波电路的工作原理时,首先假设 L 和 C 值很大。当 V 处于通态时,电源 E 向电感 L 充电,电流恒定为 I_1,电容 C 向负载 R 供电,输出电压 U_o 恒定。当 V 处于断态时,电源 E 和电感 L 同时向电容 C 充电,并向负载提供能量。升压斩波电路的工作波形如 4.5 所示。

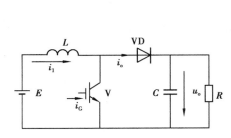

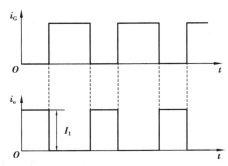

图 4.4　升压斩波电路原理图　　　　　图 4.5　升压斩波电路的工作波形

设 V 通态的时间为 t_{on},此阶段 L 上积蓄的能量为 $EI_1 t_{on}$;设 V 断态的时间为 t_{off},则此期间电感 L 释放能量为 $(U_o - E)I_1 t_{off}$;当电路工作在稳态时,一个周期 T 中 L 积蓄能量与释放能量相等,即

$$EI_1 t_{on} = (U_o - E)I_1 t_{off} \tag{4.7}$$

化简得

$$U_o = \frac{t_{on} + t_{off}}{t_{off}}E = \frac{T}{t_{off}}E \tag{4.8}$$

式中,$T/t_{off} \geq 1$ 时,输出电压高于电源电压,故为升压斩波电路,或称为 Boost 变换器。

式(4.8)中 T/t_{off} 表示升压比,调节其大小,即可改变输出电压 U_o 的大小。升压比的倒数记作 β,即 $\beta = t_{off}/T$,则 β 和 α 的关系为

$$\alpha + \beta = 1 \tag{4.9}$$

因此,式(4.8)可表示为

$$U_o = \frac{1}{\beta}E = \frac{1}{1 - \alpha}E \tag{4.10}$$

升压斩波电路可以使电压升高的原因有两个:一是电感 L 储能使电压泵升的作用;二是电容 C 可将输出电压保持住。

如果忽略电路中的损耗,则由电源提供的能量仅由负载 R 消耗,即

$$EI_1 = U_o I_o \tag{4.11}$$

与降压斩波电路一样,升压斩波电路可看作直流变压器。

输出电流的平均值 I_o 为

$$I_o = \frac{U_o}{R} = \frac{1}{\beta}\frac{E}{R} \qquad (4.12)$$

电源电流的平均值 I_1 为

$$I_1 = \frac{U_o}{E}I_o = \frac{1}{\beta^2}\frac{E}{R} \qquad (4.13)$$

升压斩波电路常用于将直流电源电压变换为高于电源电压的直流电压场合，实现能量从低压侧电源向高压侧负载的传递，如电池供电的升压设备、液晶背光电源、功率因数校正电路等。

例 4.2 在图 4.4 所示的升压斩波电路中，已知 $E = 50$ V，L 值和 C 值极大，$R = 20$ Ω，采用脉宽调制控制方式。当 $T = 40$ μs，$t_{on} = 25$ μs 时，计算输出电压平均值 U_o，输出电流平均值 I_o。

解 输出电压平均值为

$$U_o = \frac{T}{t_{off}}E = \frac{40}{40 - 25} \times 50 \text{ V} = 133.3 \text{ V}$$

输出电流平均值为

$$I_o = \frac{U_o}{R} = \frac{133.3}{20}\text{A} = 6.667 \text{ A}$$

4.1.3 升降压斩波电路和 Cuk 斩波电路

（1）升降压斩波电路

升降压斩波电路的电路原理图如图 4.6 所示，设电路中电感 L 值很大，电容 C 值也很大，使得电感电流 i_L 和电容电压即负载电压 u_o 基本为恒值。

该电路的基本工作原理是：当可控开关 V 导通时，电源 E 经 V 向电感 L 供电使其储能，此时电流为 i_1；同时，电容 C 维持输出电压恒定并向负载 R 供电。当 V 关断时，电感 L 的能量向负载释放，电流为 i_2。升降压斩波电路的工作波形如图 4.7 所示。可见，负载电压极性为上负下正，与电源电压极性相反，因此该电路也称作反极性斩波电路。

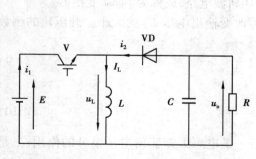

图 4.6 升降压斩波电路原理图

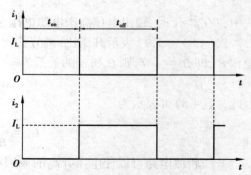

图 4.7 升降压斩波电路的工作波形

当电路处于稳态时，一个周期 T 内电感 L 两端电压 u_L 对时间的积分为零，即

$$\int_0^T u_L \text{d}t = 0 \qquad (4.14)$$

当 V 处于通态期间，$u_L=E$；而当 V 处于断态期间，$u_L=-u_o$。于是

$$E \cdot t_{on} = U_o \cdot t_{off} \tag{4.15}$$

所以输出电压为

$$U_o = \frac{t_{on}}{t_{off}}E = \frac{t_{on}}{T-t_{on}}E = \frac{\alpha}{1-\alpha}E \tag{4.16}$$

改变导通比（占空比）α，输出电压既可以比电源电压高，也可以比电源电压低。当 $0<\alpha<1/2$ 时为降压，当 $1/2<\alpha<1$ 时为升压，因此将该电路称作升降压斩波电路，或称为 Buck-Boost 变换器。

图 4.7 给出了电源电流 i_1 和负载电流 i_2 的波形，设两者的平均值分别为 I_1 和 I_2，当电流脉动足够小时，有

$$\frac{I_1}{I_2} = \frac{t_{on}}{t_{off}} \tag{4.17}$$

由式（4.17）可得

$$I_2 = \frac{t_{off}}{t_{on}}I_1 = \frac{1-\alpha}{\alpha}I_1 \tag{4.18}$$

如果 V、VD 为没有损耗的理想开关时，则输出功率和输入功率相等，可看做直流变压器，即

$$EI_1 = U_oI_2 \tag{4.19}$$

升降压斩波电路可以灵活地改变输出电压的高低，同时还能改变电压极性，因此常用于电池供电设备中产生负电源的电路中，也可用于各种开关稳压器中。

（2）Cuk 斩波电路

Cuk 斩波电路的原理图和等效电路如图 4.8 所示。其工作原理为：当 V 导通时，$E—L_1—$ V 回路和 $R—L_2—C—V$ 回路分别流过电流；当 V 关断时，$E—L_1—C—VD$ 回路和 $R—L_2—VD$ 回路分别流过电流。输出电压的极性与电源电压极性相反。

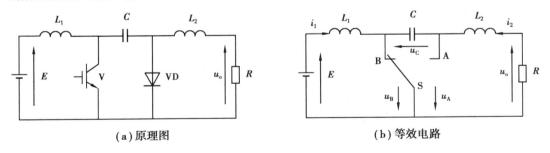

(a) 原理图　　　　　　　　　　　　　　(b) 等效电路

图 4.8　Cuk 斩波电路原理及其等效电路

在该电路中，稳态时电容 C 的电流在一周期内的平均值应为零，也就是其对时间的积分为零，即

$$\int_0^T i_C \mathrm{d}t = 0 \tag{4.20}$$

在图 4.8(b)所示的等效电路中，开关 S 合向 B 点的时间即 V 处于通态的时间为 t_{on}，则电容电流和时间的乘积为 $I_2 t_{on}$。开关 S 合向 A 点的时间为 V 处于断态的时间 t_{off}，则电容电流和时间的乘积为 $I_1 t_{off}$。由此可得

$$I_2 t_{\text{on}} = I_1 t_{\text{off}} \tag{4.21}$$

从而可得

$$\frac{I_2}{I_1} = \frac{t_{\text{off}}}{t_{\text{on}}} = \frac{T - t_{\text{on}}}{t_{\text{on}}} = \frac{1 - \alpha}{\alpha} \tag{4.22}$$

由于 L_1 和 L_2 的电压平均值为零,可得出输出电压 U_{o} 与电源电压 E 的关系

$$U_{\text{o}} = \frac{t_{\text{on}}}{t_{\text{off}}} E = \frac{t_{\text{on}}}{T - t_{\text{on}}} E = \frac{\alpha}{1 - \alpha} E \tag{4.23}$$

这一输入输出关系与升降压电路时的情况相同。

与升降压斩波电路相比,Cuk 斩波电路有一个明显的优点,其输入电源电流和输出负载电流都是连续的,且脉动很小,有利于对输入、输出进行滤波。但 Cuk 斩波电路较为复杂,因此使用并不广泛。

4.1.4　Sepic 斩波电路和 Zeta 斩波电路

图 4.9 所示为 Sepic 斩波电路和 Zeta 斩波电路的电路原理图。

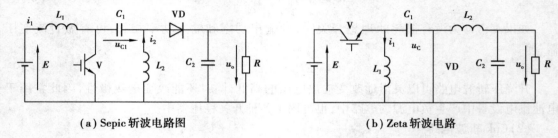

（a）Sepic 斩波电路图　　　　　　　　　（b）Zeta 斩波电路

图 4.9　Sepic 斩波电路和 Zeta 斩波电路的电路原理图

Sepic 斩波电路的工作原理:V 导通时,E—L_1—V 回路和 C_1—V—L_2 回路同时导电,L_1 和 L_2 储能。V 关断时,E—L_1—C_1—VD—负载回路及 L_2—VD—负载回路同时导电,此阶段 E 和 L_1 既向负载供电,同时也向 C_1 充电(C_1 存储的能量在 V 处于通态时向 L_2 转移)。

输入输出关系为

$$U_{\text{o}} = \frac{t_{\text{on}}}{t_{\text{off}}} E = \frac{t_{\text{on}}}{T - t_{\text{on}}} E = \frac{\alpha}{1 - \alpha} E \tag{4.24}$$

Zeta 斩波电路的工作原理:V 导通时,电源 E 经开关 V 向电感 L_1 储能。V 关断时,L_1—VD—C_1 构成振荡回路,L_1 的能量转移至 C_1,能量全部转移至 C_1 上之后,VD 关断,C_1 经 L_2 向负载供电。

输入输出关系为

$$U_{\text{o}} = \frac{\alpha}{1 - \alpha} E \tag{4.25}$$

以上两种电路具有相同的输入输出关系,Sepic 电路中,电源电流连续但负载电流断续,有利于输入滤波;反之,Zeta 电路的电源电流断续而负载电流连续;两种电路输出电压为正极性的,且输入输出关系相同。

Sepic 斩波电路结构也较为复杂,限制了其使用范围。由于其输出电压调节方便,此电路可用于要求输出电压较低的单相功率因数校正电路中。

与 Sepic 斩波电路类似,Zeta 斩波电路也较复杂,限制了其应用。

4.2　带隔离的直流-直流变流电路

基本斩波电路都有一个共同的特点,就是输入和输出之间是直接联系,电路不隔离,而在很多应用场合要求输出与输入之间实现电路隔离,这时可在前面的典型斩波电路中加入变压器进行隔离,从而得到采用变压器隔离的隔离型直流-直流变流电路,其结构如图 4.10 所示。同基本直流斩波电路相比,直流变流电路中增加了交流环节,因此也称为直-交-直电路,它是一种组合变流电路。

图 4.10　带隔离的直流-直流变流电路结构图

采用这种结构较为复杂的电路来完成直流-直流的变换有以下原因:

①输出端与输入端需要隔离。

②某些应用中需要相互隔离的多路输出。

③输出电压与输入电压的比例远小于 1 或远大于 1。

④交流环节采用较高的工作频率,可以减小变压器和滤波电感、滤波电容的体积和重量。

带隔离的直流-直流变流电路分为单端(Single End)和双端(Double End)电路两大类。在单端电路中,变压器中流过的是直流脉动电流,而双端电路中,变压器中的电流为正负对称的交流电流。正激变换电路和反激变换电路属于单端电路,半桥、全桥和推挽变换电路属于双端电路。

4.2.1　正激变换电路

如果开关管导通时电源将能量直接传送至负载,则称为正激。正激电路包含多种不同的拓扑,典型的单开关正激电路原理如图 4.11 所示。

电路的工作过程为,当开关 S 开通后,变压器绕组 W_1 两端的电压为上正下负,与其耦合的 W_2 绕组两端的电压也是上正下负。因此 VD_1 处于通态,VD_2 为断态,电感 L 的电流逐渐增长;当 S 关断后,电感 L 通过 VD_2 续流,VD_1 关断,变压器的励磁电流经 W_3 绕组和 VD_3 流回电源,所以 S 关断后承受的电压为 $u_S = \left(1 + \dfrac{N_1}{N_3}\right) U_i$,$N$ 为绕组匝数。

当开关 S 开通后,变压器的励磁电流由零开始,随时间线性增长,直到 S 关断,导致变压器的励磁电感饱和。从 S 关断后到下一次再开通的一段时间内,必须设法使励磁电流降回零,否则下一个开关周期内,励磁电流将在本周期结束时的剩余值基础上继续增加,并在以后的开关周期中依次累积起来,变得越来越大,从而导致变压器的励磁电感饱和。励磁电感饱和后,励磁电流会更加迅速增长,最终损坏电路中的开关元件。因此,在 S 关断后使得励磁电流降回零是非常重要的,这一过程称为变压器的磁芯复位。正激电路的工作波形如图 4.12 所示。

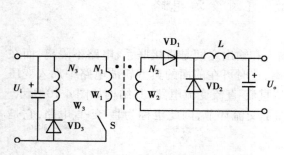

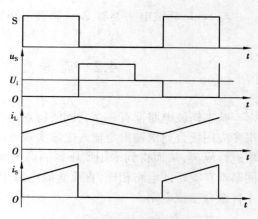

图 4.11 正激电路原理图   图 4.12 正激电路的工作波形

在正激电路中,变压器绕组 W_3 和二极管 VD_3 组成复位电路。该电路的工作原理是:当开关 S 关断后,变压器励磁电流通过 W_3 和 VD_3 流回电源,并逐渐线性地下降到零。从 S 关断到绕组 W_3 的电流下降到零所需要的时间为 t_{rst}。S 处于断态的时间必须大于 t_{rst},以保证 S 下次开通前励磁电流能够降为零,使变压器磁芯可靠复位。变压器的磁芯复位所需的时间为

$$t_{rst} = \frac{N_3}{N_1} t_{on} \tag{4.26}$$

在输出滤波电感电流连续时,即 S 开通时电感 L 的电流不为零,输出电压与输入电压的比为

$$\frac{U_o}{U_i} = \frac{N_2}{N_1} \frac{t_{on}}{T} \tag{4.27}$$

如果输出电感电流不连续,输出电压随负载减小而升高,在负载为零的极限情况下

$$U_o = \frac{N_2}{N_1} U_i \tag{4.28}$$

正激变换电路具有电路简单可靠的优点,广泛应用于较小功率的开关电源中。但是由于其变压器铁芯工作点只在其磁化曲线的第一象限,变压器铁芯未得到充分利用,因此在相同功率条件下,正激变换电路中变压器体积大、质量和损耗都较后面介绍的全桥、半桥及推挽型变换电路大。在对开关电源体积、质量和效率要求较高时,不适合采用正激变换电路。

4.2.2 反激变换电路

如果开关管导通时电源将电能转化为磁能储存在电感中,当开关管阻断时再将磁能变为电能传送到负载,则称为反激。反激电路的原理图和工作波形分别如图 4.13 和图 4.14 所示。同正激电路不同,反激电路中的变压器起着储能的作用,可以看作是一对相互耦合的电感。

S 开通后,VD 处于断态,W_1 绕组的电流线性增长,电感储能增加;当 S 关断后,W_1 绕组的电流被切断,变压器中的磁场能量通过 W_2 绕组和 VD 向输出端释放。S 关断后的电压为

$$u_S = U_i + \frac{N_1}{N_2} U_o \tag{4.29}$$

反激电路可以工作在电流断续和电流连续两种模式:

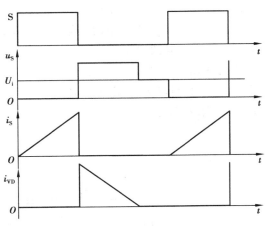

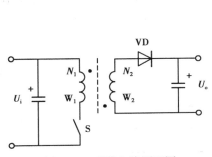

图 4.13　反激电路原理图　　　　　　　　图 4.14　反激电路的工作波形

①当 S 开通时,W_2 绕组中的电流尚未下降到零,则称电路工作于电流连续模式。当电路工作于电流连续状态时,

$$\frac{U_o}{U_i} = \frac{N_2}{N_1}\frac{t_{on}}{t_{off}} \tag{4.30}$$

②当 S 开通前,W_2 绕组中的电流已经下降到零,则称电路工作于电流断续模式。此时输出电压高于式(4.30)的计算值,并随负载减小而升高,在负载为零的极限情况下,$U_o \to \infty$,这将损坏电路中的元件,因此,反激电路不应工作于负载开路状态。

反激变换电路结构简单,元器件数量少,因此成本低,广泛应用于较小功率的开关电源中。在各种家电、计算机设备、工业设备中广泛使用的小功率开关电源中,基本都采用的是反激变换电路。与正激变换电路类似,由于变压器铁芯工作点只在磁化曲线的第一象限,所以变压器利用率低,开关器件承受的电流峰值大,反激变换电路不适用于较大功率的开关电源中。

4.2.3　半桥变换电路

半桥变换电路的原理如图 4.15 所示,工作波形如图 4.16 所示。

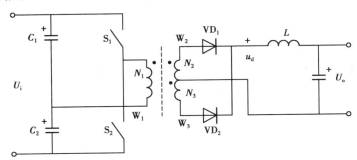

图 4.15　半桥电路原理图

在半桥电路中,S_1 与 S_2 交替导通,使变压器一次侧形成幅值为 $U_i/2$ 的交流电压。改变开关的占空比,就可以改变二次侧整流电压 u_d 的平均值,也就改变了输出电压 U_o。

S_1 导通时,二极管 VD_1 处于通态,S_2 导通时,二极管 VD_2 处于通态,当两个开关都关断时,变压器绕组 W_1 中的电流为零,VD_1 和 VD2 都处于通态,各分担一半的电流。

S_1 或 S_2 导通时电感 L 的电流逐渐上升,两个开关都关断时,电感 L 的电流逐渐下降,S_1 和 S_2 断态时承受的峰值电压均为 U_i。

由于电容的隔直作用,半桥电路对由于两个开关导通时间不对称而造成的变压器一次侧电压的直流分量有自动平衡作用,因此不容易发生变压器的偏磁和直流磁饱和。

当滤波电感 L 的电流连续时,输出电压为

$$\frac{U_o}{U_i} = \frac{N_2}{N_1} \frac{t_{on}}{T} \tag{4.31}$$

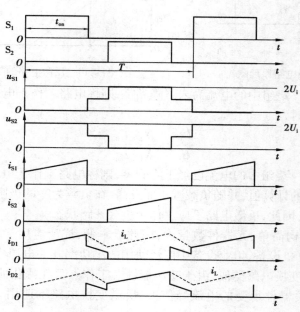

图 4.16 半桥电路的理想化波形

当输出电感电流不连续,输出电压 U_o 将高于式(4.31)的计算值,并随负载减小而升高。在负载为零的极限情况下,

$$U_o = \frac{N_2}{N_1} \frac{U_i}{2} \tag{4.32}$$

半桥变换电路变压器利用率高,且没有偏磁问题,所以广泛用于数百 W 至 kW 的开关电源中。与后面介绍的全桥逆变电路相比,半桥变换电路所需要的开关器件少(但输出相同电压时器件的电压等级要高),输出同样功率时成本低一些。

4.2.4 全桥变换电路

全桥电路的原理如图 4.17 所示,工作波形如图 4.18 所示。

在全桥电路中,互为对角的两个开关同时导通,同一侧半桥上下两开关交替导通,使变压器一次侧形成幅值为 U_i 的交流电压,改变占空比就可以改变输出电压 U_o。

当 S_1 与 S_4 开通后,VD_1 和 VD_4 处于通态,电感 L 的电流逐渐上升;当 S_2 与 S_3 开通后,VD_2 和 VD_3 处于通态,电感 L 的电流也上升。当 4 个开关都关断时,4 个二极管都处于通态,

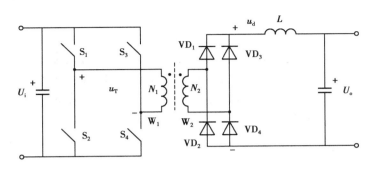

图 4.17 全桥电路原理图

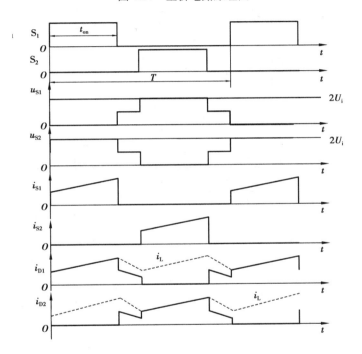

图 4.18 全桥电路的理想化波形

各分担一半的电感电流,电感 L 的电流逐渐下降,S_1 和 S_2 断态时承受的峰值电压均为 U_i。

如果 S_1、S_4 与 S_2、S_3 的导通时间不对称,则交流电压 u_T 中将含有直流分量,会在变压器一次侧产生很大的直流分量,造成磁路饱和。因此,全桥电路应注意避免电压直流分量的产生,也可在一次侧回路串联一个电容,以阻断直流电流。

为避免同一侧半桥中上下两开关同时导通,每个开关的占空比不能超过 50%,还应留有裕量。

当滤波电感电流连续时,输出电压

$$\frac{U_o}{U_i} = \frac{N_2}{N_1} \frac{2t_{on}}{T} \tag{4.33}$$

输出电感电流不连续,输出电压 U_o 将高于式(4.33)的计算值,并随负载减小而升高,在负载为零的极限情况下,

$$U_{\mathrm{o}} = \frac{N_2}{N_1} U_{\mathrm{i}} \qquad\qquad (4.34)$$

在前面介绍的几种隔离变换电路中,当采用相同电压和电流容量的开关器件时,全桥变换电路输出功率最大。该电路常用于大中功率电源中。同时,由于电路可以采用移相的方式实现软开关控制,而且电路结构简单,效率高,得到了广泛应用。目前,全桥变换电路广泛应用于数百瓦至数十千瓦的各种工业用开关电源中。

4.2.5 推挽变换电路

推挽变换电路的原理如图 4.19 所示,工作波形如图 4.20 所示。

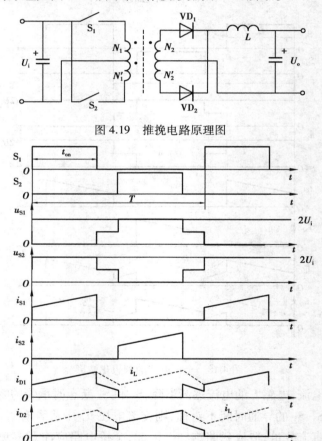

图 4.19 推挽电路原理图

图 4.20 推挽电路的理想化波形

推挽电路中,两个开关 S_1 和 S_2 交替导通,在绕组 N_1 和 N'_1 两端分别形成相位相反的交流电压。S_1 导通时,二极管 VD_1 处于通态,电感 L 的电流逐渐上升;S_2 导通时,二极管 VD_2 处于通态,电感 L 电流也逐渐上升。当两个开关都关断时,VD_1 和 VD_2 都处于通态,各分担 $1/2$ 的电流,S_1 和 S_2 断态时承受的峰值电压均为 2 倍 U_{i}。

如果 S_1 和 S_2 同时导通,就相当于变压器一次侧绕组短路,因此,应避免两个开关同时导通,每个开关各自的占空比不能超过 50%,还要留有死区时间。

当滤波电感 L 的电流连续时,输出电压

$$\frac{U_o}{U_i} = \frac{N_2}{N_1} \frac{2t_{on}}{T} \qquad (4.35)$$

输出电感电流不连续,输出电压 U_o 将高于式(4.35)的计算值,并随负载减小而升高。在负载为零的极限情况下,

$$U_o = \frac{N_2}{N_1} U_i \qquad (4.36)$$

推挽变换电路与半桥和全桥变换电路相比,最大的优点是在输入回路中只有一开关的导通压降,而半桥和全桥变换电路都是两个。所以在同样条件下,推挽变换电路通态损耗小,适合于输入电压较低的电源。推挽变换电路中器件承受的电压是半桥和全桥变换电路中器件承受电压的 2 倍。另外,由于两个开关性能不可能完全相同,使得变压器在一个周期内工作情况不完全对称,存在偏磁问题,这一点在使用时应注意。

以上几种电路的比较见表 4.1。

表 4.1　各种不同的间接直流变流电路比较

电路	优　点	缺　点	功率范围	应用领域
正激	电路较简单,成本低,可靠性高,驱动电路简单	变压器单向励磁,利用率低	几百瓦~几千瓦	各种中、小功率电源
反激	电路非常简单,成本很低,可靠性高,驱动电路简单	难以达到较大的功率,变压器单向激磁,利用率低	几瓦~几百瓦	小功率电子设备、计算机设备、消费电子设备电源
全桥	变压器双向励磁,容易达到大功率	结构复杂,成本高,有直通问题,可靠性低,需要复杂的多组隔离驱动电路	几百瓦~几百千瓦	大功率工业用电源、焊接电源、电解电源等
半桥	变压器双向励磁,没有变压器偏磁问题,开关较少,成本低	有直通问题,可靠性低,需要复杂的隔离驱动电路	几百瓦~几千瓦	各种工业用电源,计算机电源等
推挽	变压器双向励磁,变压器一次侧电流回路中只有一个开关,通态损耗较小,驱动简单	有偏磁问题	几百瓦~几千瓦	低输入电压的电源

4.3　直流-直流变换电路的应用

在各种电子设备中,需要多路不同电压供电,如数字电路需要 5 V、3.3 V、2.5 V 等,模拟电路需要 ±12 V、±15 V 等。这就需要专门设计电源装置来提供这些电压,通常要求电源装置能达到一定的稳压精度,还要能够提供足够大的电流。

167

这个电源装置实际上起到电能变换的作用,它将电网提供的交流电(220 V)变换为各路直流输出电压。有两种不同的方法可以实现这一变换,分别如图 4.21 和图 4.22 所示。

图 4.21 所示为线性电源,先用工频变压器降压,然后经过整流滤波后,由线性调压得到稳定的输出电压。

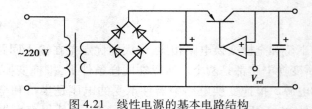

图 4.21　线性电源的基本电路结构

图 4.22 所示为开关电源,先整流滤波、后经高频逆变得到高频交流电压,然后由高频变压器降压、再整流滤波。

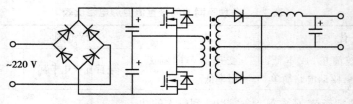

图 4.22　半桥型开关电源电路结构

开关电源在效率、体积和质量等方面都远远优于线性电源,因此已经基本取代了线性电源,成为电子设备供电的主要电源形式。

4.3.1　开关电源的结构

交流输入、直流输出的开关电源将交流电转换为直流电,其变换过程如图 4.23 所示。

图 4.23　开关电源的能量变换过程

整流电路普遍采用二极管构成的桥式电路,直流侧采用大电容滤波,而较为先进的开关电源采用有源的功率因数校正(Power Factor Correction ,PFC)电路。

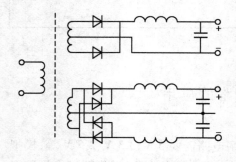

图 4.24　多路输出的整流电路

高频逆变-变压器-高频整流电路是开关电源的核心部分,具体的电路采用的是隔离型直流-直流变流电路。针对不同的功率等级和输入电压可以选取不同的电路,针对不同的输出电压等级,可以选取不同的高频整流电路。

一个开关电源经常需要同时提供多组供电,可以采用给高频变压器设计多个二次绕组的方法来实现不同电压的多组输出,而且这些不同的输出之间是相互隔离的,如图 4.24 所示。但是仅能选择一路作为输出电压反馈,因此也就只有这一路的电压的稳压精度较高,其他路的稳压精度都较低,而且其中一路的负载变化时,其他路的电压也会跟着变化。

直流输入的开关电源也称为直流-直流变换器(DC-DC Converter),分为隔离型和非隔离型。隔离型多采用反激、正激、半桥等隔离型电路,而非隔离型采用 Buck、Boost、Buck-Boost 等电路。

负载点稳压器(Point Of the Load Regulator,POL)是为一个专门的元件(通常是一个大规模集成电路芯片)供电的直流-直流变换器。计算机主板上给 CPU 和存储器供电的电源都是典型的 POL。

非隔离的直流-直流变换器,尤其是 POL 的输出电压往往较低,如给计算机 CPU 供电的 POL,电压仅仅为 1 V 左右,但是电流却很大。为了提高效率,经常采用同步 Buck(Sync Buck)电路,该电路的结构为 Buck,但二极管采用 MOSFET,利用其低导通电阻的特点来降低电路中的通态损耗,其原理类似同步整流电路,如图 4.25 所示。

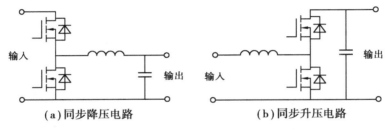

(a)同步降压电路　　　　　　　　(b)同步升压电路

图 4.25　同步降压电路和同步升压电路

在通信交换机、巨型计算机等复杂的电子装置中,供电的路数太多,总功率太大,难以用一个开关电源完成,因此出现了分布式电源系统。通信交换机中的分布式供电系统如图 4.26 所示。一次电源完成交流-直流的隔离变换,其输出联接到直流母线上,直流母线联接到交换机中每块电路板,电路板上都有自己的 DC-DC 变换器,将 48 V 转换为电路所需的各种电压;大容量的蓄电池组保证停电的时候交换机还能正常工作。

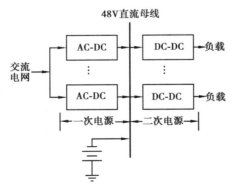

图 4.26　通信电源系统

考虑到可靠性、可维护性和成本问题,通常一次电源采用多个开关电源并联的方案,每个开关电源仅仅承担一部分功率,并联运行的每个开关电源有时也称为"模块"。当其中个别模块发生故障时,系统还能够继续运行,这被称为"冗余"。

4.3.2　开关电源的控制方式

典型的开关电源控制系统如 4.27 所示,采用反馈控制,控制器根据误差 e 来调整控制量 u_c,可以使开关电源的输出电压与参考电压间的相对误差小于 $1\% \sim 0.5\%$,甚至达到更高的精度。

(1)电压控制模式

图 4.27 所示即为电压控制模式,仅有一个输出电压反馈控制环。其优点是结构简单,但有一个显著的缺点是不能有效地控制电路中的电流,在电路短路和过载时,通常需要利用过电流保护电路来停止开关工作,以达到保护电路的目的。

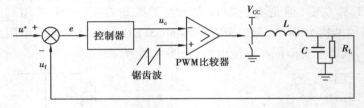

图 4.27　开关电源的电压控制模式

(2)电流控制模式

在电压反馈环内增加了电流反馈控制环,如图 4.28 所示。电压控制器的输出信号作为电流环的参考信号,给这一信号设置限幅,就可以限制电路中的最大电流,达到短路和过载保护的目的,还可以实现恒流控制。

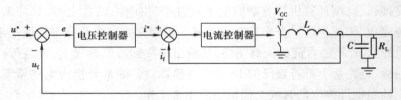

图 4.28　开关电源的电流控制模式

4.3.3　开关电源的应用

开关电源广泛用于各种电子设备、仪器以及家电等,如台式电脑和笔记本电脑的电源,电视机、DVD 播放机的电源,以及家用空调器、电冰箱的电脑控制电路的电源等,这些电源功率通常仅有几十瓦~几百瓦;手机等移动电子设备的充电器也是开关电源,但功率仅有几瓦;通信交换机、巨型计算机等大型设备的电源也是开关电源,但功率较大,可达数千瓦至数百千瓦;工业上也大量应用开关电源,如数控机床、自动化流水线中,采用各种规格的开关电源为其控制电路供电。

开关电源还可以用于蓄电池充电、电火花加工,电镀、电解等电化学过程等,功率可达几十瓦至几百千瓦;在 X 光机、微波发射机、雷达等设备中,大量使用的是高压、小电流输出的开关电源。

4.4　直流-直流变换电路的仿真

4.4.1　降压斩波电路的仿真

在 MATLAB 中搭建如图 4.29 所示的仿真电路模型。图中各部分参数设置如下：

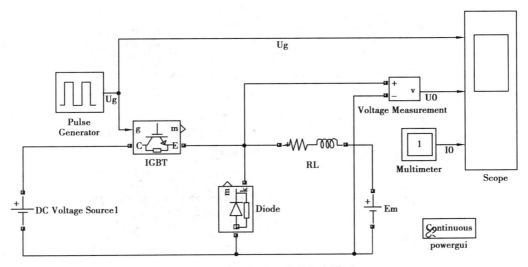

图 4.29　降压斩波电路的仿真模型

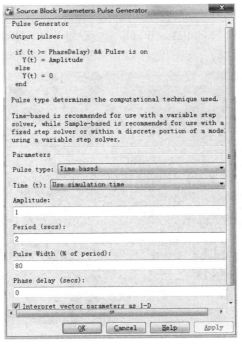

图 4.30　脉冲发生器参数设置

171

①直流电源参数设置为 100(V)。

②串联 RLC 参数设置:电阻为 1(Ω),电感为 0.5(H)。

③脉冲发生器参数设置如图 4.30 所示。

④直流电动机反电动势(用直流电源表示)设置为 30(V)。

降压斩波电路电流连续时的仿真波形如图 4.31 所示。图中 Ug 为脉冲电压,U0 为负载电压,I0 为负载电流。

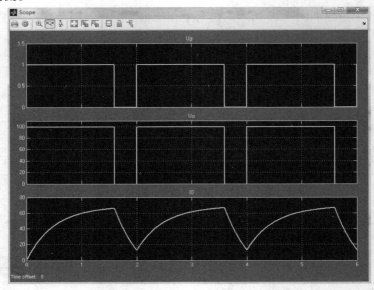

图 4.31　降压斩波电路的电流连续时的仿真波形(80%占空比)

降压斩波电路电流断续时的仿真波形如图 4.32 所示。电路的仿真模型不变,其参数设置也基本不变,只需将脉冲发生器的 Pulse Width 参数设置为 40 即可。

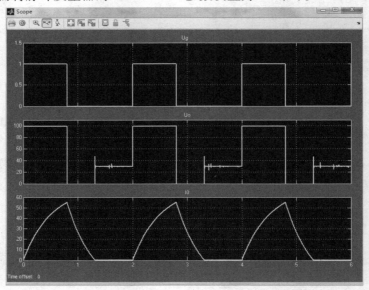

图 4.32　降压斩波电路的电流断续时的仿真波形(40%占空比)

4.4.2　升压斩波电路的仿真

在 MATLAB 中搭建如图 4.33 所示的仿真电路模型。图中各部分参数设置如下:

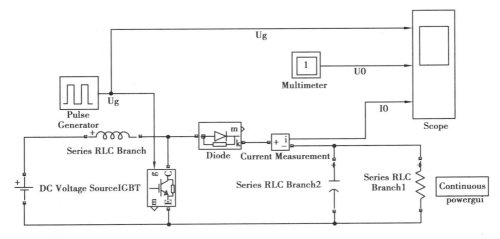

图 4.33　升压斩波电路的仿真模型

①直流电源参数设置为 100 V。

②串联 RLC 参数设置为 0.8 H。

③串联 RLC 支路 1 参数设置为 1 Ω。

④串联 RLC 支路 2 参数设置为 1e-3(F)。

⑤脉冲发生器参数设置占空比为 50%。

升压斩波电路电流连续时的仿真波形如图 4.34 所示。图中 Ug 为脉冲电压,U0 为负载电压,I0 为负载电流。

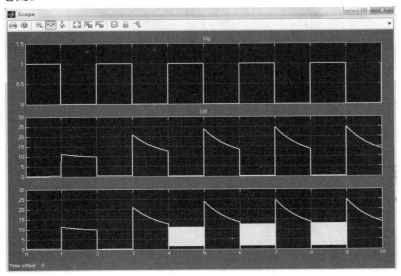

图 4.34　升压斩波电路的仿真波形

4.4.3 升降压斩波电路的仿真

在 MATLAB 中搭建如图 4.35 所示的仿真电路模型。图中各部分参数设置如下：

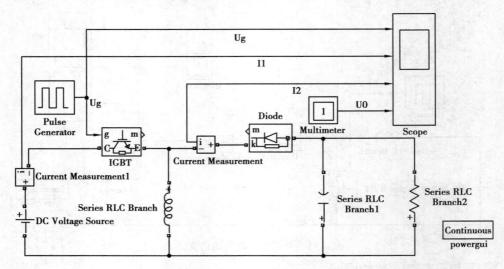

图 4.35 升降压斩波电路的仿真模型

①直流电源参数设置为 10(V)。

②串联 RLC 参数设置为 5e-3(H)。

③串联 RLC 支路 1 参数设置为 1e- 4(F)。

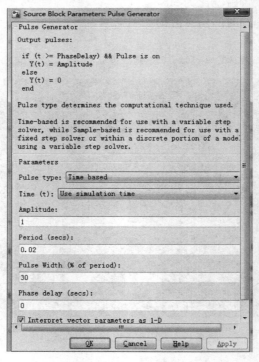

图 4.36 脉冲发生器参数设置

④串联 RLC 支路 2 参数设置为 1（Ω）。

⑤脉冲发生器参数设置如图 4.36 所示。

升降压斩波电路占空比为 30% 的仿真波形如图 4.37 所示，图中 Ug 为脉冲电压，I1 为流过 IGBT 的电流，I2 为流过二极管的电流，U0 为负载电压。升降压斩波电路占空比为 70% 的仿真波形如图 4.38 所示。

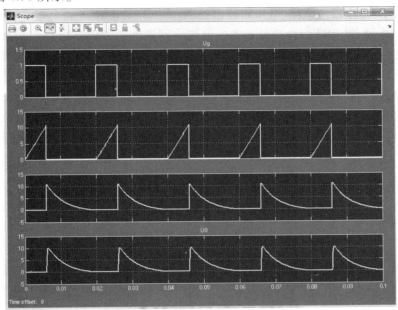

图 4.37　升降压斩波电路占空比 30% 的仿真波形

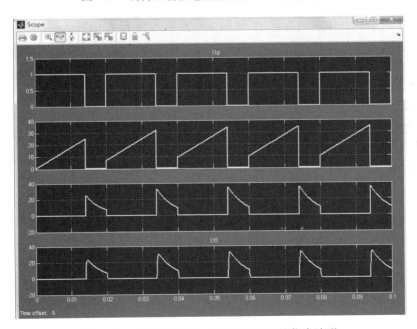

图 4.38　升降压斩波电路占空比 70% 的仿真波形

本章小结

本章介绍了非隔离型斩波电路和隔离型直流-直流变换电路。非隔离型斩波电路包括六种基本斩波电路:降压斩波电路、升压斩波电路、升降压斩波电路、Cuk 斩波电路、Sepic 斩波电路和 Zeta 斩波电路,其中前两种是最基本的电路。隔离型斩波电路可分为正激型变换电路、反激型变换电路、半桥型变换电路、全桥型变换电路和推挽型变换电路等几种形式。对于以上各基本电路,本章重点讨论了电流连续工作模式下电路的结构、特点、工作原理、工作波形和输出输入关系。

直流斩波电路主要应用于开关电源,也可用于直流传动、可再生能源发电、焊接电源等领域。本章最基本的电路是降压斩波电路和升压斩波电路,它们是学习其他电路的基础,因此理解和掌握这两种电路是本章的关键和核心。

习　题

1.直流斩波电路有哪些类型? 说明其主要应用场合。

2.简述降压斩波电路的基本工作原理。

3.简述升压斩波电路的基本工作原理。

4.在图 4.1 所示的降压斩波电路中,已知 $E = 200$ V, $R = 10$ Ω, L 值极大, $E_m = 30$ V, $T = 50$ μs, $t_{on} = 20$ μs,计算输出电压平均值 U_o 和输出电流平均值 I_o。

5.在图 4.4 所示的升压斩波电路中,已知 $E = 50$ V, L 值和 C 值极大, $R = 20$ Ω。采用脉宽调制控制方式,当 $T = 40$ μs, $t_{on} = 25$ μs 时,计算输出电压平均值 U_o 和输出电流平均值 I_o。

6.试分别简述升降压斩波电路和 Cuk 斩波电路的基本原理,并比较其异同点。

7.分析单端正激变换电路的工作原理,画出 S 两端的电压波形。

8.分析单端反激变换电路的工作原理,画出 S 两端的电压波形。

9.分析半桥变换电路的工作原理,画出 S_1、S_2 两端的电压波形。

10.分析全桥变换电路的工作原理,画出 S_1、S_2、S_3、S_4 两端的电压波形。

11.分析推挽变换电路的工作原理,画出 S_1、S_2 两端的电压波形。

第 **5** 章
交流-交流变换电路

交流-交流变换是将交流电能的幅值或频率直接进行转换的电力变换技术。在交流-交流变换中只改变交流电压大小的控制称为交流调压,仅对电路实现通断控制而不改变交流频率的控制称为交流调功。交流调压与交流调功共同称为交流电力控制;而把一种频率的交流电直接变换成另一种频率的交流电的变换控制称为交流-交流变频控制或交-交变频。

交流电力控制既可采用半控型电力电子器件,如晶闸管,也可采用全控型电力电子器件,如 MOSFET、IGBT 等。半控型器件晶闸管的控制方式主要是相位控制或通断控制。相位控制主要用于交流调压,而通断控制主要用于交流调功。全控型器件通常采用斩波控制,主要用于交流调压。

相位控制:此种控制方式靠改变交流电源电压在每个周期的导通时刻来改变输出电压的大小,这种控制方式就是整流时常用的移相控制。优点是:控制方式简单,输出量调节平滑、连续,调节简便,因而应用较多;缺点是:输出量非正弦,谐波含量较大,会引起电网波形畸变,功率因数也比较低。

通断控制:这种控制方式把晶闸管元件作为交流触点开关,在交流电压过零时刻开通或关断晶闸管元件,使负载电路与交流电源接通几个周波、关断几个周波,通过改变导通、关断周波数的比值来实现调节输出电压大小的目的。此种电路控制方式简单,输出波形是间断的完整正弦波,故无波形畸变,不含谐波,功率因数较高;但由于是通断控制,通断频率低于电源电压频率,故调节量不平滑,如用于调光时会出现灯光闪烁的现象,因而应用于惯量较大的负载电路,如温度调节、交流功率调节等。

斩波控制:斩波控制利用脉宽调制技术,将交流电压波形斩控成脉冲列,改变脉冲的占空比即可调节输出电压的大小。斩波控制方式输出电压调节比较平滑,波形中只含有高次谐波含量,基本克服了通断控制、相位控制的缺点。但由于斩波频率比较高,电力电子开关器件一般要采用高频全控型器件。

本章主要讨论交流-交流变换电路的结构、工作原理和波形分析,并介绍其应用场合。

5.1　交流调压电路

5.1.1　单相相控式交流调压电路

单相交流调压电路的工作状况与所带负载的性质有关,下面分别讨论。

(1)电阻性负载

电路如图 5.1 所示,图中两只晶闸管反并联接在交流电路中,无论电源的正负,总有晶闸管受正向电压。只要给予适当的触发电压(用宽脉冲或宽脉冲序列触发),就有晶闸管能被触发导通,从而传递和控制交流电能。当然,图中两只反并联的晶闸管也可用一只双向晶闸管来替代,两者对交流电能的调节作用完全相同,但触发电路略有差别。定义导通角 α 的起始时刻均为电压过零时刻,电源电压 u_1、输出电压 u_o、输出电流 i_o 以及晶闸管两端承受电压 u_{VT} 波形如图 5.2 所示。

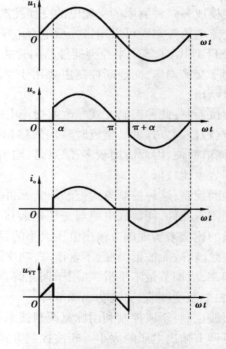

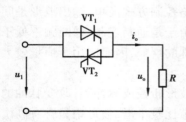

图 5.1　单相交流调压电路带电阻性负载　　图 5.2　单相交流调压电路带电阻性负载的工作波形

$0\sim\alpha$ 时段,电源电压 u_1 过零变正后,晶闸管 VT_1 承受正向电压,但没有触发信号,故保持关断状态;晶闸管 VT_2 承受反向电压,保持关断状态。因 VT_1、VT_2 全部关断,故输出电流 $i_o=0$,输出电压 $u_o=0$。同时,电源电压全部加在晶闸管上,晶闸管两端承受电压 $u_{VT}=u_1$。该状态一直维持到 α 时刻,触发信号到来。

α 时刻,触发信号触发 VT_1 导通,电源电压加在负载上,故 $u_{VT}=0$,$u_o=u_1$,负载电流 $i_o=u_o/R=u_1/R$,与 u_o 的波形一致。该状态一直维持到 π 时刻,电压反向过零。

π 时刻,电压反向过零,晶闸管 VT_1 承受反向电压,晶闸管 VT_1 关断,而晶闸管 VT_2 虽然承受正向电压,但没有触发信号,同样保持关断。因 VT_1、VT_2 全部关断,和 $0 \sim \alpha$ 时段类似分析,$i_o = 0$,$u_o = 0$,电源电压全部加在晶闸管上,晶闸管两端承受电压 $u_{VT} = u_1$,为负值。该状态一直维持到 $\alpha + \pi$ 时刻,VT_2 的触发信号到来。

$\alpha + \pi$ 时刻,触发信号触发 VT_2 导通,电源电压加在负载上,类似于 $\alpha + \pi$ 时段,$u_{VT} = 0$,$u_o = u_1$,$i_o = u_o / R = u_1 / R$。该状态一直维持到 2π 时刻,电压正向过零,完成整个周期的循环。

上述电路在触发角为 α 时,负载电压有效值 U_o、负载电流有效值 I_o 和电路的功率因数 λ 分别为

$$U_o = \sqrt{\frac{1}{\pi} \int_{\alpha}^{\pi} \left(\sqrt{2} U_1 \sin \omega t\right)^2 \mathrm{d}\omega t} = U_1 \sqrt{\frac{1}{2\pi} \sin 2\alpha + \frac{\pi - \alpha}{\pi}} \tag{5.1}$$

$$I_o = \frac{U_o}{R} \tag{5.2}$$

$$\lambda = \frac{P}{S} = \frac{U_o I_o}{U_1 I_o} = \frac{U_o}{U_1} = \sqrt{\frac{1}{2\pi} \sin 2\alpha + \frac{\pi - \alpha}{\pi}} \tag{5.3}$$

从图 5.2 及以上各式可以看出,α 的移相范围为 $0 \leqslant \alpha \leqslant \pi$。当 $\alpha = 0$ 时,相当于晶闸管一直导通,输出电压为最大值($U_o = U_1$),此时功率因数也最大($\lambda = 1$)。随着 α 的增大,U_o 逐渐减小,输入电流滞后于电压并且发生畸变,功率因数 λ 也逐渐减小。直到 $\alpha = \pi$ 时,$U_o = 0$。

(2) 阻感性负载

阻感负载是交流调压器最一般化的负载,其电路如图 5.3 所示,工作波形如图 5.4 所示。假设负载的阻抗角为 $\varphi = \arctan(\omega L / R)$,用宽脉冲或宽脉冲序列触发,且触发角 $\alpha \geqslant \varphi$。

从图 5.4 可以看出:

α 时刻,触发信号触发 VT_1 导通,电源电压加在负载上,故 $u_{VT} = 0$,$u_o = u_1$,负载电流开始由零开始增加。该状态一直维持到 π 时刻,电压反向过零。

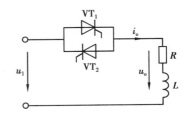

图 5.3　单相交流调压
电路带阻感性负载

π 时刻,电压反向过零,晶闸管 VT_1 虽然承受反向电压,但由于电感的储能作用,电流仍然维持,晶闸管 VT_1 维持导通状态。而晶闸管 VT_2 虽然承受正向电压,但没有触发信号,保持关断。因 VT_1 导通,$u_{VT} = 0$,$u_o = u_1$,负载电流 i_o 逐渐减小。该状态一直维持到 $\varphi + \pi$ 时刻,负载电流 i_o 最终减小到零。

$\varphi + \pi$ 时刻,因负载电流 i_o 减小到零,VT_1 关断,而晶闸管 VT_2 虽然承受正向电压,但没有触发信号,同样保持关断。因 VT_1、VT_2 全部关断,$i_o = 0$,$u_o = 0$,电源电压全部加在晶闸管上,晶闸管两端承受电压 $u_{VT} = u_1$,为负值。该状态一直维持到 $\alpha + \pi$ 时刻,VT_2 的触发信号到来。

$\alpha + \pi$ 时刻,触发信号触发 VT_2 导通,电源电压加在负载上,类似于 α 时刻,$u_{VT} = 0$,$u_o = u_1$,输出电流 i_o 开始反向增大后减小,该状态一直维持到 2π 时刻。

2π 时刻,电压正向过零,由于电感的储能作用,晶闸管 VT_2 保持维持导通状态。$u_{VT} = 0$,$u_o = u_1$,负载电流 $|i_o|$ 逐渐减小。该状态一直维持到 $\varphi + 2\pi$ 时刻(即 φ 时刻),负载电流 $|i_o|$ 最终减小到零。

φ 时刻,因负载电流 $|i_o|$ 减小到零,VT_2 关断,晶闸管 VT_1 虽然承受正向电压,但没有触发信号,同样保持关断。晶闸管两端承受电压 $u_{VT} = u_1$,$i_o = 0$,$u_o = 0$,该状态一直维持到 α 时刻,VT_1 的触发信号到来。

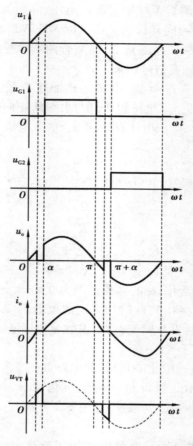

图 5.4 单相交流调压电路带阻感性负载的工作波形

显然,阻感负载下稳态时 α 的移相范围为 $\varphi \leqslant \alpha \leqslant \pi$。负载电流波形如图 5.4 所示,导通角 θ 可由边界条件求得。

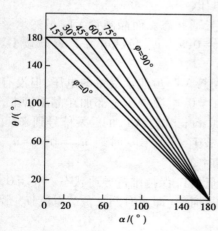

图 5.5 以 φ 为参变量的 α 和 θ 关系曲线

当 $\omega t = \alpha + \theta$ 时,$i_o = 0$,有

$$\sin(\alpha + \theta - \varphi) = \sin(\alpha - \varphi) e^{\frac{-\theta}{\tan\varphi}} \quad (5.4)$$

以 φ 为参变量,利用式(5.4)可以把 α 和 θ 的关系用图 5.5 的一簇曲线来表示

上述电路在触发角为 α 时,负载电压有效值 U_o、负载电流有效值 I_o 分别为

$$U_o = \sqrt{\frac{1}{\pi} \int_{\alpha}^{\alpha+\theta} \left(\sqrt{2} U_1 \sin \omega t\right)^2 \mathrm{d}\omega t}$$

$$= U_1 \sqrt{\frac{\theta}{\pi} + \frac{\sin(2\alpha + 2\theta)}{2\pi}} \quad (5.5)$$

$$I_{VT} = \frac{U_1}{\sqrt{2\pi} Z} \sqrt{\theta - \frac{\sin\theta \cos(2\alpha + \varphi + \theta)}{\cos\varphi}}$$

$$\quad (5.6)$$

$$I_{\mathrm{o}} = \sqrt{2}\, I_{\mathrm{VT}} \tag{5.7}$$

以上分析都是在 $\alpha \geqslant \varphi$ 的假定下进行的，但 $\alpha < \varphi$ 时，并非电路不能工作，要分以下两种情况来讨论。

1）晶闸管门极用窄脉冲触发

如果先触发 VT_1，且 $\alpha < \varphi$，则 VT_1 的导通角 $\theta > \pi$，如图 5.5 所示。如果触发脉冲的宽度小于 $\alpha + \theta - (\pi + \alpha) = \theta - \pi$，则当 VT_1 的电流下降到零时，VT_2 的门极脉冲已经消失而无法导通。到第二个周期时，VT_1 又重复第一周期的工作。这样，电路如同阻感负载的半波整流情况，VT_2 始终不导通，回路中将出现直流分量的电流。假若调压器的负载是变压器的一次绕组，则因其直流电阻很小，将引起很大的直流过电流，使电路不能正常工作，为此，需采用宽脉冲或宽脉冲列（例如 30 kHz）触发。

2）晶闸管门极用宽脉冲或宽脉冲列触发

如果触发脉冲的宽度大于 $\theta - \pi$，VT_1 的 $\theta > \pi$，VT_2 可以在 VT_1 之后接着导通，但 VT_2 的起始导通角 $\alpha + \theta - \pi > \varphi > \alpha$，所以 VT_2 的导通角 $\theta < \pi$。从第二个周期开始，VT_1 的导通角逐渐减小，VT_2 的导通角将逐渐增大，直到两个晶闸管的 $\theta = \pi$ 时达到平衡，这时电路的工作状态与 $\alpha = \varphi$ 时相同。整个过程的工作波形如图 5.6 所示。

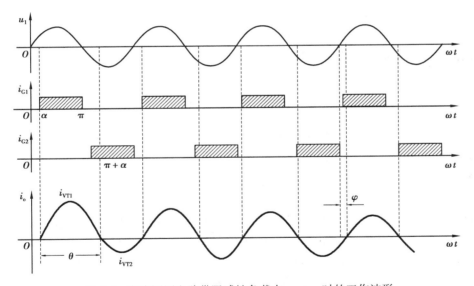

图 5.6　交流调压电路带阻感性负载在 $\alpha < \varphi$ 时的工作波形

值得注意的是，单相交流调压器除了 $\alpha = \varphi$ 之外，在任何其他 α 角，负载电压和电流波形都将发生畸变。对有些负载来说，谐波电流会带来一些不良的影响，电网功率因数也会下降；功率较大时，还可能引起电网电压波形畸变，影响其他用电设备的正常工作。同时，阻感负载时，电感对谐波电流有抑制作用，谐波频率越高，呈现的感抗也越大，谐波电流值就越小。

5.1.2　单相斩控式交流调压电路

斩控式交流调压的电路原理图如图 5.7 所示，图中 V_1、V_2、VD_1、VD_2 构成一双向可控开关。其基本原理和直流斩波电路有类似之处，只是直流斩波电路的输入是直流电压，而斩控式交流调压电路的输入是正弦交流电压。用 V_1、V_2 进行斩波控制，用 V_3、V_4 给负载提供续流通道。设斩波器件 V_1、V_2 导通时间为 t_{on}，开关周期为 T，则导通比 $\alpha = t_{on}/T$。和直流斩波电路一样，斩控式交流调压电路也可以通过改变 α 来调节输出电压。

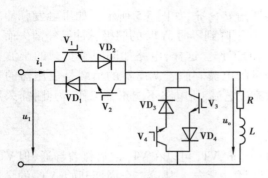 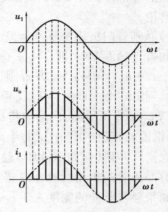

图 5.7　斩控式交流调压的电路原理图　　　　　图 5.8　斩控式交流调压电路
带电阻性负载时的工作波形

图 5.8 给出了斩控式交流调压电路带电阻性负载时的工作波形。可以看出，电源电流 i_1 的基波分量是和电源电压 u_1 同相位的。同时，通过傅里叶分析可知，电源电流中不含有低次谐波，只含有和开关频率 f_c 有关的高次谐波，谐波频率为 $(nf_c \pm f)$，其中 f 为交流电源频率。这些高次谐波用很小的滤波器即可滤除，此时电路的功率因数接近 1（电阻负载）。若是电感性负载，电路功率因数主要由负载阻抗角决定。

5.1.3　三相交流调压电路

若需拖动大功率电动机或其他较大功率的负载，一般采用三相交流调压电路。三相交流调压器的主电路接法有以下几种方式，如图 5.9 所示：图（a）是电机绕组星形联接时的三相分支双向控制电路，用三对晶闸管反并联或三个双向晶闸管分别串接在每相绕组上；图（b）是电机绕组星形联接时的三相分支单向控制电路，每相只有一个晶闸管，反向由与它反并联的二极管构成通路；图（c）是电机绕组三角形联接时三相三角形双向控制电路，此种接法适用于三角形联接的电机；图（d）是支路控制的三角形联接三相双向控制电路。比较而言，接法（a）的综合性能较好，在交流调压调速系统中多采用这种方案。接法（b）、（c）、（d）的三相交流调压电路，输出电流中谐波分量较小，但由于没有中线，每相电流必须和另一相构成回路。

图 5.9（a）所示的星形联接三相交流调压电路，为分析方便，晶闸管的编号按 VT_1、VT_3、VT_5 阳极和 VT_4、VT_6、VT_2 阴极依次接到交流电源 u_a、u_b 和 u_c。交流调压电路是靠改变施加到负载上的电压波形来实现调压的。波形分析的方法如下：

（1）相位条件

触发信号应与电源电压同步。与两相可控整流电路不同，三相交流调压电路的控制角是从各自的相电压过零点开始算起。3 个正向晶闸管 VT_1、VT_3、VT_5 的触发信号应互差 $2\pi/3$；3 个反向晶闸管 VT_4、VT_6、VT_2 的触发信号也应互差 $2\pi/3$；同一相的 2 个触发信号应互差 π。所以，总的触发顺序是 VT_1、VT_2、VT_3、VT_4、VT_5、VT_6，其触发信号依次各差 $\pi/3$。

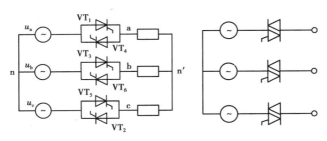

(a)电机绕组星形联接的三相分支双向控制电路

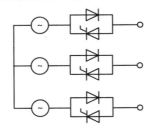

(b)电机绕组星形联接的三相分支单向控制电路

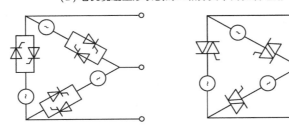

(c)电机绕组三角形联接的三相三角形双向控制电路

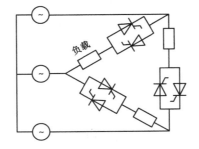

(d)支路控制的三角形联接的三相双向控制电路

图 5.9　三相交流调压电路

(2)脉宽条件

　　星形联接时,三相中至少要有两相导通才能构成电流通路,因此单窄脉冲是无法启动三相交流调压电路的。为了保证起始工作电流的流通,并在控制角较大、电流不连续的情况下仍能按要求使电流流通,触发信号应采用大于 $\pi/3$ 的宽脉冲(或脉冲列),或采用间隔 $\pi/3$ 的双窄脉冲。

（3）负载电压分析

对星形联接的三相交流调压电路中的某一相来说，只要2个反并联晶闸管中有1个导通，则该支路是导通的。从三相来看，任何时候电路只可能是下列3种情况中的1种：

①三相全不通，调压电路开路，每相负载的电压都为0。

②三相全导通，调压电路直通，则每相负载的电压是所接相的相电压。

③两相导通，在电阻负载时，导通相负载上的电压是该两相电压构成的线电压的一半，非导通相负载的电压为0；对于阻感类负载（如电机），则可由约束条件（电机方程）来推导各相的电压值。

因此，只要能判别各晶闸管的通断情况，就能确定该电路的导通相数，进而得到该时刻的负载电压值。判别一个周波就能得到负载电压波形，根据波形就可分析交流调压电路的各种工况。

（4）负载电压波形分析

为简单起见，只分析电阻负载下 $\alpha = 30°$ 时负载相电压、相电流的波形，其绘制方法如下所述：

首先画出三相电源电压波形，由于晶闸管 VT_1、VT_3、VT_5 的阳极与三相电源 u_a、u_b 和 u_c 相连，故在对应该相电源正半周有可能导通，因此分别在图5.10（a）中标明晶闸管与三相电源的对应关系。同理，VT_4、VT_6、VT_2 别与三相电源 u_a、u_b 和 u_c 负半周对应。

然后按触发信号的相位条件和脉宽条件画出触发脉冲波形，如图5.10（b）所示。

由于某相负载电压只有3种情况，故画出与该相负载对应的相电压、线电压波形。例如，为分析a相负载电压波形，画出 u_a、$u_{ab}/2$ 和 $u_{ac}/2$ 波形轮廓线，如图5.10（c）所示。这样按区间，根据触发信号、晶闸管导通情况，在 u_a、$u_{ab}/2$ 和 $u_{ac}/2$ 波形轮廓线上直接描绘出负载电压波形，如图5.10（d）所示。

最后重复第三步，分别绘制出 b、c 相的电压波形。

三相三线电路中，两相间导通时靠线电压导通的，而线电压超前相电压30°，因此星形联接三相交流调压电路 α 的移相范围是0°～150°。根据任一时刻导通晶闸管的个数以及半个周波内电流是否连续，可将0°～150°的移相范围分为如下3段：

① $0° \leqslant \alpha < 60°$ 范围内，电路处于3个晶闸管导通与两个晶闸管导通的交替状态，则负载电压为相电压或一半线电压的交替，每个晶闸管导通角度为 $180° - \alpha$。但 $\alpha = 0°$ 时是一种特殊情况，一直是3个晶闸管导通，负载电压一直为相电压。

② $60° \leqslant \alpha < 90°$ 范围内，任一时刻都是两个晶闸管导通，负载电压为导通相构成的线电压的一半，每个晶闸管导通角度为120°。

③ $90° \leqslant \alpha < 150°$ 范围内，电路处于两个晶闸管导通与无晶闸管导通的交替状态，负载电压为一半线电压或零的交替。每个晶闸管导通角度为 $300° - 2\alpha$，且这个导通角度被分割为不连续的两部分，在半周波内形成两个断续的波头，各占 $150° - \alpha$。

图5.11给出了 α 分别为60°和120°时a相负载上的电压波形及晶闸管导通区间示意图。因为是电阻负载，所以负载电流（也即电源电流波形）与负载相电压波形一致。

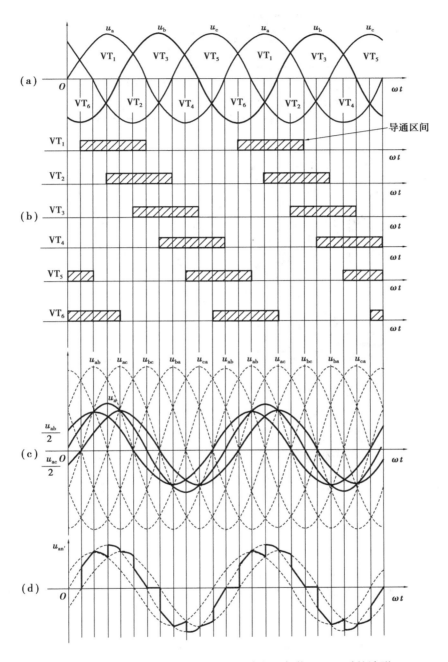

图 5.10 星形联接三相交流调压电路电阻负载 $\alpha = 30°$ 时的波形

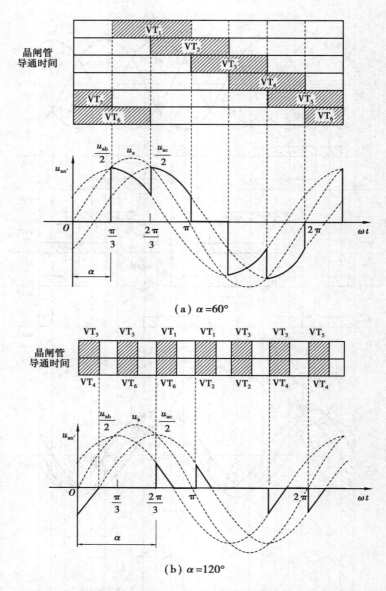

图 5.11　α 分别为 60°和 120°时负载相电压波形及晶闸管导通区间

5.2　交流调功电路

　　交流调功电路和交流调压电路的电路形式完全相同,只是控制方式不同。交流调功电路不是在每个交流电源周期都对输出电压波形进行控制,而是将负载与交流电源接通几个整周波,再断开几个整周波,通过改变接通周波数与断开周波数的比值来调节负载所消耗的平均功率。这种电路常用于电炉的温度控制,因其直接调节对象是电路的平均输出功率,所以被称为交流调功电路。像电炉温度这样的控制对象,其惯性往往很大,没有必要对交流电源的每个周期进行频繁控制,只要以周波数为单位进行控制就足够了。通常,控制晶闸管导通的时刻都是在电源电压过零的时刻,这样,在交流电源接通期间,负载电压电流都是正弦波,不对电网电压电流造成通常意义的谐波污染。

设控制周期为 M 倍电源周期,其中晶闸管在前 N 个周期导通,后 $M - N$ 个周期关断。$M = 3$、$N = 2$ 时的电路波形如图 5.12 所示。可以看出,负载电压和负载电流(也即电源电流)的重复周期为 M 倍电源周期。在负载为电阻时,负载电流波形和负载电压波形相同。以控制周期为基准,对图 5.12 的波形进行傅里叶分析,可以得到如图 5.13 所示的电流频谱图。从图 5.13 中可知,如果以电源周期为基准,电流中不含整数倍频率的谐波,但含有非整数倍频率的谐波,而且在电源频率附近,非整数倍频率谐波的含量较大。

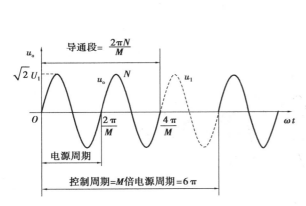

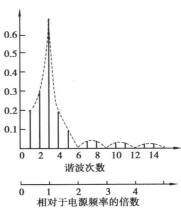

图 5.12　交流调功电路典型波形($M = 3$、$N = 2$)　　图 5.13　交流调功电路电流频谱图($M = 3$、$N = 2$)

5.3　交-交变频电路

交-交变频电路可直接将电网固定频率的交流电变换为所需频率的交流电,这种变流装置称交-交变频器,也称周波变换器(Cyclo Convertor)。它广泛应用于大功率低转速的交流电动机调速传动,也用于电力系统无功补偿、感应加热电源、交流励磁变速、恒频发电机的励磁电源等。因其没有中间的直流环节,减少了一次能量变换过程,消耗能量少。但这种变频电路的输出频率受到限制,它低于输入频率,而且输出电压频率与变频电路的具体结构有关。

5.3.1　单相交-交变频电路

(1)电路结构和工作原理

单相输出交-交变频电路组成如图 5.14 所示。它由具有相同结构的两组晶闸管整流电路反向并联构成,其中一组整流器称为正组整流器(P 组),另外一组称为反组整流器(N 组)。如果正组(P 组)整流器工作,反组整流器(N 组)被封锁,负载端输出电压为上正下负,负载电流 i_o 为正;若反组整流器(N 组)工作,则正组(P 组)整流器被封锁,则负载端得到输出电压为上负下正,负载电流 i_o 为负。这样,只要交替地以低于电源的频率切换正反组整流器的工作状态,则在负载端就可以获得交变的输出电压。如果在一个周期内控制角 α 是固定不变的,则输出电压波形为矩形波。此种方式控制简单,但矩形波中含有大量的谐波,对电机负载的工作很不利。如果控制角 α 不固定,在正组工作的半个周期内让控制角 α 按正弦规律从 $\pi/2$ 逐渐减小到 0,然后再由 0 逐渐增加到 $\pi/2$,那么正组整流电路的输出电压的平均值就按正弦规律变化,从零增到最大,然后从最大减小到零,如图 5.14 所示(三相交流输入)。在反组整流电路工作的半个周期内采用同样的控制方法,就可以得到接近正弦波的输出电压。两组变流器按一定的频率交替工作,负载就得到该频率的交流电。改变两组变流器的切换频率,就可改变输出频率 $\omega_。$。改变变流电路的控制角 α,就可以改变交流输出电压的幅值。

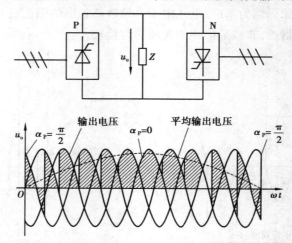

图 5.14　单相交-交变频电路原理图和输出电压波形

正反两组整流器切换时,不能简单地将原来工作的整流器封锁,同时将原来封锁的整流器立即导通。因为已导通的晶闸管并不能在触发脉冲取消的那一瞬间立即被关断,必须待晶闸管承受反压时才能关断。如果两组整流器切换时,触发脉冲的封锁和开放是同时进行,原先导通的整流器不能立即关断,而原来封锁的整流器已经导通,就会出现两组整流器同时导通的现象,导致很大的短路电流,使晶闸管损坏。为了防止在负载电流反向时环流的产生,将原来工作的整流器封锁后,必须留有一定死区时间,再将原来封锁的整流器开放工作。这种两组整流器任何时刻只有一组整流器工作,在两组整流器之间不存在环流的控制方式,称为无环流控制方式。

(2)变频电路的工作过程

交-交变频电路的负载可以是电感性、电阻性或电容性。下面以使用较多的电感性负载为例,说明组成变频电路的两组整流电路是怎样工作的。

首先将电感性负载的交-交变频电路理想化,忽略变流电路换相时 $u_。$ 的脉动分量,就可把变频电路等效成图 5.15(a)所示的正弦波交流电源和二极管的串联。其中,交流电源表示变流电路可输出交流正弦电压,二极管体现了变流电路的电流单向性。设负载阻抗角为 φ,输出电流滞后输出电压 φ 角,两组变流电路工作时采取直流可逆调速系统中的无环流工作方式,即一组变流电路工作时,封锁另一组变流电路的触发脉冲。其工作过程如下:

$t_1 \sim t_3$ 时段,$i_。$ 正半周,正组工作,反组被封锁。其中,$t_1 \sim t_2$ 时段,$u_。$ 和 $i_。$ 均为正,正组整流,输出功率为正;$t_2 \sim t_3$ 时段,$u_。$ 反向,$i_。$ 仍为正,正组逆变,输出功率为负。

$t_3 \sim t_5$ 时段,$i_。$ 负半周,反组工作,正组被封锁。其中,$t_3 \sim t_4$ 时段,$u_。$ 和 $i_。$ 均为负,反组整流,输出功率为正;$t_4 \sim t_5$ 时段,$u_。$ 反向,$i_。$ 仍为负,反组逆变,输出功率为负。

其输出电压 u_o 和输出电流 i_o 波形如图 5.15(b)所示。由此可知:哪组变流电路工作是由输出电流 i_o 的方向决定,而与输出电压极性 u_o 无关;变流电路是工作于整流状态还是逆变状态,则是由输出电压方向和输出电流方向的异同决定。

图 5.16 是单相交-交变频电路输出电压和电流波形图。如果考虑无环流工作方式和 i_o 过零的死区时间,可以将图 5.16 所示变频电路输出电压、电流波形的一个周期分为 6 个时段:

第 1 时段,输出电压 u_o 过零为正,由于电流滞后 $i_o < 0$,整流器的输出电流具有单向性,负载的电流必须由反组整流器输出,则此阶段为反组整流器工作,正组整流器被封锁。又由于 $u_o>0$、$i_o<0$,则反组整流器必须工作在有源逆变状态。

第 2 时段,电流过零,为无环流死区时间。

第 3 时段,$i_o>0$,由于电流方向为正,负载电流须由正组整流器输出,此阶段为正组整流器工作,反组整流器被封锁。由于 $u_o>0$、$i_o>0$,则正组整流器必须工作在整流状态。

第 4 时段,由于 $i_o>0$,电流方向没有改变,正组整流器工作,反组整流器仍被封锁。由于 $u_o<0$、$i_o>0$,则正组整流器工作在有源逆变状态。

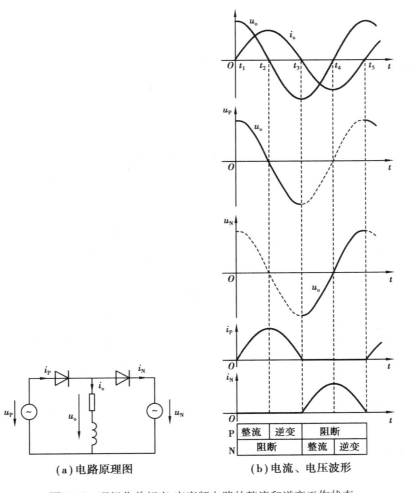

	P	整流	逆变	阻断	
N	阻断		整流	逆变

(a)电路原理图　　　　(b)电流、电压波形

图 5.15　理想化单相交-交变频电路的整流和逆变工作状态

第5时段,电流为零,为无环流死区。

第6时段,$i_o<0$,电流方向为负,反组整流器必须工作,正组整流器被封锁。$u_o<0$、$i_o<0$,反组整流器工作在整流状态。

假若 u_o 和 i_o 的相位差小于 $\pi/2$ 时,一周期内电网向负载提供能量的平均值为正,电动机工作在电动状态;当二者相位差大于 $\pi/2$ 时,一周期内电网向负载提供能量的平均值为负,电网吸收能量,电动机为发电状态。

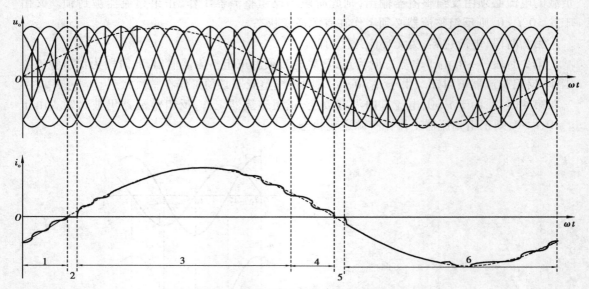

图 5.16 单相交-交变频电路的输出电压和电流波形

(3)输入输出特性

1)输出上限频率

交-交变频电路的输出电压是由许多段电网电压拼接而成的。输出电压一个周期内拼接的电网电压段数越多,就可使输出电压波形越接近正弦波。当输出频率增高时,输出电压一周期所含电网电压的段数就会减少,波形畸变就会严重。当然,构成交-交变频电路的两组变流电路的脉波数越多,输出上限频率就越高。就输出波形畸变和输出上限频率的关系而言,很难确定一个明确的界限,对于常用的 6 脉波三相桥式电路而言,一般认为,输出上限频率不高于电网频率的 1/3~1/2。当电网频率为 50 Hz 时,交-交变频电路的输出上限频率约为 20 Hz。

2)输入功率因数

交-交变频电路采用的是相位控制方式,因此其输入电流的相位总是滞后于输入电压,需要电网提供无功功率。而且不论负载功率因数是滞后的还是超前的,输入的无功电流总是滞后的。简单地说,即使负载功率因数为 1,输入功率因数也仍小于 1,随着负载功率因数的降低,输入功率因数也随之降低。

3)输出电压谐波

交-交变频电路输出电压的谐波频谱是非常复杂的,它既和电网频率 f_i 以及变流电路的脉

波数有关,也和输出频率 f_o 有关。对于采用三相桥式电路的交-交变频电路来说,输出电压中所含主要谐波的频率为

$$6f_i \pm f_o, 6f_i \pm 3f_o, 6f_i \pm 5f_o, \cdots$$
$$12f_i \pm f_o, 12f_i \pm 3f_o, 12f_i \pm 5f_o, \cdots$$

另外,采用无环流控制方式时,由于电流方向改变时死区的影响,将使输出电压中增加 $5f_o$、$7f_o$ 等次谐波。

4)输入电流谐波

单相交-交变频电路的输入电流波形和可控整流电路的输入波形类似,但是其幅值和相位均按正弦规律调制。采用三相桥式电路的交-交变频电路输入电流谐波频率为

$$f_{in} = \left| (6k \pm 1)f_i \pm 2lf_o \right| \tag{5.8}$$

和

$$f_{in} = f_i \pm 2kf_o \tag{5.9}$$

式中,$k = 1, 2, 3, \cdots; l = 1, 2, 3, \cdots$。

前面的分析都是基于无环流方式进行的。在无环流方式下,由于负载电流反向时为保证无环流而必须留一定的死区时间,就使得输出电压的波形畸变增大。另外,在负载电流断续时,输出电压被负载电动机反电动势抬高,这也造成输出波形畸变。电流死区和电流断续的影响也限制了输出频率的提高。和直流可逆调速系统一样,交-交变频电路也可采用有环流控制方式,这时正反两组整流器之间须设置环流电抗器。采用有环流方式可以避免电流断续并消除电流死区,改善输出波形,还可提高交-交变频电路的输出上限频率,同时控制也比无环流方式简单。但是设置环流电抗器使设备成本增加,运行效率也因环流而有所降低。因此,目前应用较多的还是无环流方式。

5.3.2　三相交-交变频电路

交-交变频电路主要用于交流调速系统中,因此,实际使用的主要是三相交-交变频器。三相交-交变频电路是由三组输出电压相位各差 $2\pi/3$ 的单相交-交变频路组成的,电路接线形式主要有以下两种:

(1)输出星形联接方式

图 5.17 所示是输出星形联接方式的三相交-交变频电路原理图。电源进线通过进线电抗器接在公共的交流母线上。三相交-交变频电路的输出端星形联接,电动机的三个绕组也是星形联接,电动机中点和变频器中点接在一起,电动机只引出三根线即可。因为三组单相变频器联接在一起,电源进线端公用,其电源进线就必须隔离,所以三组单相变频器分别用三个变压器供电。和整流电路一样,同一组桥内的两个晶闸管靠双触发脉冲保证同时导通。两组桥之间则是靠各自的触发脉冲有足够的宽度,以保证同时导通。

(2)公共交流母线进线方式

图 5.18 所示是公共交流母线进线方式的三相交-交变频电路原理图,它由三组彼此独立的、输出电压相位相互错开 $2\pi/3$ 的单相交-交变频电路组成,它们的电源进线通过进线电抗器接在公共的交流母线上。因为电源进线端公用,所以三个单相变频电路的输出端必须隔

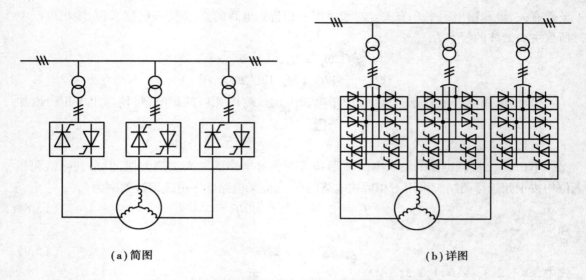

(a)简图　　　　　　　　　　　　　　　　　　　(b)详图

图 5.17　输出星形联接方式三相交-交变频电路原理图

离。为此,交流电动机的三个绕组必须拆开,同时引出六根线。公共交流母线进线三相交-交变频电路主要用于中等容量的交流调速系统。

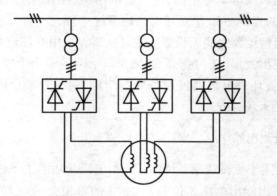

图 5.18　公共交流母线进线方式的三相交-交变频电路简图

　　此处介绍的交-交变频电路是把一种频率的交流电直接变成可变频率的交流电,是一种直接变频电路。在后续的课程中还要介绍间接变频电路,即先把交流变换成直流,再把直流逆变成可变频率的交流,这种电路也称交-直-交变频电路。和交-直-交变频电路比较,交-交变频电路的优点是:只用一次变流,效率较高;可方便地实现四象限工作;低频输出波形接近正弦波。缺点是:接线复杂,如采用三相桥式电路的三相交-交变频器至少要用 36 只晶闸管;受电网频率和变流电路脉波数的限制,输出频率较低;输入功率因数较低;输入电流谐波含量大,结构复杂。

　　由于以上特点,交-交变频电路主要用于 500 kW 或 1 000 kW 以上的大功率、低转速的交流调速电路中。它既可用于异步电动机传动,也可用于同步电动机传动,目前已在轧机主传动装置、鼓风机、矿石破碎机、球磨机、卷扬机等场合获得了较多的应用。

5.4　矩阵式变频电路

前面介绍的是采用相位控制的交-交变频电路。近年来出现了一种新颖的矩阵式变频电路,这种电路也是一种直接变频电路,电路采用的开关器件全部是全控型器件,控制方式不是相控方式,而是斩控方式。

图 5.19(a)是矩阵式变频电路的主电路拓扑结构图,三相输入电压为 u_a、u_b、u_c,三相输出电压为 u_u、u_v 和 u_w,9 个开关器件组成 3×3 矩阵。因此该电路被称为矩阵式变频电路(Matrix Converter, MC),也称为矩阵变换器。图中每个开关都是矩阵中的一个元素,采用双向可控开关,图 5.19(b)给出了应用较多的一种开关单元。

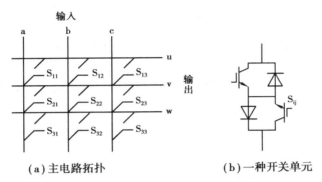

(a)主电路拓扑　　　　　(b)一种开关单元

图 5.19　矩阵式变频电路

矩阵式变频电路的优点是输出电压可控制为正弦波,频率不受电网频率的限制;输入电流也可控制为正弦波且和电压同相,功率因数为 1,也可控制为需要的功率因数;能量可双向流动,适用于交流电动机的四象限运行;不通过中间直流环节而直接实现变频,效率较高。因此,这种电路的电气性能是十分理想的。

单相斩控式调压电路的输出电压 u_o 为

$$u_o = \frac{t_{on}}{T_c} u_s = \sigma u_s \tag{5.10}$$

式中,T_c 为开关周期,t_{on} 为一个开关周期内导通时间,σ 为占空比。

若在不同的开关周期中采用不同的 σ,可得到与 u_s 频率和波形都不同的 u_o。由于电源交流电压 u_s 的波形为正弦波,可利用的输入电压部分只有如图 5.20(a)所示的单相电压阴影部分,因此输出电压 u_o 将受到很大的局限,无法得到所需的输出波形;如果把输入电压源改为三相,例如用图 5.19(a)中第一行的 3 个开关 S_{11}、S_{12} 和 S_{13} 共同作用来构造 u 相输出电压 u_u,就可利用图 5.20(b)的三相相电压包络线中所有的阴影部分。理论上所构造的 u_u 的频率可不受限制,但其最大幅值仅为输入相电压幅值的 0.5 倍;如果利用输入线电压来构造输出线电压,例如用图 5.19(a)中第一行和第二行的 6 个开关共同作用来构造输出线电压 u_{uv},就可利用图 5.20(c)中 6 个线电压包络线中所有的阴影部分。这样,其最大幅值就可达到输入线电压幅值的 0.866 倍,这也是正弦波输出条件下矩阵式变频电路理论上最大的输出输入电压比。为简单起见,下面仍以相电压输出方式为例进行分析。

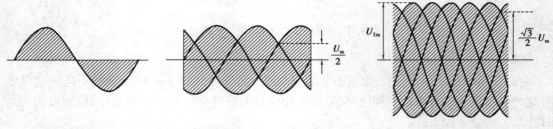

(a)单相输入　　　　**(b)三相输入相电压构造输出相电压**　　　　**(c)三相输入线电压构造输出线电压**

图 5.20　构造输出电压时可利用的输入电压部分

利用对开关 S_{11}、S_{12} 和 S_{13} 的控制构造输出电压 u_u 时,为了防止输入电源短路,在任何时候只能有一个开关接通。考虑到负载多为阻感性负载,为使负载不致开路,在任一时刻必须有且只有一个开关接通。因此 u 相输出电压 u_u 和各相输入电压的关系为

$$u_u = \sigma_{11}u_a + \sigma_{12}u_b + \sigma_{13}u_c \tag{5.11}$$

式中,σ_{11}、σ_{12} 和 σ_{13} 为一个开关周期内开关 S_{11}、S_{12} 和 S_{13} 的导通占空比,且

$$\sigma_{11} + \sigma_{12} + \sigma_{13} = 1 \tag{5.12}$$

用同样的方法控制图 5.19(a)矩阵第 2 行和第 3 行各开关,可以得到类似于式(5.11)的表达式。把这些表达式合写成矩阵形式,即

$$\begin{bmatrix} u_u \\ u_v \\ u_w \end{bmatrix} = \begin{bmatrix} \sigma_{11} & \sigma_{12} & \sigma_{13} \\ \sigma_{21} & \sigma_{22} & \sigma_{23} \\ \sigma_{31} & \sigma_{32} & \sigma_{33} \end{bmatrix} \begin{bmatrix} u_a \\ u_b \\ u_c \end{bmatrix} \tag{5.13}$$

式中,$\sigma = \begin{bmatrix} \sigma_{11} & \sigma_{12} & \sigma_{13} \\ \sigma_{21} & \sigma_{22} & \sigma_{23} \\ \sigma_{31} & \sigma_{32} & \sigma_{33} \end{bmatrix}$ 称为调制矩阵,它是时间的函数,每个元素在每个开关周期中都是

不同的。

阻感负载的负载电流具有电流源的性质,负载电流的大小是由负载的需要决定的。在矩阵式变频电路中,9 个开关的通断情况决定后,即调制矩阵 σ 中各元素确定后,输入电流 i_a、i_b、i_c 和输出电流 i_u、i_v、i_w 的关系也就确定了。实际上,各相输入电流都分别是各相输出电流按照相应的占空比相加而成的,即

$$\begin{bmatrix} i_a \\ i_b \\ i_c \end{bmatrix} = \begin{bmatrix} \sigma_{11} & \sigma_{21} & \sigma_{31} \\ \sigma_{12} & \sigma_{22} & \sigma_{32} \\ \sigma_{13} & \sigma_{23} & \sigma_{33} \end{bmatrix} \begin{bmatrix} i_u \\ i_v \\ i_w \end{bmatrix} \tag{5.14}$$

对于一个实际系统来说,输入电压和所要输出的电流是已知的。设其值分别为

$$\begin{bmatrix} u_a \\ u_b \\ u_c \end{bmatrix} = \begin{bmatrix} U_{im}\cos \omega_i t \\ U_{im}\cos\left(\omega_i t - \dfrac{2}{3}\pi\right) \\ U_{im}\cos\left(\omega_i t - \dfrac{4}{3}\pi\right) \end{bmatrix} \tag{5.15}$$

$$
\begin{bmatrix} i_u \\ i_v \\ i_w \end{bmatrix} = \begin{bmatrix} I_{om}\cos(\omega_o t - \varphi_o) \\ I_{om}\cos\left(\omega_o t - \dfrac{2}{3}\pi - \varphi_o\right) \\ I_{om}\cos\left(\omega_o t - \dfrac{4}{3}\pi - \varphi_o\right) \end{bmatrix} \tag{5.16}
$$

式中，U_{im}、ω_i 为输入电压的幅值和角频率；I_{om}、ω_o 为输出电流的幅值和角频率；φ_o 为负载阻抗角。

变频电路希望的输出电压和输入电流分别为

$$
\begin{bmatrix} u_u \\ u_v \\ u_w \end{bmatrix} = \begin{bmatrix} U_{om}\cos\omega_o t \\ U_{om}\cos\left(\omega_o t - \dfrac{2}{3}\pi\right) \\ U_{om}\cos\left(\omega_o t - \dfrac{4}{3}\pi\right) \end{bmatrix} \tag{5.17}
$$

$$
\begin{bmatrix} i_a \\ i_b \\ i_c \end{bmatrix} = \begin{bmatrix} I_{im}\cos(\omega_i t - \varphi_i) \\ I_{im}\cos\left(\omega_i t - \dfrac{2}{3}\pi - \varphi_i\right) \\ I_{im}\cos\left(\omega_i t - \dfrac{4}{3}\pi - \varphi_i\right) \end{bmatrix} \tag{5.18}
$$

式中，U_{om}、I_{im} 为输出电压和输入电流的幅值；φ_i 为输入电流滞后电压的相位角。

当期望的输入功率因数为 1 时，$\varphi_i = 0$。把式(5.15)、式(5.17)代入式(5.13)，把式(5.16)、式(5.18)代入式(5.14)，可得

$$
\begin{bmatrix} U_{om}\cos\omega_o t \\ U_{om}\cos\left(\omega_o t - \dfrac{2}{3}\pi\right) \\ U_{om}\cos\left(\omega_o t - \dfrac{4}{3}\pi\right) \end{bmatrix} = \begin{bmatrix} \sigma_{11} & \sigma_{12} & \sigma_{13} \\ \sigma_{21} & \sigma_{22} & \sigma_{23} \\ \sigma_{31} & \sigma_{32} & \sigma_{33} \end{bmatrix} \begin{bmatrix} U_{im}\cos\omega_i t \\ U_{im}\cos\left(\omega_i t - \dfrac{2}{3}\pi\right) \\ U_{im}\cos\left(\omega_i t - \dfrac{4}{3}\pi\right) \end{bmatrix} \tag{5.19}
$$

$$
\begin{bmatrix} I_{im}\cos(\omega_i t - \varphi_i) \\ I_{im}\cos\left(\omega_i t - \dfrac{2}{3}\pi - \varphi_i\right) \\ I_{im}\cos\left(\omega_i t - \dfrac{4}{3}\pi - \varphi_i\right) \end{bmatrix} = \begin{bmatrix} \sigma_{11} & \sigma_{21} & \sigma_{31} \\ \sigma_{12} & \sigma_{22} & \sigma_{32} \\ \sigma_{13} & \sigma_{23} & \sigma_{33} \end{bmatrix} \begin{bmatrix} I_{om}\cos(\omega_o t - \varphi_o) \\ I_{om}\cos\left(\omega_o t - \dfrac{2}{3}\pi - \varphi_o\right) \\ I_{om}\cos\left(\omega_o t - \dfrac{4}{3}\pi - \varphi_o\right) \end{bmatrix} \tag{5.20}
$$

若能求得满足式(5.19)和式(5.20)的调制矩阵 σ，就可得到式中所希望的输出电压和输入电流。可以满足上述方程的解有许多，但直接求解是很困难的。

要使矩阵式变频电路能够很好地工作，有两个基本问题必须解决。首先要解决的问题是如何求取理想的调制矩阵 σ，其次就是在开关切换时如何实现既无交叠又无死区。目前已经有了较好的解决方法，但由于篇幅有限，本书不作详述。

目前来看，矩阵式变频电路所用的开关器件为 18 个，电路结构较复杂，成本较高，控制方法还不够成熟；输出输入最大电压比只有 0.866，用于交流电机调速时输出电压偏低。这些是其尚未进入实用化的主要原因，但矩阵式变频电路有十分突出的优点：电路有十分理想的电气性能，它可使输出电压和输入电流均为正弦波，输入功率因数为 1，且能量可双向流动，可实

现四象限运行;和目前广泛应用的交-直-交变频电路(后续介绍)相比,虽多用了6个开关器件,却省去了直流侧大电容,将使体积减小,且容易实现集成化和功率模块化。在电力电子器件制造技术飞速进步和计算机技术日新月异的今天,矩阵式变频电路将有很好的发展前景。

5.5 交流-交流变换电路的应用

5.5.1 异步电动机软启动器

一般情况下,三相异步电动机的启动电流比较大(4~7倍额定电流),而启动转矩并不大(0.9~1.3倍额定转矩)。中、大容量的电动机启动时会使电网压降过大,影响其他用电设备的正常运行,甚至会导致电动机本身难以启动。当电动机的供电变压器的容量足够大(一般在电动机容量的4倍以上)且供电线路并不太长(启动电流造成的瞬时电压降落低于10%~15%)时,电动机可以直接通电启动,操作也很简便。但当变压器容量达不到要求时,必须采取降压启动措施。随着电压的减低,启动电流成正比地降低,从而可以避开启动电流的冲击。但启动转矩(与电压的平方成正比)降低更多,会出现启动转矩不足的问题。因此只适合于中、大容量电动机空载或轻载启动的情况。传统的降压启动方式有Y-△降压启动和自耦变压器降压启动,其启动过程是分级进行,且存在二次冲击,正逐渐由带电流闭环控制的异步电动机软启动器所取代。

异步电动机软启动器的主电路采用晶闸管交流固态调压电路(三相相控交流调压电路),采取移相触发控制连续改变其输出电压,使之缓慢增加或限制启动电流并保持恒流启动。达到稳态转速后,利用接触器旁路晶闸管双向开关切除软启动器。图5.21给出了软启动器的几种启动方式。图5.21(a)为电压斜坡软启动控制方式,刚开始启动时,电压增加较快,软启动器输出电压迅速上升到某一值,之后放缓电压增加速度,整个启动过程的时间可根据具体情况设定,电动机的转速随着电压的增大而上升,当电压达到额定电压时,启动过程结束。图5.21(b)为限流升速软启动方式,电动机启动时,软启动器输出电压迅速增加,电动机电流随之迅速上升,达到所设定的值时,电流保持在该值使电动机逐渐加速,当电动机转速达到最高转速时电流迅速下降,与负载电流相平衡,完成启动过程。启动电流的限值可以根据具体情况在1~5倍的额定电流之间设定,以获得最佳启动效果,但不易满载启动。图5.21(c)为电压斜坡与限流启动相结合的方式。这种方式既限制了启动电流,又使启动电压缓慢增加。图5.21(d)为电流斜坡启动方式。图5.21(e)为脉冲突跳与电压斜坡相结合的方式,这种方式主要用于启动转矩较大的负载,一开始的脉冲电压主要是用来克服摩擦转矩,使之能较快启动,随后电压就线性增加,直到启动过程结束,电动机全压运行。图5.21(f)为点动启动方式,在这种方式下,软启动器的输出电压迅速增加到点动电压(可设定)并保持不变,这种方式对试车和负载定位非常方便。

软启动器同样可以实现软停止功能,一方面可以减小机械冲击(如传输机械的缓起缓停);另一方面可以避免接触器触点断开时产生电弧(软启动器输出电压降为零之后再断开接触器)。

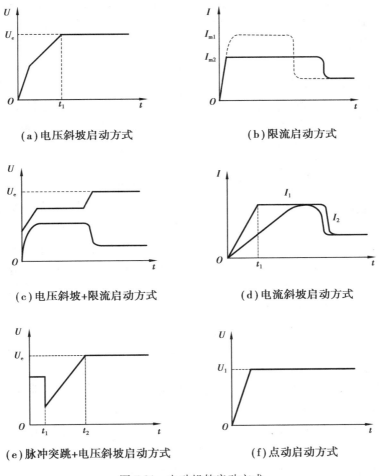

(a)电压斜坡启动方式

(b)限流启动方式

(c)电压斜坡+限流启动方式

(d)电流斜坡启动方式

(e)脉冲突跳+电压斜坡启动方式

(f)点动启动方式

图 5.21 电动机软启动方式

5.5.2 AC/AC 变换电路在电力系统中的应用

近年来,电力电子技术在电能的产生、输送、分配和使用的全过程都得到了广泛而重要的应用,与其他应用领域相比,电力系统要求电力电子装置具有更高的电压、更大的功率容量和更高的可靠性。输电系统(Transmission System)是组成电力系统的重要环节之一,其作用是实现电能稳定、有效的传输。目前,电能尚无办法进行大量存储,整个系统中的无功功率和有功功率必须保持动态平衡,然而负荷、传输、发电的变化是绝对的,因此需要进行控制和调节。输电系统的调节对象主要包括无功功率和有功功率、电流和相角、阻抗等,还需抑制系统谐振,维持电压和频率等的短期、中期和长期稳定。目前,公认的唯一有效途径是电力电子和先进控制技术的应用。这些技术的应用和发展,促成了近年来交流电网中的一个前沿领域——柔性交流输电系统(Flexible AC Transmission Systems—FACTS),也称灵活交流输电系统,其本质是输电的灵活可变、方便可控,使原来基本不可控的交流输电系统可以得到全面控制,运行更加安全、可靠、经济。FACTS 的核心设备是 FACTS 控制器,其类型很多。本节介绍晶闸管投切电容器(Thyristor Switch Capacitor—TSC)、晶闸管控制电抗器(Thyristor Controlled

Reactor—TCR）和晶闸管控制的串联补偿电容器（Thyristor Controlled Series Capacitor—TCSC）。TSC 和 TCR 用于无功补偿,而 TCSC 用于改变输电线路阻抗。

（1）无功功率补偿

在电力系统中,对无功功率进行补偿控制极为重要。通过无功补偿,可以提高电网功率因数,稳定电网电压,改善供电质量。在电网无功补偿中,传统的做法有静态补偿和动态补偿两种。传统的静态补偿是靠投入无功补偿电容器来实现的,其阻抗固定且不能自动跟踪负荷中无功的变化。传统的动态补偿是靠同步调相机来完成的,由于它是旋转电机,因此响应速度慢,损耗和噪声大,维护难度大。

从 20 世纪 70 年代开始,出现了静止无功补偿装置（Static Var Compensator —SVC）并开始逐渐取代同步调相机。利用晶闸管器件构成的静止无功补偿装置具有优异的性能,已成为静止无功补偿装置的主要设备,因此 SVC 往往专指使用晶闸管器件的静止无功补偿装置,包括固定电容器（Fixed Capacitor—FC）、晶闸管控制电抗器（TCR）、晶闸管投切电容器（TSC）三类装置。当然也可以用以上三类中的某一类或某几类进行组合,或与机械投切电容器（Mechanically Switch Capacitor—MSC）相组合（如 TCR+FC,TCR+MSC）等。随着电力电子技术的飞速发展,之后出现了一种更为先进的静止无功补偿装置即静止无功发生器（将在后续章节介绍）。下面介绍 TSC 和 TCR。

1）晶闸管投切电容器（TSC）

利用机械开关（接触器触点）投入或者切除电容器可以控制电网中的无功补偿来提高电网的功率因数,这种方式在电容器投切时会对电网产生较大的电流冲击。由反并联晶闸管构成的交流电力电子双向开关代替机械开关,就组成了晶闸管投切电容器 TSC。单相电路的 TSC 基本原理如图 5.22 所示,三相电路可以采用三角形或星形接法。

图 5.22（a）是 TSC 基本电路单元,其中所串联的电感很小,用来抑制电容器投入电网时可能出现的电流冲击,在简化电路中一般不画出。在实际工程中,为了避免容量较大的电容器投入或切除给电网带来较大的冲击,一般把电容器分成几组,如图 5.22（b）所示。这样就可以实现电容器的分级动态无功补偿,级数越多,切换的平滑性也就越好,精度越高。当然级数过多会增大设备成本,因此需要折中考虑,根据负载情况适当选取。

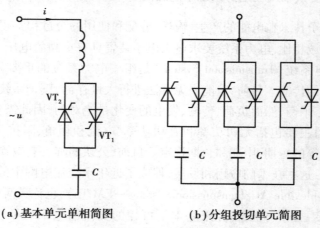

（a）基本单元单相简图　　　　（b）分组投切单元简图

图 5.22　TSC 基本原理

TSC 运行时晶闸管投切原则是:在满足无功功率补偿要求的情况下,保证晶闸管导通使电容器投入时不产生电流冲击。为此,电容器投入之前应预先充电至电源峰值电压;电容器投入时,使流经其电流为零,没有冲击,之后按正弦规律变化,如图 5.23 所示。如果需要切除电容器,去掉晶闸管上的触发脉冲即可,两个器件在电流过零时关断。

为了降低成本,实际使用中采用晶闸管和二极管反并联的方法,如图 5.24 所示。这时由于二极管的作用,在电路不导通时,u_c 总会维持在电源电压峰值处,缺点是响应速度慢一些,电容器投切的最大滞后时间为一个周波。

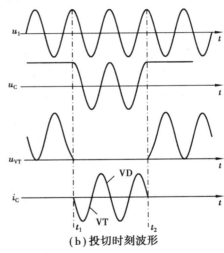

(a) 晶闸管和二极管反并联方式的 TDC 电路

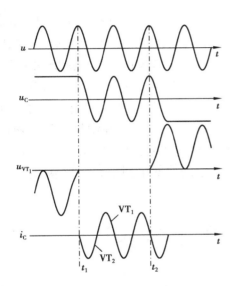

图 5.23　TSC 投切时刻波形

(b) 投切时刻波形

图 5.24　晶闸管和二极管反并联方式的
TDC 电路及投切时刻波形

2) 晶闸管控制电抗器(TCR)

晶闸管控制电抗器是相控交流调压电路感性负载的一个典型应用。图 5.25 是 TCR 的典型电路,可以看出这是支路控制三角形联接方式的相控三相交流调压电路。

图 5.25 中电抗器的电阻值很小,故负载可以近似看作纯感性负载,晶闸管的移相范围为 $\pi/2 \sim \pi$。通过调节触发角 α,可以连续调节流过电抗器的电流,从而调节电路从电网中吸收的无功功率。如果与电容器相配合,就可以在从感性到容性的变化范围内对无功功率进行连续调节。

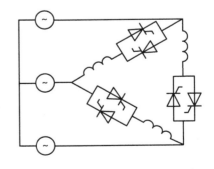

图 5.25　晶闸管控制电抗器(TCR)电路

图 5.26 分别给出了 TCR 电路在触发角 α 为 120°、135°和 150°时的负载相电流和输入线电流的波形。

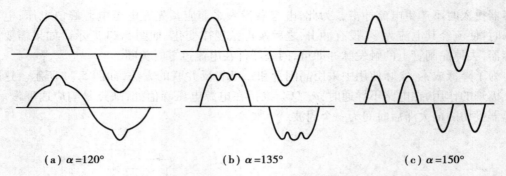

（a）$\alpha=120°$ （b）$\alpha=135°$ （c）$\alpha=150°$

图 5.26　TCR 电路负载相电流和输入线电流的波形

（2）可控串联补偿

在长距离交流输电系统中,用晶闸管控制的串联补偿电容器（Thyristor Controlled Series Capacitor—TCSC）来提高输电线路的电能输送容量、降低电压波动已有很长的历史,已经成为灵活交流输电系统中的主要项目。输电线路的电抗越大,所能够传输的功率极限值就越小,在输电线路中串联接入电容器可以补偿线路的电感,从而提高输电线路的输电能力,改善系统的稳定性。图 5.27 是 TCSC 电路及波形。为了改变串联电容的大小,可将一定容量的电容 C 与一个晶闸管控制电抗器相并联,然后再串联接入电线路中。通过对晶闸管进行移相控制,改变等效电感的大小,从而连续调节图 5.27（a）中 A、B 两点间的等效容抗 X_C,补偿输电线里的感抗 X_L。此外,还可以调控线路 B 点的电压,改变输电线路或电网中有功功率、无功功率的分布,使之最优化。

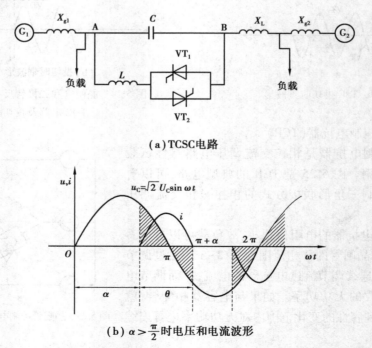

（a）TCSC电路

（b）$\alpha>\dfrac{\pi}{2}$ 时电压和电流波形

图 5.27　晶闸管控制的串联补偿电容器（TCSC）及波形

图 5.27 中电容器两端的电压 $u_C = \sqrt{2} U_C \sin \omega t$。与电容并联的 TCR 中电感电流为 i，晶闸管的有效移相范围是 $\frac{\pi}{2} \sim \pi$。控制角 $\alpha < \frac{\pi}{2}$ 时，晶闸管的控制作用和 $\alpha = \frac{\pi}{2}$ 时相同，此时电感支路的电抗 $X_L = \omega L$，为纯电感。当 $\alpha = \pi$ 时，晶闸管不导通，电感支路断开，对并联的电容器支路不起作用，A、B 之间为纯电容。因此并联的电感支路对电容支路的影响，从 $\alpha = \frac{\pi}{2}$ 时的纯电感开始，随着触发角 α 的增大而逐渐减小；当 $\alpha = \pi$ 时，影响完全消失。控制角 α 在 $\frac{\pi}{2} \sim \pi$ 的变化过程中，A、B 之间的阻抗逐渐变化。由此可见，调节晶闸管的触发角 $\alpha \left(\frac{\pi}{2} \leqslant \alpha \leqslant \pi \right)$，即可改变电感支路感抗的大小，从而也就改变了 A、B 两端等效电容的大小。

5.5.3 AC/AC 变换电路在电源技术中的应用

AC/AC 变换电路在电源技术方面主要应用于交流稳压电源。交流稳压电源有很多种类，这里只介绍自耦（变比）调整型交流稳压电源。传统的自耦调整型稳压器采用伺服电动机带动滑臂使碳刷在自耦调压器表面作滑动运动，以达到稳定输出电压的目的。借助电力电子器件来调整比一次侧抽头或者对变压器二次绕组进行分段组合的方式更能实现输出电压稳定，这样的稳压电源就是自耦变比调整型交流稳压电源。

（1）调整变压器抽头型交流稳压电源

调整变压器抽头型单相交流稳压电源的组成如图 5.28 所示。变压器一次侧采用多个抽头，每个抽头串接一只双向晶闸管（或固态继电器），双向晶闸管的另一端并接在一起，接入市电。当输入电压发生变化时，关断当前导通的双向晶闸管，开通另一个合适的晶闸管，保证输出电压在规定范围之内。进行电压调整时，变压器两个抽头之间的电压是跳变的，因此变压器抽头数量和抽头之间的最小电压值决定了稳压器对输入电压变化的适应范围和对输出电压的稳定精度。显然，抽头数越多，抽头间的电压值越小，适应范围越宽，稳压精度越高。这种稳压电源是利用数字逻辑电路或单片机和交流过零触发开关

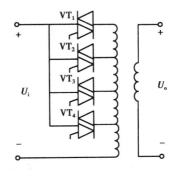

图 5.28 调整变压器抽头型
单相交流稳压电源

技术，靠改变变压器抽头进行绕组组合来实现稳定输出交流电压。采用电流过零切换的方法，使输出电压偏差的校正工作在小于一个工作周期内完成，从而获得较好的动态响应效果。

这类稳压电源具有如下特点：

①响应快。即能够快速调整变压器的抽头以跟踪输入电压的快速变化。

②谐波含量小。调整电压是通过改变抽头来完成的，所产生的附加波形失真很小，在输出电压中不产生高次谐波分量。

③允许有较宽的输入电压范围。通过抽头处理，可以很方便地拓宽输入电压范围。

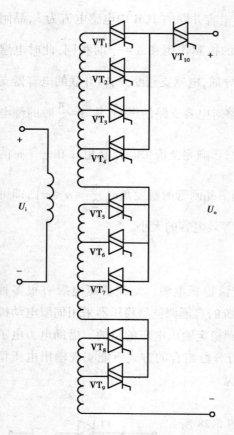

图 5.29　变压器绕组组合型交流稳压电源

④缺点是只有增加电力电子器件的数量才能实现宽范围输入电压变化及高稳压精度。

（2）变压器绕组组合型交流稳压电源

将变压器二次绕组分成多段串联，每段线圈分别设置若干抽头，每个抽头串联一只双向晶闸管，如图 5.29 所示。当输入电压发生变化时，通过检测和控制电路判断后，在每段线圈中选取一只合适的双向晶闸管，然后同时触发各段线圈中所选定的器件，使各段线圈的抽头串联后得到的输出电压值维持在额定范围内。输出电压的稳压精度取决于最小电压分段线圈中各抽头间的电压值。以输出电压为 AC220 V 为例，假设最小电压段线圈（比如 VT_1 与 VT_2 之间）的电压为 2 V，这样输出电压的稳定精度就可以达到±1%，再与串联在输出端的双向晶闸管（VT_{10}）相配合，则可以实现各分段调压的连续电压调节，使调压精度更高。

变压器绕组组合型交流稳压电源不仅具有跟随输入电压变化快的特点，而且在同样的稳态精度下，使用双向晶闸管的数量较少，大大提高了功率开关器件的利用率。

5.6　交流-交流变换电路的仿真

5.6.1　单相交流调压电路的仿真

（1）电阻负载

在 MATLAB 中搭建如图 5.30 所示的仿真电路模型。图中各部分参数设置如下：

①交流电压源参数设置为 100 V。

②串联 RLC 参数设置为电阻值 10 Ω。

③脉冲发生器参数设置，如图 5.31 所示。这里触发延迟角设置为 30°，另一个设置为 210 * 0.02/360。

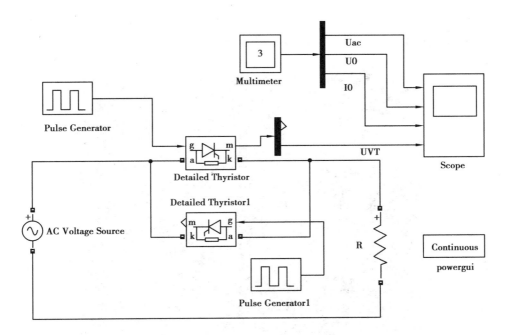

图 5.30 单相交流调压电路带电阻性负载的仿真模型

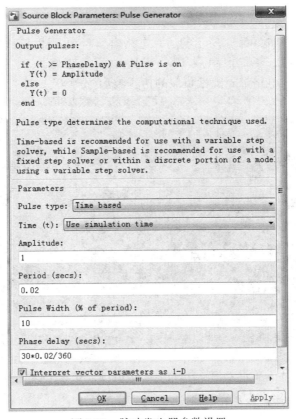

图 5.31 脉冲发生器参数设置

在仿真模型中,Uac 为电源电压,U0 为负载电压,I0 为负载电流,UVT 为晶闸管两端电压。单相交流调压电路带电阻性负载的仿真波形(α=30°)如图 5.32 所示。

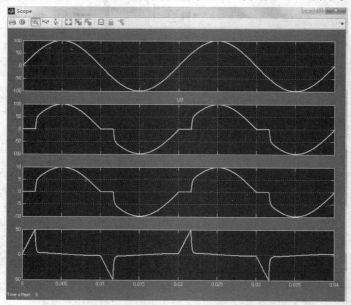

图 5.32　单相交流调压电路带电阻性负载的仿真波形(α=30°)

(2)阻感性负载

在 MATLAB 中搭建如图 5.31 所示的仿真电路模型,与电阻性负载相比,各部分参数设置与电阻性负载基本相同,只需把串联 RLC 支路中的电阻参数改为 5 Ω,电感参数改为 0.005 H。单相交流调压电路带阻感性负载的仿真波形(α=30°)如图 5.33 所示。

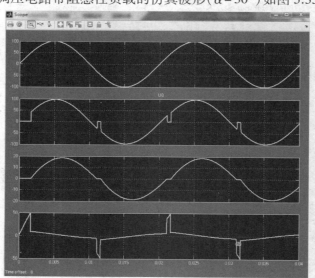

图 5.33　单相交流调压电路带阻感性负载的仿真波形(α=30°)

5.6.2　三相交流调压电路的仿真

在 MATLAB 中搭建如图 5.34 所示的仿真电路模型。图中各部分参数设置如下:

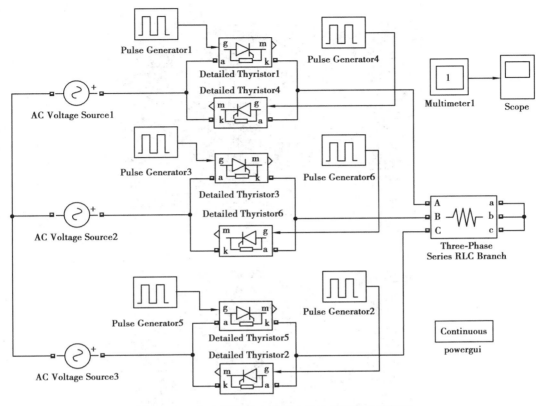

图 5.34　三相交流调压电路带电阻性负载的仿真模型

①三相串联 RLC 参数设置,如图 5.35 所示。

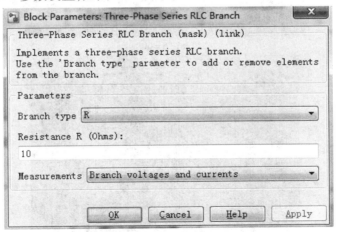

图 5.35　串联 RLC 参数设置

②脉冲发生器参数设置:脉冲发生器 1 为 $30*0.02/360$,脉冲发生器 3 为 $30*0.02/360+120*0.02/360$,脉冲发生器 5 为 $30*0.02/360+240*0.02/360$,脉冲发生器 4 为 $30*0.02/360+0.01$,脉冲发生器 6 为 $30*0.02/360+120*0.02/360+0.01$,脉冲发生器 2 为 $30*0.02/360+240*0.02/360+0.01$。

三相交流调压电路带电阻性负载的仿真波形($\alpha=30°$、$60°$、$120°$)如图 5.36 所示。

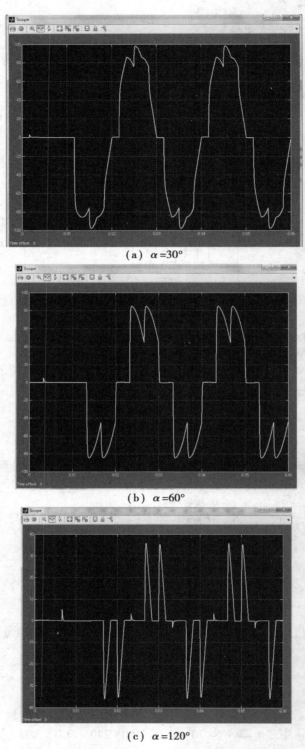

（a） $\alpha = 30°$

（b） $\alpha = 60°$

（c） $\alpha = 120°$

图 5.36 三相交流调压电路带电阻性负载的仿真波形

本章小结

    本章所介绍的交流电力电子开关、交流调压电路、交流变频电路都属于交流-交流直接变换电路。交流调功电路其实就是应用电力电子开关接通或断开交流电路从而实现对负载功率的调节。除交-交变频电路之外,其他电路要么改变电压的大小,要么改变电路的输出功率,要么对电路的通断进行控制,并不改变电源的频率,这样的电路称为交流电力控制电路。这类电路一般有两种控制方式,一种是采用半控型器件对电路进行相位控制;另一种是采用全控型器件对电路进行斩波控制。不管采用何种控制方式,都离不开分时分段截取电压片段并重新组合的思想。同一个电路,既可采用相位控制又可采用斩波控制,究竟采用哪种控制方式,取决于负载对电路的要求。在满足技术指标要求的情况下,降低成本成为控制方案及器件选择的决定因素。由于相控方式所截取的电压片段较宽,重新组合后的电压波形不够理想,谐波含量较大,而斩控方式则可以截取很窄的电压片段,组合出较为理想的波形因而性能更优,缺点是电路复杂、控制难度大、成本高。

    交流-交流变换电路在电气传动、电力系统和电源技术都有应用。应用这些电路时要特别注意其特点,不仅要考虑技术问题,还要考虑其经济性,二者必须同时兼顾。本章的重点是交流调压电路和交-交变频电路,不仅要掌握其工作原理,还要掌握在不同负载时的工作情况、基本数量关系及应用情况。

习　题

1.交流调压电路和交流调功电路有什么区别? 二者各应用于什么样的负载?

2.为什么相控交流调压电路感性负载必须用宽脉冲或宽脉序列触发?

3.晶闸管交流调压电路对触发电路有哪些基本要求?

4.题图1为晶闸管交流电力电子开关原理图,说明其工作原理。

5.斩控式交流调压电路的特点是什么?

6.三相晶闸管交流调压电路有哪些联接方式? 各有什么特点?

7.单相晶闸管相控交-交变频为什么只能降频、降压而不能升频升压?

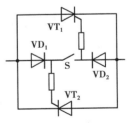

题图1　晶闸管交流电力电子开关原理图

8.交-交变频电路的最高输出频率是多少? 制约输出频率提高的因素有哪些?

9.单相交-交变频电路和直流电动机传动用的反并联可控整流电路有什么不同?

10.和交-直-交变频器相比,交-交变频器有何特点?

11.三相交-交变频电路有哪两种接线方式? 它们有什么区别?

12.TSC、TCR的基本原理是什么? 它们有何特点?

第 **6** 章
PWM 原理与控制技术

在实际应用中,大部分电力电子负载都要求逆变电路的输出电压、电流、功率以及频率能够得到有效和灵活的控制。而第 3 章介绍的电压型和电流型方波逆变电路存在较多的缺点:

①输出波形中含有较多的谐波,对负载不利;

②输入电流谐波含量大,功率因数低;

③电压调节困难,响应较慢。

所以实际的逆变电路基本都采用 PWM 控制方式。PWM 控制方式也正是由于在逆变电路中的成功应用,才在电力电子装置中得到了广泛的应用。这种电路的特点是:可以得到相当接近正弦波的输出电压和电流,减少谐波,功率因数高,动态响应快,而且电路结构简单。

PWM(Pulse Width Modulation)控制即脉冲宽度调制技术,通过对一系列脉冲的宽度进行调制来等效地获得所需要波形(含形状和幅值)的一种控制技术。具体来说,就是对逆变电路开关器件的通断进行控制,使输出端得到一系列幅值相等而宽度不等的脉冲,用这些脉冲来代替所需要的波形如正弦波。按一定规则对各脉冲的宽度进行调制,既可改变逆变电路输出电压的大小,也可改变输出电压的频率。

本章主要分析 PWM 控制技术的基本原理,讨论单相、三相 SPWM 逆变电路及其控制方法,介绍 PWM 控制技术的应用及 PWM 控制电路的仿真。

6.1　PWM 控制的基本原理

PWM 控制的理论基础是面积等效原理,即冲量相等而形状不同的窄脉冲加在具有惯性的环节上时,其效果基本相同。"冲量"指窄脉冲的面积,"效果基本相同"是指环节的输出响应波形基本相同。

图 6.1 给出了 4 个形状不同的窄脉冲,但它们的面积(冲量)都等于 1,将它们分别加到图 6.2(a)所示的电流具有惯性环节的 RL 电路中,所得到的响应如图 6.2(b)所示。从图6.2(b)可以看出,分别以 4 个窄脉冲作为输入加在 RL 电路中得到的电流波形非常接近。在 $i(t)$ 的上升段,$i(t)$ 的形状也略有不同,但其下降段则几乎完全相同。脉冲越窄,各 $i(t)$ 响应波形的差异也越小。如果周期性地施加上述脉冲,则响应 $i(t)$ 也是周期性的。用傅里叶级数分解后将可看出,各 $i(t)$ 在低频段的特性将非常接近,仅在高频段有所不同。

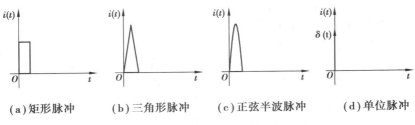

（a）矩形脉冲　　（b）三角形脉冲　　（c）正弦半波脉冲　　（d）单位脉冲

图 6.1　形状不同而冲量相同的 4 种窄脉冲

正弦波脉宽调制的控制原理是：利用逆变器的开关元件，由控制线路按一定的规律控制开关元件的通断，从而在逆变器的输出端获得一组等幅而不等宽的脉冲序列。此脉宽基本按正弦分布，以此脉冲列来等效正弦电压波形。把图 6.3（a）的正弦半波分成 N 等份，就可以把正弦半波看成由 N 个彼此相连的脉冲序列所组成的波形。这些脉冲宽度相等，都等于 π/N，但幅值不等，且脉冲顶部不是水平直线，而是曲线，各脉冲的幅值按正弦规律变化。如果把上述脉冲序列用相同数量的等幅而不等宽的矩形脉冲代替，使矩形脉冲的中点和相应正弦波部分的中点重合，且使矩形脉冲和相应的正弦波部分面积（冲量）相等，就得到图 6.3（b）所示的脉冲序列，这就是 PWM 波形。可以看出，各脉冲的幅值相等，而宽度是按正弦规律变化的。根据面积等效原理，PWM 波形和正弦半波是等效的。对于正弦波的负半周，也可以用同样的方法得到 PWM 波形。像这种脉冲宽度按正弦规律变化而和正弦波等效的 PWM 波形，称为 SPWM 波形。

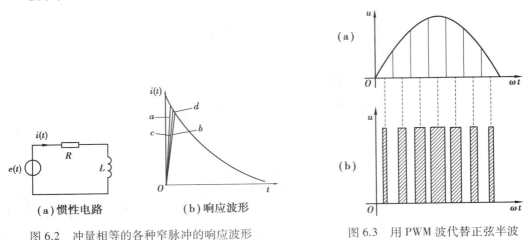

（a）惯性电路　　（b）响应波形

图 6.2　冲量相等的各种窄脉冲的响应波形

图 6.3　用 PWM 波代替正弦半波

要改变等效输出正弦波的幅值时，只要按照统一比例系数改变上述各脉冲的宽度即可。

6.2　PWM 逆变电路及其控制方法

6.2.1　单相桥式 PWM 逆变电路

图 6.4 所示为单相桥式 PWM 逆变电路，负载为感性，IGBT 作为开关器件。工作时，V_1 和 V_2 的通断状态互补，V_3 和 V_4 的通断状态也互补。在输出电压 u_o 的正半周，让 V_1 保持通态，

V_2 保持断态,V_3 和 V_4 交替通断。由于负载电流比电压滞后,因此在电压正半周,电流有一段区间为正,一段区间为负。在负载电流为正的区间,V_1 和 V_4 导通时,$u_o = U_d$。V_4 关断时,负载电流通过 V_1 和 VD_3 续流,$u_o = 0$。在负载电流为负的区间,仍为 V_1 和 V_4 导通时,因 i_o 为负,故 i_o 实际上从 VD_1 和 VD_4 流过,仍有 $u_o = U_d$;V_4 关断,V_3 开通后,i_o 从 V_3 和 VD_1 续流,$u_o = 0$。这样,u_o 总可以得到 U_d 和零两种电平。同样,在 u_o 的负半周,让 V_2 保持通态,V_1 保持断态,V_3 和 V_4 交替通断,负载电压 u_o 可以得到 $-U_d$ 和零两种电平。

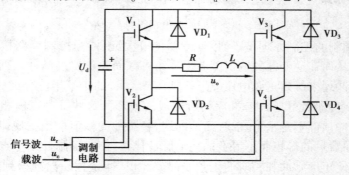

图 6.4　单相桥式 PWM 逆变电路

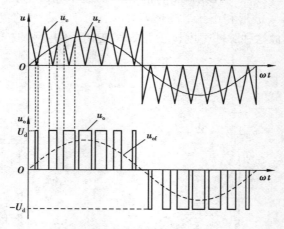

图 6.5　单极性 PWM 控制方式波形

　　控制 V_3 和 V_4 通断的方法如图 6.5 所示。调制信号 u_r 为正弦波,载波 u_c 在 u_r 的正半周为正极性的三角波,在 u_r 的负半周为负极性的三角波。在 u_r 和 u_c 的交点时刻控制 IGBT 的通断。在 u_r 的正半周,V_1 保持通态,V_2 保持断态,当 $u_r > u_c$ 时使 V_4 导通,V_3 关断,$u_o = U_d$;当 $u_r < u_c$ 时使 V_4 关断,V_3 导通,$u_o = 0$。在 u_r 的负半周,V_1 保持断态,V_2 保持通态,当 $u_r < u_c$ 时使 V_3 导通,V_4 关断,$u_o = -U_d$;当 $u_r > u_c$ 时使 V_3 关断,V_4 导通,$u_o = 0$。这样,就得到了 SPWM 波形 u_o。图中的虚线 u_{of} 表示 u_o 中的基波分量。像这种在 u_r 的半个周期内三角载波只在正极性或负极性一种极性范围内变化,所得到的 PWM 波形也只在单个极性范围变化的控制方式称为单极性 PWM 控制方式。

　　和单极性 PWM 控制方式相对应的是双极性控制方式。图 6.4 的单相桥式逆变电路在采用双极性控制方式时的波形如图 6.6 所示。采用双极性方式时,在 u_r 的半个周期内,三角载波不再是单极性的,而是有正有负,所得的 PWM 波也是有正有负。在 u_r 的一个周期内输出的 PWM 波只有 $\pm U_d$ 两种电平,而不像单极性控制时还有零电平,仍然在调制信号 u_r 和载波信号 u_c 的交点时刻控制各开关器件的通断。在 u_r 的正负半周,对各开关器件的控制规律相同。即当 $u_r>u_c$ 时，给 V_1 和 V_4 以导通信号，给 V_2 和 V_3 以关断信号，这时如 $i_o>0$，则 V_1 和 V_4 导通；如 $i_o<0$，则 VD_1 和 VD_4 导通。无论哪种情况都是输出电压 $u_o=U_d$。当 $u_r<u_c$ 时，给 V_2 和 V_3 以导通信号，给 V_1 和 V_4 以关断信号，这时如 $i_o<0$，则 V_2 和 V_3 导通；如 $i_o>0$，则 VD_2 和 VD_3 导通，无论哪种情况都是 $u_o=-U_d$。

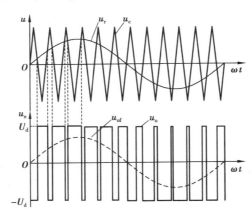

图 6.6　双极性 PWM 控制方式波形

可以看出，单相桥式电路既可采用单极性调制，也可以采用双极性调制。由于对开关器件通断控制的规律不同，它们的输出波形也有较大的不同。

6.2.2　三相 SPWM 逆变电路及其控制方法

图 6.7 是三相桥式 PWM 逆变电路，这种电路都是采用双极性控制方式，U、V 和 W 三相的 PWM 控制通常共用一个三角载波 u_c，三相的调制信号 u_{rU}、u_{rV} 和 u_{rW} 依次相差120°。U、V 和 W 各相功率开关器件的控制规律相同，现以 U 相为例来说明。当 $u_{rU}>u_c$ 时，给上桥臂 V_1 以导通信号，给下桥臂 V_4 以关断信号，则 U 相相对于直流电源假想中点 N′ 的输出电压 $u_{UN'}=U_d/2$。当 $u_{rU}<u_c$ 时，给 V_4 以导通信号，给 V_1 以关断信号，则 $u_{UN'}=-U_d/2$。V_1 和 V_4 的驱动信号始终是互补的。当给 V_1(V_4) 加导通信号时，可能是 V_1(V_4) 导通，也可能是二极管 VD_1(VD_4) 续流导通，这要由阻感负载中电流的方向来决定，这和单相桥式 PWM 逆变电路在双极性控制时的情况相同。V 相及 W 相的控制方式都和 U 相相同。电路的波形如图 6.8 所示。可以看出，$u_{UN'}$、$u_{VN'}$ 和 $u_{WN'}$ 的 PWM 波形都只有 $\pm U_d/2$ 两种电平。图中的线电压 u_{UV} 的波形可由 $u_{UN'}-u_{VN'}$ 得出。可以看出，当桥臂 1 和桥臂 6 导通时，$u_{UV}=U_d$；当桥臂 3 和桥臂 4 导通时，$u_{UV}=-U_d$；当桥臂 1 和 3 或桥臂 4 和 6 导通时，$u_{UV}=0$。因此，逆变器的输出线电压 PWM 波由 $\pm U_d/2$ 和 0 三种电平构成。负载相电压的 PWM 波由 $(\pm 2/3)U_d$、$(\pm 1/3)U_d$ 和 0 五种电平构成。

在电压型逆变电路的 PWM 控制中，同一相上下两臂的驱动信号互补，但实际上为防止上下臂直通造成短路，在上下两桥臂通断切换时留一小段上下臂都施加关断信号的死区时间。死区时间的长短主要由功率器件关断时间决定。

6.2.3　PWM 逆变电路的调制方式

在 PWM 逆变电路中，载波频率 f_c 与调制信号频率 f_r 之比 $N=f_c/f_r$ 称为载波比。根据载波和信号波是否同步及载波比的变化情况，PWM 调制方式分为异步调制和同步调制。

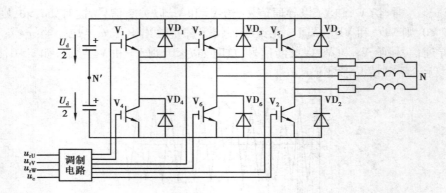

图 6.7　三相桥式 PWM 型逆变电路

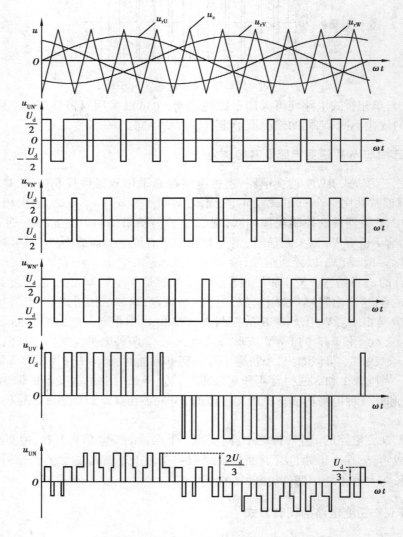

图 6.8　三相桥式 PWM 逆变电路波形

（1）异步调制

载波信号和调制波信号不同步的调制方式称为异步调制。

图 6.8 电路波形就是异步调制三相 PWM 波形。在异步调制中，通常保持载波频率 f_c 固定不变，当信号波频率 f_r 变化时，载波比 N 是变化的。在信号波的半周期内，PWM 波的脉冲个数不固定，相位也不固定，正负半周期的脉冲不对称，半周期内前后 1/4 周期的脉冲也不对称。

当信号波频率 f_r 较低时，载波比 N 较大，一周期内脉冲数较多，脉冲不对称的不利影响较小，PWM 波形接近正弦波。当信号波频率 f_r 增高时，载波比 N 减小，一周期内的脉冲数减少，PWM 脉冲不对称的影响就变大。有时，信号波的微小变化还会产生 PWM 脉冲的跳动，这就使得输出 PWM 波和正弦波的差异变大。对于三相 PWM 逆变电路来说，三相输出的对称性也变差。因此，在采用异步调制方式时，希望采用较高的载波频率，以使在信号波频率较高时仍能保持较大的载波比。

（2）同步调制

载波比 N 等于常数，并在变频时使载波和信号波保持同步的方式称为同步调制。

在基本同步调制方式，信号波频率 f_r 变化时 N 不变，信号波一周期内输出脉冲数固定，脉冲相位也是固定的。在三相 PWM 逆变电路中，通常共用一个三角波载波，且取载波比 N 为 3 的整数倍，使三相输出波形严格对称。为使一相的 PWM 波正负半周镜对称，N 应取奇数。当 $N=9$ 时的同步调制三相 PWM 波形如图 6.9 所示。

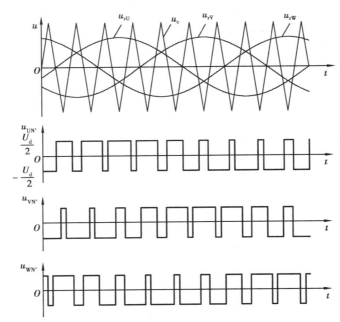

图 6.9　同步调制的三相 PWM 波形

当逆变电路输出频率很低时，同步调制时的载波频率 f_c 也很低。f_c 过低时，由调制带来的谐波不易滤除。当负载为电动机时也会带来较大的转矩脉动和噪声。若逆变电路输出频率很高时，同步调制时的载波频率 f_c 也会过高，使开关器件难以承受。

(3)分段同步调制

为了克服上述缺点,可以采用分段同步调制的方法。即把逆变电路的输出频率范围划分成若干个频段,每个频段内保持载波比 N 恒定,不同频段载波比 N 不同。在输出频率高的频段采用较低的载波比,使载波频率不致过高,限制在功率器件允许的范围内。在输出频率低的频段采用较高的载波比,使载波频率不致过低而对负载产生不利影响。各频段的载波比取3 的整数倍且为奇数为宜。

同步调制比异步调制复杂,但用微机控制容易实现。可在低频输出时采用异步调制方式,高频输出时切换到同步调制方式,这样把两者的优点结合起来,和分段同步方式效果接近。

6.3   PWM 逆变电路的应用

过去,调速系统的主流方式是晶闸管直流电动机传动系统。但是直流电动机本身存在一些固有的缺点:①受使用环境条件制约;②需要定期维护;③最高速度和容量受限制。与直流调速系统相对应的是交流调速系统。交流调速系统除能克服直流调速系统的缺点外,还具有交流电动机结构简单、可靠性高、节能、高精度、快速响应等优点。但交流电动机控制技术较为复杂,对所需的电力电子变换器要求也较高,所以直到近 20 年,随着电力电子技术和控制技术的发展,交流调速系统才得到迅速的发展,其应用已在逐步取代传统的直流调速系统。

在交流调速系统的各种方式中,变频调速是应用最多的一种方式。交流电动机的转差功率中转子铜损耗是不可避免的,采用变频调速方式时,无论电动机转速高低,转差功率的消耗基本不变,系统效率是各种调速方式中最高的,因此采用变频调速具有显著的节能效果。例如,采用交流调速技术对风机的风量进行调节,可节约电能 30% 以上。因此,近年来,我国推广应用变频调速技术,已经取得了很好的效果。

6.3.1   交-直-交变频器

交-直-交变频器(Variable Voltage Variable Frequency,简称 VVVF 电源)是由 AC/DC、DC/AC两类基本的变流电路组合形成,又称为间接交流-交流电路,最主要的优点是输出频率不再受输入电源频率的制约。

(1)电压型交-直-交变频器

根据应用场合及负载的要求,变频器有时需要具有处理再生反馈电力的能力。当负载电动机需要频繁、快速制动时,通常要求具有再生反馈电能的能力。图 6.10 所示的电压型交直交变频电路不能再生反馈电能。其整流部分采用的是不可控整流,它和电容器之间的直流电压和直流电流极性不变,只能由电源向直流电路输送功率,而不能由直流电路向电源反馈电能。图中电路的能量是可以双向流动的,若负载能量反馈到中间直流电路,而又不能反馈回交流电源,这将导致电容电压升高,称为泵升电压。泵升电压过高会危及整个电路的安全。

为使上述电路具备再生反馈电能的能力,可采用下列几种方法:

①图 6.11 电路是在图 6.10 电路的基础上,在中间直流电容两端并联一个由电力晶体管 V_0 和能耗电阻 R_0 组成的泵升电压限制电路。当泵升电压超过一定数值时,使 V_0 导通,把从

负载反馈的能量消耗在 R_0 上。这种电路可应用于对电动机制动时间有一定要求的调速系统中。

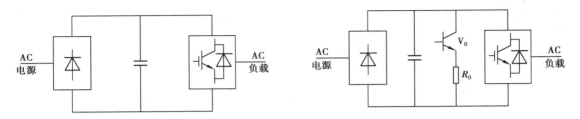

图 6.10　不能再生反馈的电压型　　　　　　图 6.11　带有泵升电压限制电路的
间接交流变流电路　　　　　　　　　　电压型间接交流变流电路

②当交流电动机负载频繁快速加减速时,上述泵升电压抑制电路中消耗能量较多。这种情况下,希望在制动时把电动机的动能反馈回电网,而不是消耗在电阻上,故需要增加一套变流电路,使其工作于有源逆变状态,实现电动机的再生制动,如图 6.12 所示的电路。当负载回馈能量时,中间直流电压上升,使不可控整流电路停止工作,中间直流电压极性不变而电流反向,通过控制有源逆变器将电能反馈回电网。

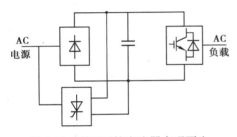

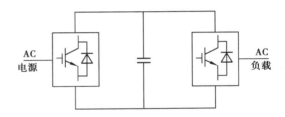

图 6.12　利用可控变流器实现再生　　　　　图 6.13　整流和逆变均为 PWM 控制的
反馈的电压型间接交流变流电路　　　　　　电压型间接交流变流电路

③图 6.13 是整流电路和逆变电路都采用 PWM 控制的间接交流变流电路,可简称双PWM 电路。整流电路和逆变电路的构成完全相同,交流电源通过交流电抗器和整流电路联接。通过对整流电路进行 PWM 控制,该电路输入输出电流均为正弦波且与电源电压同相位,输入功率因数为 1,并且中间直流电路的电压可以调节。电动机可实现四象限运行,是一种较理想的变频电路。但由于整流、逆变部分均为 PWM 控制且需要采用全控型器件,控制较复杂,成本也较高。

（2）电流型交-直-交变频器

①图 6.14 给出了可以再生反馈电能的电流型间接交流变流电路,图中实线表示的是电源向负载输送功率时中间直流电压极性、电流方向、负载电压极性及功率流向等。当电动机制动时,中间直流电路的电流极性不能改变。要实现再生制动,只需调节可控整流电路的触发角,使中间

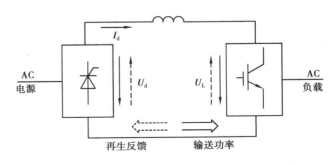

图 6.14　采用可控整流的电流型间接交流变流电路

直流电压反极性即可,如图 6.14 中虚线所示。与电压型相比,整流部分只用一套可控变流电路,系统的整体结构相对简单。

②图 6.15 给出了实现基于上述原理的电路图。为适用于较大容量的场合,将主电路中的器件换为 GTO。逆变电路输出端的电容 C 是为吸收 GTO 关断时产生的过电压而设置的,它也可以对输出的 PWM 电流波形起滤波作用。

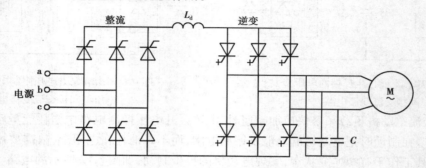

图 6.15　电流型交-直-交 PWM 变频电路

③电流型间接交流-交流电路也可采用双 PWM 电路,如图 6.16 所示。为了吸收换流时的过电压,在交流电源侧和交流负载侧都设置了电容器。电动机既可工作在电动状态,又可工作在再生制动状态,且可正反转,即可四象限运行,同时通过对整流电路的 PWM 控制可使输入电流为正弦波,并使输入功率因数为 1。

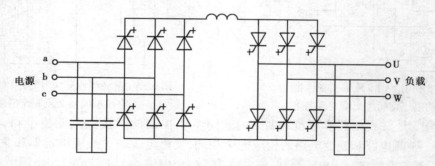

图 6.16　整流和逆变均为 PWM 控制的电流型间接交流-交流电路

(3)通用变频器

随着微机技术、电力电子技术和调速控制理论的不断发展,变频器作为一种智能调速"电源"也在不断地更新。从变频器问世以来,通用变频器主要经历以下几个发展阶段:20 世纪 80 年代初期的模拟式、80 年代中期的数字式、90 年代初期的智能式、90 年代中期的多功能型及现在的集中型通用变频器。通用变频器发展主要有以下特点:

1)功率器件不断更新换代

从半控型器件逐渐发展为全控型器件,如双极晶体管 BJT、绝缘栅双极晶体管 IGBT、集成门极换流晶闸管 IGCT、大型晶体管 GTO 等。

2)应用范围不断扩大

在纺织、印染、塑胶、石油、化工、冶金、造纸、食品、装卸搬运等行业都有着广泛应用。

3)控制理论不断成熟

新型通用变频器的发展趋势有:

①低电磁噪音、静音化。新型通用变频器采用高频载波方式的正弦波 SPWM 调制实现静音化。

②专用化。新型通用变频器为更好地发挥变频调速控制技术的独特功能，并尽可能满足现场控制的需要，派生了许多专用机型，如风机水泵空调专用型、起重机专用型、恒压供水专用型、交流电梯专用型、纺织机械专用型、机械主轴传动专用型、电源再生专用型、中频驱动专用型、机车牵引专用型等。

③系统化。通用变频器除了发展单机的数字化、智能化、多功能化外，还向集成化、系统化方向发展。

④网络化。新型通用变频器可提供多种兼容的通信接口，支持多种不同的通信协议，内装 RS485 接口，可由个人计算机向通用变频器输入运行命令和设定功能码数据等，通过选件可与现场总线：Profibus-DP、Interbus-S 、Device Net 、Modbus Plus、CC-Link、LONWORKS、Ethernet、CAN Open、T-LINK 等通信。

⑤操作傻瓜化。新型通用变频器机内固化的"调试指南"会引导用户一步一步地填入调试表格，无需记住任何参数，充分体现了易操作性。

⑥内置式应用软件。新型通用变频器可以内置多种应用软件，有的品牌可提供多达 130 余种的应用软件，以满足现场过程控制的需要，如 PID 控制软件、张力控制软件、速度级链、速度跟随、电流平衡、变频器功能设置软件、通信软件等。

⑦参数自调整 。用户只要设定数据组编码，而不必逐项设置。通用变频器会将运行参数自动调整到最佳状态(矢量型变频器可对电机参数进行自整定)。

⑧容量不断扩大。20 世纪 80 年代初采用 GTR 的 PWM 变频器实现了通用化。到了 90 年代初，GTR 通用变频器的容量达到 600 kV·A，400 kV·A 以下的已经系列化。90 年代末，主开关器件开始采用 IGBT，仅四五年的时间，IGBT 变频器的单机容量已达 1 800 kV·A(适配 1 500 kW 电动机)。随着 IGBT 容量的扩大，通用变频器的容量将随之进一步扩大。

⑨结构小型化。变频器中的功率电路模块化、控制电路集成化和数字化、结构设计上采用"平面安装技术"等一系列措施，促进了变频装置的小型化。另外，最新开发的一种混合式功率集成器件，把整流桥、逆变桥、驱动电路、检测电路、保护电路等封装在一起，构成了一种"智能功率模块"(Intelligent Power Module，IPM)，目前主要用在几千瓦以下的小功率范围。由于它潜在的优点，这种器件很可能进入中功率以下的变频装置，并将进一步使变频器小型化和智能化。

现代通用变频器大都是采用二极管整流和由快速全控开关器件 IGBT 或功率模块 IPM 组成的 PWM 逆变器，构成交-直-交电压源型变压变频器，已经占领了全世界 0.5~500 kV·A 中、小容量变频调速装置的绝大部分市场。

所谓"通用"，包含着两方面的含义：

①可以和通用的笼型异步电机配套使用，而不一定使用专门的变频电机；

②具有多种可供选择的功能，适用于各种不同性质的负载。

图 6.17 给出了一种典型的数字控制通用变频器-异步电动机调速系统硬件结构原理图。它包括主电路、微机数字控制电路和控制软件。

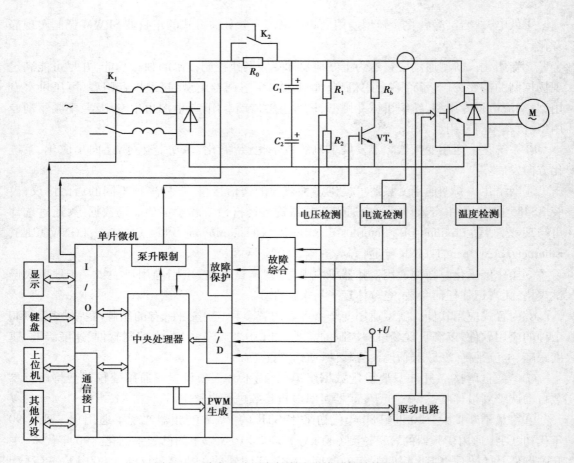

图 6.17　异步电动机变频调速系统硬件结构原理图

1）主电路

主电路采用大电容滤波。滤波电容除滤波作用外,还在整流与逆变之间起去耦作用,消除干扰,给电机感性负载提供必要的无功功率。由于该大电容储存能量,在断电的短时间内电容两端存在高压电,因而要在电容充分放电后才可进行操作。

为了避免大电容在通电瞬间产生过大的充电电流,在整流器和滤波电容间的直流回路上串入限流电阻 R_0(或电抗),通上电源时,由 R_0 限制充电电流,再用延时开关 K_2 将 R_0 短路,以免长期接入时影响变频器的正常工作,并产生附加损耗。

VT_b 和 R_b 是泵升电压限制电路。电机处于再生制动(发电)状态,拖动系统的动能将反馈到直流电路中使直流母线(滤波电容两端)电压不断上升(即泵升电压),这样变频器将会产生过压保护,甚至可能损坏变频器,因而需将反馈能量消耗掉。制动电阻就是用来消耗这部分能量的。制动单元由开关管与驱动电路构成,其功能是用来控制流经 R_b 的放电电流。为了便于散热,制动电阻器常作为附件单独装在变频器机箱外边。

2）微机数字控制电路

现代 PWM 变频器的控制电路大都是以微处理器为核心的数字电路,其功能主要是接收各种设定信息和指令,再根据它们的要求形成驱动逆变器工作的 PWM 信号。微机芯片主要采用 8 位或 16 位的单片机,或用 32 位的 DSP,现在已有应用 RISC 的产品出现。

①微处理器监控部分:设定、实现与控制规律运算部分。设定 U/f 曲线,选定控制规律,设定运转频率、最低输出频率、转速上升时间以及转速下降时间等。现代通用变频器一般都是用轻触数字面板来设定各种功能和参数。

②PWM 信号生成部分:主要由专用大规模集成电路 ASIC 完成。ASIC 根据微处理器的指令值和一些必要的信号实时输出按一定规律变化的 PWM 信号。

③信号处理与故障保护:对整个变频器系统的输入电压、输入电流,中间直流电压、直流电流,逆变器输出电压、输出电流,温升以及电动机转速等进行信号采集。经采样电路取得的电压、电流、温度、转速等信号经信号处理电路进行分压、光电隔离、滤波、放大等适当处理进入 A/D 转换器,作为反馈信号输入 CPU 作为控制算法的依据和供显示,或者作为一个开关量或电平信号输入值故障保护电路。故障保护有:欠压、缺相、过压、过流、过载、短路以及温度过高等保护。

3)控制软件

控制软件是系统的核心,除了 PWM 生成、给定积分和压频控制等主要功能软件外,还包括信号采集、故障综合及分析、键盘及给定电位器输入、显示和通信等辅助功能软件。

现代通用变频器功能强大,可设定或修改的参数达数百个,有多种压频比曲线可供选择。除了常用的带低频补偿的恒压频比控制外,还有带 S 型或二次型曲线的,或具有多段加、减速功能,每段的上升或下降斜率均可分别设定,还具有频率跟踪及逻辑控制和 PID 控制等功能,以满足用户的不同需求。

(4) 交流电动机变频调速的控制方式

对于鼠笼型异步电动机的定子频率控制方式,有恒压频比控制、转差功率控制、矢量控制和直接转矩控制等。这些方式可以获得各具特长的控制性能。下面分别简要介绍这几种方式。

1)恒压频比控制

异步电动机的转速主要由电源频率和极对数决定,改变电源(定子)频率可对电动机进行调速,即使进行宽范围的调速运行,也能获得足够的转矩。同时为了不使电动机因频率变化导致磁饱和而造成励磁电流增大,引起功率因数和效率的降低,需对变频器的电压和频率的比进行控制,使其保持恒定,即恒压频比控制,以维持气隙磁通为额定值。

恒压频比控制被用于转速开环的交流调速系统,适用于生产机械对调速系统的静、动态性能要求不高的场合,例如利用通用变频器对风机、泵类负载进行调速以达到节能的目的,近年来也被大量用于空调等家用电器产品。

图 6.18 给出了使用 PWM 控制交-直-交变频器恒压频比控制方式的原理图。转速给定既作为调节加减速度的频率 f 指令值,同时经过适当分压,也被作为定子电压 U_1 的指令值,该 f 指令值和 U_1 指令值之比就决定了 U/f 比值。由于频率和电压由同一给定值控制,因此可以保证压频比恒定。

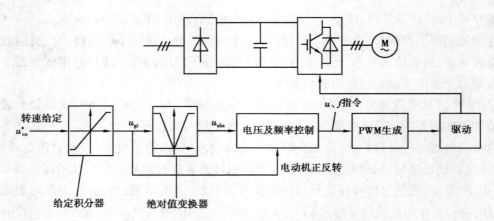

图 6.18　采用恒压频比控制的变频调速系统框图

为了防止电动机启动电流过大,在给定信号之后加给定积分器,可将阶跃给定信号转换为按设定斜率逐渐变化的斜坡信号 u_{gt},从而使电动机的电压和转速都平缓地升高或降低。此外,为使电动机实现正反转,给定信号可正可负,但电动机的转向由变频器输出电压的相序决定,不需要由频率和电压给定信号反映极性,因此用绝对值变换器将 u_{gt} 变换为绝对值变换 u_{abs}。u_{abs} 经电压频率控制环节处理之后,得出电压及频率的指令信号,经 PWM 生成环节形成控制逆变器的 PWM 信号,再经驱动电路控制变频器中 IGBT 的通断,使变频器输出所需频率、相序和大小的交流电压,从而控制交流电动机的转速和转向。

2)转差频率控制

转差频率控制为转速闭环的控制方式,可提高调速系统的动态性能。

异步电机稳态模型可以证明,当稳态气隙磁通恒定时,电磁转矩近似与转差角频率 ω_s 成正比。如果能保持稳态转子全磁通恒定,则转矩准确地与 ω_s 成正比。因此,控制 ω_s 就相当于控制转矩,采用转速闭环的转差频率控制,使定子频率 $\omega_1 = \omega_r + \omega_s$,则 ω_1 随实际转速 ω_r 增加或减小,得到平滑而稳定的调速,保证了较高的调速范围和动态性能。

但是,这种方法是基于电机稳态模型的,仍然不能得到理想的动态性能。

3)矢量控制

异步电动机的数学模型是高阶、非线性、强耦合的多变量系统。矢量控制方式基于异步电机的按转子磁链定向的动态数学模型,将定子电流分解为励磁分量和与此垂直的转矩分量,参照直流调速系统的控制方法,分别独立地对两个电流分量进行控制,类似直流调速系统中的双闭环控制方式。

该方式需要实现转速和磁链的解耦,控制系统较为复杂。但与被认为是控制性能最好的直流电动机电枢电流控制方式相比,矢量控制方式的控制性能具有同等的水平。随着该方式的实用化,异步电动机变频调速系统的应用范围迅速扩大。

4)直接转矩控制

直接转矩控制方法同样是基于电机的动态模型,其控制闭环中的内环直接采用了转矩反馈,并采用砰-砰控制,可以得到转矩的快速动态响应,并且相对矢量控制要简单许多。

6.3.2　不间断电源

不间断电源(Uninterruptible Power Supply—UPS)是当交流输入电源(习惯称为市电)发

生异常或断电时,还能继续向负载供电,并能保证供电质量,使负载供电不受影响的装置。广义地说,UPS 包括输出为直流和输出为交流两种情况,目前通常是指输出为交流的情况。UPS 是恒压恒频(CVCF)电源中的主要产品之一,广泛应用于各种对交流供电可靠性和供电质量要求高的场合,例如用于银行、证券交易所的计算机系统,Internet 中的服务器、路由器等关键设备,各种医疗设备,办公自动化(Office Automation,OA)设备,工厂自动化(Factory Automation,FA)机器等。

(1)UPS 基本结构和工作原理

图 6.19 给出了 UPS 最基本的结构。其基本工作原理是:当市电正常时,市电经整流器整流为直流给蓄电池充电,可保证蓄电池的电量充足;当市电异常乃至停电时,由蓄电池向逆变器供电,蓄电池的直流电经逆变器变换为恒压恒频交流电继续向负载供电,因此从负载侧看,供电不受市电停电的影响。在市电正常时,负载也可以由逆变器供电,此时负载得到的交流电压比市电电压质量高,即使市电发生质量问题(如电压波动、频率波动、波形畸变和瞬时停电等)时,也能获得正常的恒压恒频的正弦波交流输出,并且具有稳压、稳频的性能,因此也称为稳压稳频电源。

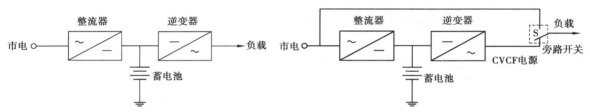

图 6.19 UPS 基本结构原理图   图 6.20 具有旁路开关的 UPS 系统

为保证市电异常或逆变器故障时负载供电的切换,实际的 UPS 产品中多数都设置了旁路开关,如图 6.20 所示。市电与逆变器提供的 CVCF 电源由转换开关 S 切换;若逆变器发生故障,可由开关自动切换为市电旁路电源供电。只有市电和逆变器同时发生故障时,负载供电才会中断。还需注意的是,在市电旁路电源与 CVCF 电源之间切换时,必须保证两个电压的相位一致,通常采用锁相同步的方法。

在市电断电时由于由蓄电池提供电能,供电时间取决于蓄电池容量的大小,有很大的局限性。为了保证长时间不间断供电,可采用柴油发电机(简称油机)作为后备电源,如图 6.21 所示。图 6.21中,一旦发生市电停电,则蓄电池投入工作之后,即启动油机,由油机代替市电向

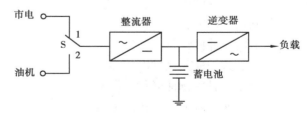

图 6.21 用柴油发电机作为后备电源的 UPS

整流器供电;市电恢复正常后,再重新由市电供电。蓄电池只需作为市电与油机之间的过渡,容量可以比较小。

(2)UPS 的主电路结构

容量较小的 UPS 主电路如图 6.22 所示。整流部分使用二极管整流器和直流斩波器(用作 PFC),可获得较高的交流输入功率因数。由于逆变器部分使用 IGBT 并采用 PWM 控制,可获得良好的控制性能。

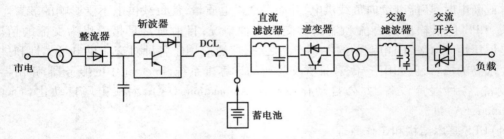

图 6.22　小容量 UPS 主电路

使用 GTO 的大容量 UPS 主电路如图 6.23 所示。逆变器部分采用 PWM 控制,具有调节电压和改善波形的功能。为减少 GTO 的开关损耗,应采用较低的开关频率。为了减少输出电压中所含的低次谐波,逆变器的 PWM 控制采用消除 3 次谐波的方式。而且将电角度相差 30° 的两台逆变器用多绕组输出变压器合成,消除了 5 次、7 次谐波。此时输出电压中所含的最低次谐波为 11 次,从而使交流滤波器小型化。

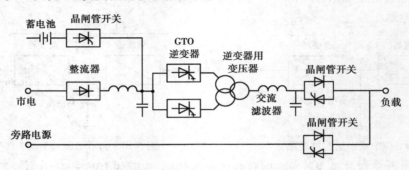

图 6.23　大功率 UPS 主电路

6.3.3　光伏发电系统

世界性的能源短缺和化石燃料的大量应用导致环境污染,促进了太阳能的开发和利用。受地区气象条件的影响,太阳能光伏电池输出的直流电压极不稳定,且电压较低、容量小。为了高效利用太阳能,需要将不稳定的光伏电池串、并联组合,经多级电力电子变换器组合输出恒频交流电压并网运行。

适用于太阳能光伏发电的多级电力电子变换系统类型很多,但其系统结构大同小异。图 6.24 给出了一种太阳能光伏并网发电系统的原理图。由于太阳能电池单元的电压很低,常将多个电池单元串接成几十伏的电池板,经高增益的 DC/DC 升压变换后接在直流母线上,再经多个 DC/AC 变换和 L、C 滤波输出恒频、电压控制的单相或三相交流电压。由于太阳能电池单元的输出电压、电流伏安特性和输出功率受太阳光照强度和温度影响,同一光照强度时其输出功率随电压的不同也大不相同。在一定的光照强度时,仅在某一输出电压下运行时才能获得最大输出功率。因此,光伏发电系统中通常都设计有最大功率点跟踪控制 MPPT (Maximum Power Pointment Tracking),以实现太阳能的充分利用。由于太阳能电池输出功率不稳定,所以常在发电系统中引入储能装置,如蓄电池经双向 DC/DC 变换器接入直流母线。太阳光照强时,通过双向变流器对电池充电;太阳光照弱时,蓄电池经双向 DC/DC 变换器向直流母线供电以补充太阳能电池输出功率的减小。蓄电池及其充放电经双向 DC/DC 变换器可实现并网系统的削峰填谷功能,避免并网输出能量的剧烈波动。同时,在电网因事故而断电时,蓄电池也可作为少量负载的不间断电源供电。

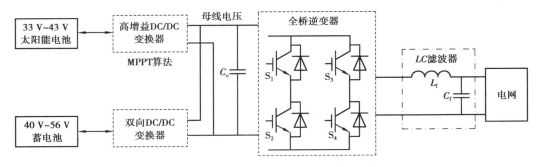

图 6.24　太阳能光伏并网发电系统原理图

6.4　PWM 逆变电路的仿真

6.4.1　单相桥式 PWM 逆变电路的仿真

在 MATLAB 中搭建如图 6.25 所示的仿真电路模型。图中各部分参数设置如下:

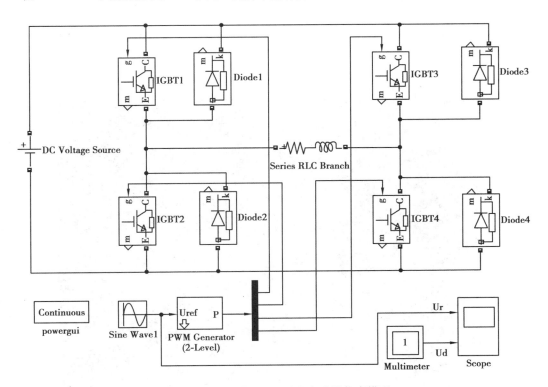

图 6.25　单相桥式 PWM 逆变电路的仿真模型

①直流电压源参数设置为 100 V。

②三相串联 RLC 参数设置：电阻为 1 Ω，电感为 1e-3(H)。

③PWM 发生器参数设置如图 6.26 所示。

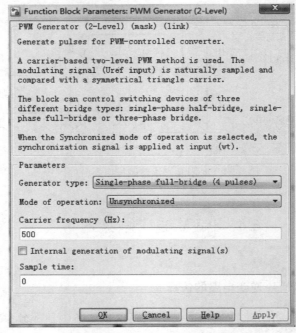

图 6.26　PWM 发生器参数设置

仿真电路图中 Ur 为信号波电压，Ud 为负载电压，单相桥式 PWM 逆变电路的仿真波形如图 6.27 所示。

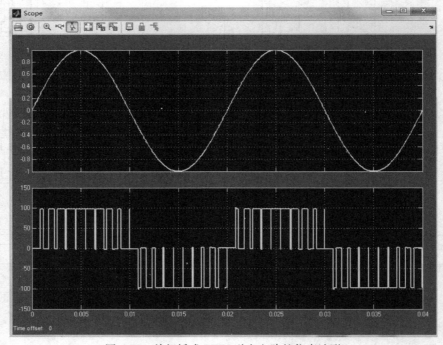

图 6.27　单相桥式 PWM 逆变电路的仿真波形

6.4.2　三相桥式 PWM 逆变电路的仿真

在 MATLAB 中搭建如图 6.28 所示的仿真电路模型。图中各部分参数设置如下：

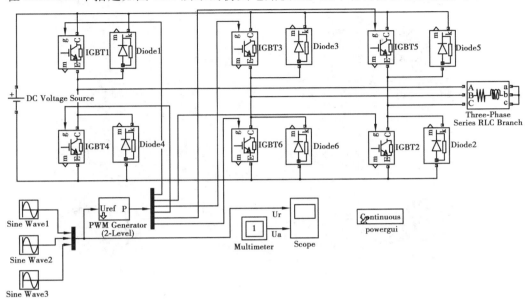

图 6.28　三相桥式 PWM 逆变电路的仿真模型

①直流电压源参数设置为 100 V。

②三相串联 RLC 参数设置：电阻为 1 Ω，电感为 1e-3（H）。

③PWM 发生器参数设置如图 6.29 所示。

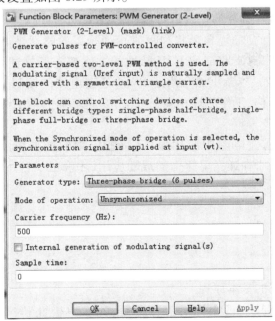

图 6.29　PWM 发生器参数设置

仿真电路图中 Ur 为信号波电压，Ua 为负载电压，三相桥式 PWM 逆变电路的仿真波形如

图 6.30 所示。

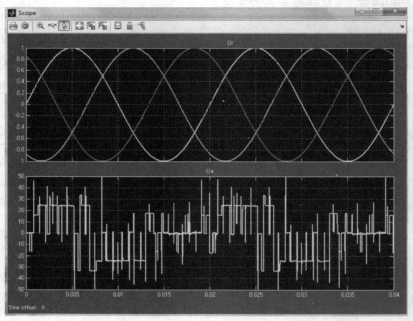

图 6.30　三相桥式 PWM 逆变电路的仿真波形

本章小结

PWM 控制技术就是对脉冲的宽度进行调制的技术,即通过对一系列脉冲的宽度进行调制,以等效地获得所需要的波形(含形状和幅值);面积等效原理是 PWM 技术的重要基础理论。常用典型的 PWM 控制波形是 SPWM:脉冲的宽度按正弦规律变化而和正弦波等效的 PWM 波形称为 SPWM 波。本章重点介绍了 PWM 逆变电路的控制方法,分析了单相和三相 PWM 逆变电路的电路结构、工作原理和调制方法,在此基础上举例说明了 PWM 技术的典型应用。

PWM 控制技术在逆变电路中应用最广,目前应用的逆变电路绝大部分是 PWM 型。PWM 控制技术正是依赖于在逆变电路中的成功应用,才确定了它在电力电子技术中的重要地位。

习　题

1.试说明 PWM 控制的基本原理。

2.分析单相桥式 PWM 逆变电路的工作原理,比较单极性和双极性 PWM 调制有什么区别?

3.三相桥式 PWM 型逆变电路中,输出相电压(输出端相对于直流电源中点的电压)和线电压 SPWM 波形各有几种电平?

 4.与方波形逆变电路相比,PWM 逆变电路有何优点?

 5.什么是异步调制? 什么是同步调制? 两者各有何特点?

 6.交-直-交变频器有哪几种? 各有什么特点?

 7.UPS 有哪几种? 其电路组成如何? 各有何特点?

 8.EPS 与 UPS 有何区别? 其电路组成如何? 主要用于什么场合?

 9.分析太阳能光伏并网发电系统原理图,并说明其工作原理。

 10.请上网查询:通用变频器的品牌、型号和参数。

第 7 章
电力电子器件的驱动和保护

电力电子技术包括电力电子器件、电力电子电路和控制技术三大部分内容,其中,电力电子器件是核心和基础,在整个电力电子技术的发展过程中占有极其重要的地位。电力电子器件种类繁多,性能各异,其性能除与器件内部结构有关外,还与外部应用条件密切相关。器件性能在应用时能否得到充分发挥,与器件的驱动电路、过电压过电流保护设计、散热设计直接相关。本章主要介绍常用电力电子器件的驱动、各种保护措施及缓冲电路。

7.1 电力电子器件的驱动技术

电力电子器件的驱动电路是电力电子主电路与控制电路之间的接口,是电力电子装置的重要环节,对整个装置的性能有很大的影响。采用性能良好的驱动电路,可使电力电子器件工作在较理想的开关状态,缩短开关时间,减小开关损耗,对装置的运行效率、可靠性和安全性都有重要的意义。

各种不同的电力电子器件有不同的驱动要求,根据触发信号的不同,驱动电路可分为电流驱动型电路和电压驱动型电路。简单地说,驱动电路的基本任务就是将信息电子电路传来的信号按控制目标的要求,转换为加在电力电子器件控制端和公共端之间,可以使其开通或关断的信号。对半控型器件只需提供开通控制信号,对全控型器件则既要提供开通控制信号,又要提供关断控制信号,以保证器件的可靠开通和关断。

驱动电路是低压电路,电压一般在数伏以下,而主电路是高压电路,电压可高达数千伏。如果二者之间有电的直接联系,主电路的高压将对驱动电路产生威胁,所以驱动电路与主电路之间的电气隔离是非常重要的,常采用的电气隔离措施有光隔离和磁隔离。光隔离一般采用光耦合器,是由发光二极管和光敏晶体管组成,封装在一个外壳内。磁隔离通常是脉冲变压器。下面分别介绍几种常用的电力电子器件对驱动电路的要求。

7.1.1 晶闸管的触发要求

晶闸管是半控型电流驱动器件,是采用脉冲信号触发导通的,所以晶闸管的驱动电路又称为触发电路。触发电路的作用是要产生符合要求的门极触发脉冲,保证晶闸管在需要的时候可由阻断状态转为导通状态。晶闸管门极触发脉冲电流的理想波形如图 7.1 所示。从图中可以看出,晶闸管的触发脉冲分为两部分,前一部分为强脉冲触发部分,后一部分为平顶脉冲部分。

根据晶闸管对门极触发脉冲电流波形的要求,晶闸管触发电路应满足以下要求:

①触发电路产生的触发脉冲应有足够的宽度,以保证晶闸管可靠导通。

②触发脉冲应有足够的幅度,对户外寒冷场合,脉冲电流的幅度应增大为器件最大触发电流的 3~5 倍,脉冲前沿的陡度也需增加,一般需达 1~2 A/μs。

③触发脉冲应不超过晶闸管门极的电压、电流和功率定额,且在门极伏安特性的可靠触发区域之内。

④应有良好的抗干扰性能、温度稳定性及与主电路的电气隔离性。

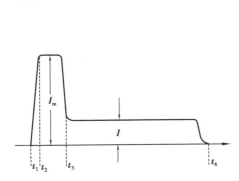

图 7.1　理想的晶闸管门极触发脉冲电流波形
$t_1 \sim t_2$—脉冲前沿上升时间(< 1 μs);$t_1 \sim t_3$—强脉冲宽度;
I_m—强脉冲幅值($3I_{GT} \sim 5I_{GT}$);$t_1 \sim t_4$—脉冲宽度;
I—脉冲平顶幅值($1.5I_{GT} \sim 2I_{GT}$)

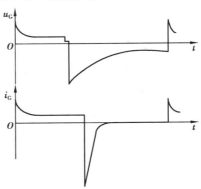

图 7.2　理想的 GTO 门极电压和电流波形

7.1.2　GTO 的驱动要求

GTO 是全控型电流驱动器件,用正向门极电流开通,反向门极电流关断。理想的 GTO 门极电压和电流波形如图 7.2 所示。GTO 的开通控制与普通晶闸管相似,但对其触发脉冲前沿的幅度和陡度要求更高,且一般需要在器件整个导通期间施加正向门极电压。门极驱动电路应包括门极开通电路、关断电路和反向偏置电路。

对于 GTO 的驱动电路,控制关键是器件的关断,使 GTO 关断需要施加负门极电流,对关断所需的负门极电流幅值需达阳极电流的 1/5~1/3,陡度需达 50 A/μs,强负脉冲宽度约为 30 μs,负脉冲总宽度约为 100 μs,关断后还应在门极施加约 5 V 的负偏压,以提高抗干扰能力。

7.1.3　GTR 的驱动要求

GTR 也是全控型电流驱动器件,基极驱动方式直接影响其工作状态,驱动方式不同可使某些特性参数得到改善或变差。例如,过驱动可加速开通,减小开通损耗,但对器件关断不利,增加关断损耗。理想的 GTR 驱动电流波形如图 7.3 所示。

从图 7.3 可以看出,为了保证 GTR 快速导通,要求驱动电流波形前沿要陡,以减少开通时的开通损耗。为此,在触发时基极电流幅值可以达到基极饱和电流幅值的 2 倍,时间控制为

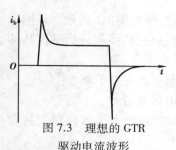

图 7.3　理想的 GTR
驱动电流波形

$1\sim3$ μs。而在 GTR 导通期间要有恰当的基极电流,使它刚好达到饱和状态,以维持低的通态损耗,但又不进入深饱和区。因为如果驱动电流偏小,则器件的管压降增大,管子易发热烧坏;如果驱动电流偏大,器件的管压降虽小但器件进入深饱和状态,在关断时需要清除的载流子量多,关断就慢,关断损耗增加,易使 GTR 损坏。因此,GTR 的驱动电路中常有抗饱和环节,能使过大的基极电流分流,避免 GTR 达到深度饱和。GTR 关断时,应向 GTR 提供一个足够大的反向基极电流,以清除基区的剩余载流子,使 GTR 迅速由饱和导通进入截止,以缩短 GTR 工作在放大区的时间。同样,GTR 关断后,应给基射极提供一个 $4\sim6$ V 的反向偏置电压,以提高 GTR 关断时集电极的正向阻断能力。

常见的 GTR 集成驱动模块有 THOMSON 公司的 UAA4002 和三菱公司的 M57215BL 等。

7.1.4　电力 MOSFET 的驱动要求

电力 MOSFET 是全控型电压驱动器件,它具有很高的输入阻抗,所需的驱动功率较小,驱动电路相对较简单。对于电力 MOSFET,要求驱动电路能向栅极提供器件开通所需的 $10\sim15$ V 驱动电压,器件关断时需要一定幅值的负偏压,一般为 $-5\sim-15$ V。

需要注意的是,电力 MOSFET 驱动电路的驱动电压不能太高,如果超过 20 V,即使电流被限制到很小值,栅射极间的氧化层也很容易被击穿。另外,随着栅源电压的升高,电力 MOSFET 开通和关断的充放电时间会加长,开关速度就会降低。

但是栅源电压也不能太低,过低的栅源电压会带来两个问题:一是电力 MOSFET 的通态电阻会随着栅源电压的下降而增大,使通态损耗增大;二是栅源电压过低,抗干扰能力差,容易误关断。综合考虑,一般选择栅源电压为 $10\sim15$ V。

为了提高开关速度,驱动脉冲也应具有足够快的上升和下降速度。由于电力 MOSFET 栅源间电容的存在,应减小驱动电路的输出电阻以提高栅极充放电时间,从而加快开关速度。但为了抑制驱动电压的尖峰,避免过大的 du/dt,也常在栅极串入一个低值电阻,此电阻阻值随着电力 MOSFET 额定电流的增加而减小。

电力 MOSFET 常采用专用的集成驱动模块驱动。常用的有三菱公司的 M57918L,其输入信号电流幅值为 16 mA,输出最大脉冲电流为 $+2$ A 和 -3 A,输出驱动电压为 $+15$ V 和 -10 V。

7.1.5　IGBT 的驱动要求

IGBT 的栅极驱动性能直接影响它的静态和动态特性,故驱动电路设计不合理,可能导致 IGBT 损坏。IGBT 对驱动电路的要求有以下几点:

①栅极驱动电压脉冲要有足够陡的上升沿和下降沿,可使 IGBT 快速开通和关断,减小开关时间,从而减小开关损耗。

②IGBT 导通后,驱动电路要有足够的驱动功率,使 IGBT 不至于退出饱和而损坏。

③驱动电路输出要有合适的驱动电压,一般为 $15\sim20$ V。

④IGBT 关断过程中,栅极施加反偏电压,有利于器件快速关断,一般反偏电压为 $-2\sim-10$ V。

IGBT 的驱动多采用专用的混合集成驱动器,如日本三菱公司的 M579 系列(如 M57962L 和 M57959L)、富士公司的 EXB 系列(如 EXB840、EXB841、EXB850 和 EXB851)和西门子公司的 2ED020I12 等。

7.2　电力电子器件的保护

在电力电子电路中,除了电力电子器件参数选择合适,驱动电路设计良好外,采用合适的过电压保护、过电流保护、du/dt 保护和 di/dt 保护也是必要的。

7.2.1　过电压保护

电力电子装置可能发生的过电压分为外因过电压和内因过电压两类。

外因过电压主要来自雷击和系统中的操作过程等外部原因,包括:

①操作过电压:由分闸、合闸等开关操作引起的过电压。

②雷击过电压:由雷击引起的过电压。

内因过电压主要来自电力电子装置内部器件的开关过程,包括:

①换相过电压:晶闸管或与全控型器件反并联的二极管在换相结束后不能立刻恢复阻断,因而有较大的反向电流流过。当恢复了阻断能力时,该反向电流急剧减小,会由线路电感在器件两端感应出过电压。

②关断过电压:全控型器件在较高频率下工作,当器件关断时,因正向电流的迅速降低而由线路电感在器件两端感应出过电压。

电力电子电路中常见的过电压有交流侧过电压和直流侧过电压。常用的过电压抑制措施及配置位置如图 7.4 所示。

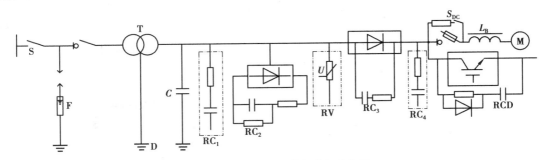

图 7.4　过电压抑制措施及配置位置

F—避雷器;D—变压器静电屏蔽层;C—静电感应过电压抑制电容;

RC_1—阀侧浪涌过电压抑制用 RC 电路;

RC_2—阀侧浪涌过电压抑制用反向阻断式 RC 电路;

RV—压敏电阻过电压抑制器;RC_3—阀器件换相过电压抑制用 RC 电路;

RC_4—直流侧 RC 抑制电路;RCD—阀器件关断过电压抑制用 RCD 电路

过电压保护所使用的元器件有阻容保护、非线性电阻元件硒堆和压敏电阻等,其中 RC 过电压抑制电路最为常见。由于电容两端电压不能突变,所以能有效抑制尖峰过电压。串联电阻能消除部分过电压能量,并能抑制回路的振荡。

视电力电子装置和保护配置点不同,过电压保护电路可以有不同的联接方式。图 7.5 所示为 RC 过电压抑制电路联接方式,可接于供电变压器的两侧,或电力电子电路的直流侧。对于大容量的电力电子装置,可采用图 7.6 所示的反向阻断式 RC 电路。

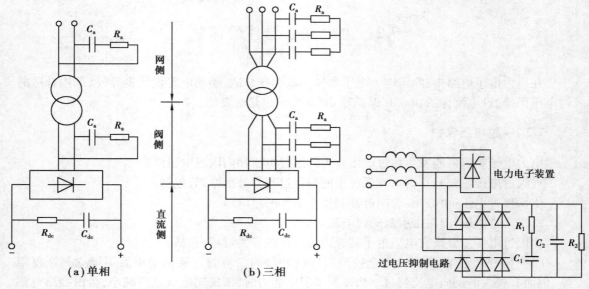

图 7.5　RC 过电压抑制电路联接方式　　　　图 7.6　反向阻断式过电压抑制用 RC 电路

7.2.2　过电流保护

电力电子电路运行不正常或者发生故障时,可能会发生过电流。过电流分为过载和短路两种情况。图 7.7 给出了各种过电流保护措施及其配置位置,其中快速熔断器、直流快速断路器和过电流继电器是较为常用的措施。一般电力电子装置均同时采用几种过电流保护措施,以提高保护的可靠性和合理性。通常,电子电路作为第一保护措施,快熔仅作为短路时部分区段的保护。直流快速断路器整定在电子电路动作之后实现保护,过电流继电器整定在过载时动作。

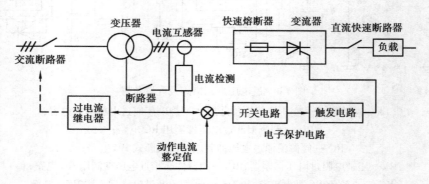

图 7.7　过电流保护措施及配置位置

采用快速熔断器(简称快熔)是电力电子装置中最有效、应用最广的一种过电流保护措施,熔断时间可达 5 ms 以下。选择快速熔断器时应考虑以下几方面:

①电压等级根据熔断后快速熔断器实际承受的电压确定。

②电流容量按其在主电路中的接入方式和主电路联接形式确定。

③快速熔断器的 I^2t 值应小于被保护器件的允许 I^2t 值。

④为保证熔体在正常过载情况下不熔化,应考虑其时间-电流特性。

快熔对器件的保护方式可分为全保护和短路保护两种。全保护是指不论过载还是短路均由快速熔断器进行保护,适用于小功率装置或器件裕度较大的场合。短路保护是指快速熔断器只在短路电流较大的区域起保护作用。快速熔断器一般应用于短路电流保护场合。

快速开关用在直流电路中,它的完全分断时间最快为 10 ms。而过电流继电器动作时间更长,一般为几百毫秒。在实际装置中,为了避免经常更换快速熔断器,一般用较小容量的快速开关或过电流继电器而同时选用较大容量的快速熔断器。这样,在发生过电流时,快速开关或过电流继电器首先动作,即使动作速度不如快速熔断器,同样也可以保护器件。经过复位后,又可以正常工作。

7.2.3　过热保护

电力电子器件并非理想开关,在导通状态下有通态压降,在关断状态下有漏电流,这会导致器件的通态损耗和断态损耗,在开关过程中需要一定的时间,会产生开关损耗。所有这些损耗都会以热能的形式表现出来,造成器件工作温度升高。通常断态损耗很小,在开关器件工作频率不高时,开关损耗也不大,造成器件发热的主要是通态损耗。如果不采取合适的散热措施,会导致器件损坏。

过热保护通常采取以下两种措施:

①安装合适的散热器,采取风冷、水冷、油冷等措施;

②由电力热保护电路完成,检测开关器件的工作温度,当超过安全设定值时,采取关断措施或限流措施。

上述两种措施中,第一种必须用,第二种需与第一种配合使用。也可在使用开关器件时采用降低额定容量(选用规格大一些的器件)的方法来提高温度裕量。

7.2.4　缓冲电路

缓冲电路(Snubber Circuit)又称为吸收电路,其作用是抑制电力电子器件的内因过电压、du/dt 或者过电流和 di/dt,减小器件的开关损耗。缓冲电路分为关断缓冲电路和开通缓冲电路。关断缓冲电路又称为 du/dt 抑制电路,用于吸收器件的关断过电压和换相过电压,抑制 du/dt,减小关断损耗。开通缓冲电路又称为 di/dt 抑制电路,用于抑制器件开通时的电流过冲和 di/dt,减小器件的开通损耗。将关断缓冲电路和开通缓冲电路结合在一起称为复合缓冲电路。通常将缓冲电路专指关断缓冲电路,而将开通缓冲电路区别叫做 di/dt 抑制电路。

图 7.8 所示为 IGBT 的一种缓冲电路的电路图。在无缓冲电路的情况下,IGBT 开通电流迅速上升,di/dt 很大;关断时 du/dt 很大,并出现很高的过电压。在有缓冲电路的情况下,V开通时 C_s 通过 R_s 向 V 放电,使 i_C 先上一个台阶,以后因有 L_i,i_C 上升速度减慢;V 关断时负载电流通过 VD_s 向 C_s 分流,减轻了 V 的负担,抑制了 du/dt 和过电压。VD_i 和 R_i 的作用是在V 关断时,给 L_i 提供释放储能的回路。

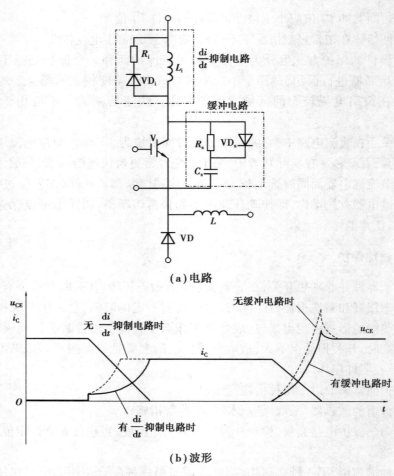

（a）电路

（b）波形

图 7.8　IGBT 典型缓冲电路及波形

本章小结

本章主要讨论了电力电子器件在应用时的驱动、保护和缓冲等问题,主要内容如下:

1.电力电子器件的驱动

驱动电路用于实现对电力电子器件的开通和关断,然而不同的器件对驱动电路的要求存在较大的差别。如晶闸管驱动电路仅仅对晶闸管的触发导通有意义,不需要考虑对导通的晶闸管进行关断设计;GTO 的开通控制与晶闸管基本相同,关断 GTO 时需要驱动电路产生足够大的反向电流;GTR 的驱动电路,必须有抗饱和电路,使 GTR 工作在准饱和区,以降低开关损耗,提高开关速度。电力 MOSFET 和 IGBT 均为电压驱动型器件,由于驱动电流小,驱动电路相对比较简单,目前有专用的驱动电路芯片与器件相配合。

2.电力电子器件的保护

电力电子器件的保护包括过电压、过电流及过热保护,保护电路性能的优劣直接影响到器件的安全运行和电力电子装置的可靠性。本章介绍了电力电子器件过电压、过电流产生的原因及过电压、过电流保护的主要方法及原理和过热保护方法。

3.缓冲电路

缓冲电路实质是一种开关辅助电路,利用它来降低器件开关过程中产生的过电压、过电流、过热和抑制 du/dt、di/dt;把开关损耗从器件内部转移到缓冲电路中,然后由缓冲电路处理,保证器件的安全可靠运行。

习　题

1.电力电子器件的驱动电路对整个电力电子装置有哪些影响?

2.为什么要对电力电子主电路和控制电路进行电气隔离? 其基本方法有哪些?

3.对晶闸管触发电路有哪些基本要求? IGBT、GTR、GTO 和电力 MOSFET 的驱动电路各有什么特点?

4.电力电子器件过电压的产生原因有哪些?

5.电力电子器件过电压和过电流保护各有哪些主要方法?

6.选择快熔作为过电流保护应注意什么? 快熔额定电流如何选取?

7.电力电子过热保护措施有哪些?

8.电力电子器件缓冲电路是怎样分类的? 全控型器件的缓冲电路的主要作用是什么?试分析 RCD 缓冲电路中元件的作用。

参考文献

[1] 郭荣祥,崔桂梅.电力电子应用技术[M].北京:高等教育出版社,2013.

[2] 王兆安,刘进军.电力电子技术[M].5版.北京:机械工业出版社,2011.

[3] 陈坚.电力电子学[M].3版.北京:高等教育出版社,2012.

[4] 赵莉华,舒欣梅.电力电子技术[M].北京:机械工业出版社,2012.

[5] 洪乃刚.电力电子技术基础[M].北京:清华大学出版社,2008.

[6] 冷增祥,徐以荣.电力电子技术基础[M].3版.南京:东南大学出版社,2012.

[7] 周渊深.电力电子技术与MATLAB仿真[M].北京:中国电力出版社,2005.

[8] 林飞,杜欣.电力电子应用技术与MATLAB仿真[M].北京:中国电力出版社,2009.

[9] 林忠岳.现代电力电子技术[M].北京:科学出版社,2007.

[10] 颜世钢,张承慧.电力电子技术问答[M].北京:机械工业出版社,2007.

[11] 莫正康.电力电子应用技术[M].北京:机械工业出版社,2000.

[12] 李鹏飞.电力电子技术与应用[M].北京:清华大学出版社,2012.

[13] 孙树朴,李明.电力电子技术[M].徐州:中国矿业大学出版社,2000.

[14] 钟晓强,李方圆.电力电子技术简明教程[M].北京:机械工业出版社,2013.

[15] 天津电气传动设计研究所.电气传动自动化技术手册[M].2版.北京:机械工业出版社,2006.

[16] 刘树林,刘健.开关变换器分析与设计[M].北京:机械工业出版社,2009.

[17] 李方圆.变频器行业应用实践[M].北京:中国电力出版社,2006.

[18] 阮毅,陈伯时.电力拖动自动控制系统——运动控制系统[M].4版.北京:机械工业出版社,2013.